建筑工程BIM造价实操

从入门到精通

软件版

鸿图造价　组织编写

杨霖华　朱加鹏　赵小云　主编

U0222912

化学工业出版社

·北京·

内 容 简 介

本书依据最新的定额和清单，结合造价软件，从基础开始讲解，逐步深入，让读者从入门到精通，轻松掌握造价软件的使用技巧。

本书共20章，首先讲述了工程的新建方法，然后介绍了基础、柱、墙、门窗洞、梁、板、楼梯、装修、土方、其他构件的绘制，然后对GTJ软件其他功能，包括构件的修改、复制、标注、存取、批量选择、观察、测量、施工段设置，工程量模块的使用方法，CAD图纸识别等，分别予以介绍。介绍完对构件的操作后，本书接着介绍了工程计价的分类，组价工具栏的使用方法，概算项目、预算项目、结算项目的编制以及项目的审核等。本书以实际案例为载体编写，采用大量图片手把手指导，具有很强的实践参考价值，同时，扫描书中二维码，可以直观地观看操作讲解，方便读者学习参考。

本书可作为建筑工程、装饰装修工程、市政工程、园林工程等建筑类专业工程造价人员的电算化学习用书，也可供高等院校、高职高专相关专业作为教材使用，还可作为建筑企业造价员的上岗培训用书。

图书在版编目（CIP）数据

建筑工程BIM造价实操从入门到精通：软件版/鸿图造价组织编写；杨霖华，朱加鹏，赵小云主编. —北京：化学工业出版社，2023.7
ISBN 978-7-122-42765-6

Ⅰ.①建…　Ⅱ.①鸿…②杨…③朱…④赵…　Ⅲ.①建筑造价管理-应用软件　Ⅳ.①TU723.3-39

中国国家版本馆CIP数据核字(2023)第083927号

责任编辑：彭明兰　　　　　　　　　　文字编辑：邹　宁
责任校对：王鹏飞　　　　　　　　　　装帧设计：韩　飞

出版发行：化学工业出版社（北京市东城区青年湖南街13号　邮政编码100011）
印　　刷：三河市航远印刷有限公司
装　　订：三河市宇新装订厂
787mm×1092mm　1/16　印张21¾　字数580千字　2023年10月北京第1版第1次印刷

购书咨询：010-64518888　　　　　　售后服务：010-64518899
网　　址：http://www.cip.com.cn
凡购买本书，如有缺损质量问题，本社销售中心负责调换。

定　　价：99.00元

版权所有　违者必究

《建筑工程BIM造价实操从入门到精通(软件版)》
编委会

组织编写： 鸿图造价

主　编： 杨霖华　朱加鹏　赵小云

副主编： 刘洪波　杨向荣　焦帅军　姚明明

　　　　　张　鑫　张利霞

编　　委： 王喜民　毛　幸　和　振　张春来

　　　　　赵晟彬　王　达　刘婷婷　王　震

　　　　　刘彦蕊　戈明志　仝召峰　杨伟伟

　　　　　王　洒　贺唯一　陈丽杰　白璞瑶

　　　　　户晓静　王明阁　薛承志　张志坤

　　　　　陈　争　时贝贝　李荣辉　金　星

　　　　　史俊良　王江超　石广松　施根龙

　　　　　刘军辉　孙万春　董海菊　潘　科

❖ 前　言

"造价难，真的就难于上青天"吗？很多人在论坛里、在各种群里反复抱怨造价计算难，询问造价计算方法，其实是方法不对。现代化的造价依靠的是快速更新的造价软件。软件的操作如何下手？如何高效快速地掌握软件的使用？有哪些特别的技巧需要掌握？有哪些快捷方式可以快速完成多项的类似出量等工作？凡此种种，都能在本书中找到答案。

本书围绕着以上这些问题展开讲解，图文并茂，接近手把手教学操作。跟着书中的操作步骤，先分部后整体，先基础后应用，脚踏实地、循序渐进，即便是软件小白，也可以发现其实造价并没有那么难。

本书最主要考虑的是造价从业人员的感受，很多造价人员似懂非懂、似会非会，导致做造价底气不足。本书从根源上出发，做一线需求的书，讲一线需求的知识，画一线需求的图，配一线需求的立体资源，让造价人员面对造价不再胆怯。

本书共分为20章，首先讲述了工程的新建方法，然后介绍了基础、柱、墙、门窗洞、梁、板、楼梯、装修、土方、其他构件的绘制，然后对GTJ软件其他功能，包括构件的修改、复制、标注、存取、批量选择、观察、测量、施工段设置，工程量模块的使用方法，CAD图纸识别等，分别予以介绍。介绍完对构件的操作后，本书接着介绍了工程计价的分类，组价工具栏的使用方法，概算项目、预算项目、结算项目的编制以及项目的审核等。

本书与同类书相比，具有以下特点。

（1）依规：依据国家（部）、行业、企业现行规范、标准，内容包括广联达BIM土建计量平台GTJ2021软件和广联达云计价平台软件的应用，强调实用性和操作性。

（2）创新：从一线工作岗位出发，提炼实际工作技能。按实际工作程序，结合框架结构工程的组成，将全书拆分为20项，每一项再分解成若干子项，然后把每个子项划分成多个学习模块。采用这种项目引导的编排方式，体现"做中学，学中做"的理念，可以快速培养操作者的动手操作能力和主动探究问题的能力。

（3）适用：采用典型案例，适用性更强。本书由一线建筑企业、设计单位等共同选定典型建筑工程，以这些工程为案例编写，保证了案例算量的典型性。

（4）立体：符合"互联网+"发展需求。为了使图书内容更加直观，本书配套了微课视频、案例图纸等资源，方便读者学习和使用。

案例图纸

扫码下载图纸

本书在编写过程中得到了有关高等院校、建设单位、工程咨询单位、施工单位等方面的领导和工程技术、造价人员以及学者、专家的大力支持，他们为本书的编写提供了宝贵的意见和建议，在此向他们表示由衷的感谢！

由于时间紧迫，且编者水平有限，书中难免有疏漏和不妥之处，望广大读者批评指正。如有疑问，可发邮件至 zjyjr1503@163.com 或是申请加入 QQ 群 909591943 与编者联系。

目 录

第1章　工程的新建 　　　　　　　　1

1.1　新建工程 ▶ ·········· 1
1.2　基本设置 ·········· 2
　1.2.1　工程信息 ▶ ·········· 2
　1.2.2　楼层设置 ▶ ·········· 3
1.3　土建设置 ·········· 4
　1.3.1　计算设置 ·········· 4
　1.3.2　计算规则 ·········· 5
1.4　钢筋设置 ·········· 7

1.4.1　计算设置 ·········· 7
1.4.2　比重设置 ·········· 10
1.4.3　弯钩设置 ·········· 10
1.4.4　损耗设置 ·········· 10
1.5　轴网的新建及绘制 ▶ ·········· 12
　1.5.1　普通轴网 ·········· 12
　1.5.2　辅助轴线 ·········· 14

第2章　基础 　　　　　　　　16

2.1　筏板基础 ·········· 16
　2.1.1　筏板基础的新建、绘制及
　　　　处理 ▶ ·········· 16
　2.1.2　筏板主筋的新建及绘制 ▶ ·········· 19
　2.1.3　筏板负筋的新建及绘制 ▶ ·········· 20
2.2　独立基础 ·········· 21
　2.2.1　独立基础的新建及钢筋
　　　　布置 ▶ ·········· 21
　2.2.2　独立基础的绘制 ·········· 23
2.3　条形基础 ·········· 24
　2.3.1　条形基础的新建及钢筋

　　　　布置 ▶ ·········· 24
　2.3.2　条形基础的绘制 ·········· 24
2.4　桩基础 ·········· 26
　2.4.1　桩基础的新建及绘制 ▶ ·········· 26
　2.4.2　桩承台的新建及绘制 ·········· 27
2.5　其它基础构件 ·········· 29
　2.5.1　集水坑 ▶ ·········· 29
　2.5.2　柱墩 ·········· 30
　2.5.3　垫层 ▶ ·········· 32
　2.5.4　地沟 ·········· 35
　2.5.5　砖胎膜 ▶ ·········· 36

第3章　柱 　　　　　　　　39

3.1　柱的新建及绘制 ▶ ·········· 39
　3.1.1　柱的新建及钢筋布置 ·········· 39
　3.1.2　柱的绘制 ·········· 44
3.2　柱的二次编辑 ▶ ·········· 45
　3.2.1　判断边角柱 ·········· 45

3.2.2　查改标注 ·········· 45
3.2.3　调整柱端头 ·········· 45
3.3　构造柱 ·········· 46
　3.3.1　构造柱的新建及绘制 ▶ ·········· 46
　3.3.2　自动生成构造柱 ·········· 47

第4章 墙 48

4.1 墙的新建及绘制·················· 48
    4.1.1 剪力墙的新建及绘制 ▶ ········ 48
    4.1.2 砌体墙的新建及绘制 ▶ ········ 50

    4.1.3 其它墙体的新建及绘制 ········ 53
4.2 墙的二次编辑·················· 55
4.3 砌体加筋·················· 57

第5章 门窗洞 58

5.1 门窗的新建及绘制·················· 58
    5.1.1 门的新建及绘制 ▶ ········ 58
    5.1.2 窗的新建及绘制 ▶ ········ 60
5.2 门窗的二次编辑·················· 62
5.3 飘窗·················· 63
    5.3.1 飘窗的新建·················· 63
    5.3.2 飘窗的绘制·················· 63

5.4 老虎窗·················· 65
    5.4.1 老虎窗的新建·················· 65
    5.4.2 老虎窗的绘制·················· 65
5.5 墙洞·················· 66
    5.5.1 墙洞的新建 ▶ ·················· 66
    5.5.2 墙洞的绘制·················· 66

第6章 梁 70

6.1 梁的新建及绘制 ▶ ·················· 70
    6.1.1 梁的新建及钢筋布置 ········ 70
    6.1.2 梁的绘制·················· 72
6.2 梁的二次编辑 ▶ ·················· 73
    6.2.1 原位标注·················· 73
    6.2.2 查改标高·················· 73
    6.2.3 应用到同名梁·················· 74
    6.2.4 重提梁跨·················· 75

    6.2.5 生成侧面筋·················· 76
    6.2.6 生成架立筋·················· 78
    6.2.7 生成梁加腋·················· 78
    6.2.8 生成吊筋·················· 79
6.3 连梁 ▶ ·················· 81
6.4 圈梁 ▶ ·················· 82
6.5 过梁 ▶ ·················· 84

第7章 板 87

7.1 现浇板 ▶ ·················· 87
    7.1.1 现浇板的新建及绘制 ········ 87
    7.1.2 板受力筋的布置 ▶ ········ 89
    7.1.3 板负筋的布置 ▶ ········ 93
    7.1.4 板的二次编辑·················· 95

7.2 斜板的绘制 ▶ ·················· 98
    7.2.1 三点变斜·················· 98
    7.2.2 抬起点变斜·················· 99
    7.2.3 坡度变斜·················· 99

第8章 楼梯 100

8.1 双跑楼梯 ▶ ·················· 100
    8.1.1 标准双跑楼梯·················· 100
    8.1.2 其它双跑楼梯·················· 103

8.2 直形梯段 ▶ ·················· 103
8.3 螺旋梯段·················· 105

第9章 装修 107

9.1 楼地面 ·············· 107
　9.1.1 楼地面的新建及绘制 ▶ ······ 107
　9.1.2 楼地面防水的绘制 ·········· 108
9.2 墙面 ················ 110
　9.2.1 墙面的新建及绘制 ▶ ······ 110
　9.2.2 墙裙的新建及绘制 ·········· 111

9.3 天棚 ▶ ·············· 112
　9.3.1 天棚的新建及绘制 ·········· 112
　9.3.2 吊顶新建及绘制 ·········· 114
9.4 其它装修 ·············· 114
　9.4.1 独立柱装修 ·············· 114
　9.4.2 单梁装修 ·············· 115

第10章 土方 116

10.1 土方生成 ·············· 116
　10.1.1 大开挖土方的生成 ·········· 116
　10.1.2 大开挖灰土回填 ·········· 122
10.2 基槽土方及灰土回填 ·········· 123
　10.2.1 基槽土方的生成 ·········· 124

　10.2.2 基槽灰土回填 ·········· 126
10.3 基坑土方及灰土回填 ·········· 127
　10.3.1 基坑土方的生成 ·········· 127
　10.3.2 基坑灰土回填 ·········· 129
10.4 房心回填 ·············· 130

第11章 其它构件 132

11.1 散水、台阶 ▶ ·········· 132
11.2 阳台 ················ 136
11.3 挑檐、雨篷 ▶ ·········· 136

11.4 栏板、压顶 ·············· 138
11.5 栏杆扶手 ▶ ·········· 140
11.6 脚手架 ·············· 142

第12章 GTJ软件其它功能 145

12.1 修改工具栏 ▶ ·········· 145
　12.1.1 复制、移动 ·········· 145
　12.1.2 延伸、修剪 ·········· 146
　12.1.3 镜像、偏移 ·········· 146
　12.1.4 合并、打断 ·········· 146
　12.1.5 分割、对齐 ·········· 147
12.2 通用操作工具栏 ▶ ·········· 147
　12.2.1 复制到其它层 ·········· 148
　12.2.2 从其它层复制 ·········· 148
　12.2.3 标注 ·············· 149
　12.2.4 图元存取 ·········· 150
12.3 视图模块 ▶ ·········· 151

　12.3.1 批量选择 ·········· 151
　12.3.2 按属性选择 ·········· 152
　12.3.3 三维观察 ·········· 152
　12.3.4 动态观察 ·········· 153
　12.3.5 显示设置 ·········· 153
12.4 工具模块 ·············· 154
　12.4.1 选项设置 ·········· 154
　12.4.2 通用操作 ·········· 158
　12.4.3 测量工具 ·········· 161
12.5 施工段的设置与提量 ·········· 162
　12.5.1 施工段设置 ·········· 162
　12.5.2 施工段提量 ·········· 163

第13章 工程量模块 166

13.1 汇总 ▶ ·············· 166
13.2 工程量查看 ·········· 167

　13.2.1 土建计算结果 ▶ ·········· 167
　13.2.2 钢筋计算结果 ·········· 168

13.3 表格输入 ·············· 170

    13.3.1 钢筋构件 ·············· 170

    13.3.2 土建构件 ·············· 171

13.4 合法性检查 ·············· 172

13.5 报表查看 ▶ ·············· 172

13.5.1 设置报表范围 ·············· 172

13.5.2 报表预览 ·············· 173

13.5.3 报表反查 ·············· 173

13.5.4 报表导出 ·············· 174

第14章 CAD图纸识别 175

14.1 CAD 图纸识别概述 ▶ ·············· 175

14.2 新建工程及识别楼层表 ·············· 177

14.3 识别轴网 ▶ ·············· 178

14.4 识别柱 ▶ ·············· 179

14.5 识别剪力墙 ▶ ·············· 182

14.6 识别梁 ▶ ·············· 183

14.7 识别板、板筋 ▶ ·············· 187

14.8 识别基础梁 ·············· 189

14.9 识别砌体墙 ▶ ·············· 189

14.10 识别门窗洞 ▶ ·············· 192

14.11 识别装修表构件 ·············· 194

第15章 工程计价分类 ▶ 197

15.1 工程概算项目 ·············· 197

15.2 工程预算项目 ·············· 199

15.3 工程结算项目 ·············· 202

15.4 工程审核项目 ·············· 202

第16章 组价工具栏 205

16.1 查询指引 ▶ ·············· 205

16.2 复用组价 ▶ ·············· 208

16.3 清单锁定 ·············· 209

16.4 砂浆换算 ·············· 209

16.5 价格指数 ·············· 210

16.6 颜色标注 ·············· 211

16.7 清单展开 ·············· 211

16.8 过滤 ·············· 211

16.9 其他工具 ·············· 212

第17章 概算项目 217

17.1 新建概算项目 ·············· 217

    17.1.1 新建单项工程 ·············· 217

    17.1.2 新建单位工程 ·············· 218

17.2 项目信息 ·············· 219

    17.2.1 项目信息编制 ·············· 219

    17.2.2 编制说明 ·············· 220

    17.2.3 建安造价分析 ·············· 222

17.3 单位工程概算编制 ·············· 224

    17.3.1 工程概况 ·············· 224

    17.3.2 分部分项概算编制 ·············· 226

    17.3.3 措施项目 ·············· 229

    17.3.4 其他项目 ·············· 231

    17.3.5 人材机汇总与费用汇总 ·············· 233

17.4 单项工程造价分析 ·············· 236

17.5 项目概算汇总 ·············· 237

17.6 设备购置费 ▶ ·············· 237

    17.6.1 国内采购设备 ·············· 238

    17.6.2 国外采购设备 ·············· 239

17.7 建设其他费 ·············· 240

    17.7.1 土地使用费 ·············· 241

    17.7.2 与整个工程建设有关的各类其他费用 ·············· 243

    17.7.3 与未来生产经营有关的其他费用 ·············· 243

17.8 人材机汇总 ·············· 244

17.9　调整概算 ▶ ・・・・・・・・・・・・・・・・・ 244
17.10　报表导出 ・・・・・・・・・・・・・・・・・・・・・ 245

第18章　预算项目　　249

18.1　新建预算项目 ・・・・・・・・・・・・・・・ 249
　18.1.1　新建招标项目 ・・・・・・・・・・ 249
　18.1.2　新建投标项目 ・・・・・・・・・・ 249
　18.1.3　新建单位工程 ・・・・・・・・・・ 249
　18.1.4　新建定额项目 ・・・・・・・・・・ 252
18.2　工程概况 ・・・・・・・・・・・・・・・・・・・・ 253
　18.2.1　招标信息 ・・・・・・・・・・・・・・・ 253
　18.2.2　投标信息 ・・・・・・・・・・・・・・・ 255
18.3　导入文件 ▶ ・・・・・・・・・・・・・・・・・ 255
　18.3.1　导入清单 ・・・・・・・・・・・・・・・ 255
　18.3.2　导入单位工程 ・・・・・・・・・・ 255
　18.3.3　导入算量文件 ・・・・・・・・・・ 257
18.4　清单项的输入 ▶ ・・・・・・・・・・・・ 258
　18.4.1　插入清单 ・・・・・・・・・・・・・・・ 258
　18.4.2　补充清单 ・・・・・・・・・・・・・・・ 259
18.5　工程量输入 ・・・・・・・・・・・・・・・・・ 260
　18.5.1　清单工程量与定额
　　　　　工程量 ・・・・・・・・・・・・・・・ 260
　18.5.2　反查图形工程量 ・・・・・・・・ 260
18.6　项目特征的描述 ・・・・・・・・・・・・・ 260
18.7　整理清单 ・・・・・・・・・・・・・・・・・・・ 264
　18.7.1　分部整理 ・・・・・・・・・・・・・・・ 264
　18.7.2　清单排序 ・・・・・・・・・・・・・・・ 265
18.8　定额项的输入 ・・・・・・・・・・・・・・・ 266
　18.8.1　插入子目 ・・・・・・・・・・・・・・・ 266

　18.8.2　补充子目 ・・・・・・・・・・・・・・・ 267
18.9　定额的换算 ▶ ・・・・・・・・・・・・・・・ 267
　18.9.1　标准换算 ・・・・・・・・・・・・・・・ 267
　18.9.2　工料机换算 ・・・・・・・・・・・・ 270
18.10　单价构成 ・・・・・・・・・・・・・・・・・・・ 270
18.11　措施项目清单的组价 ・・・・・・・・ 270
　18.11.1　总价措施费 ・・・・・・・・・・・・ 270
　18.11.2　脚手架工程 ・・・・・・・・・・・・ 272
　18.11.3　垂直运输 ・・・・・・・・・・・・・・ 273
　18.11.4　建筑物超高增加费 ・・・・・・ 274
　18.11.5　大型机械设备进出场及
　　　　　　安拆 ・・・・・・・・・・・・・・・ 275
　18.11.6　施工排水、降水 ・・・・・・・ 277
　18.11.7　地下室施工照明措施
　　　　　　增加费 ・・・・・・・・・・・・・・・ 277
18.12　其他项目清单 ・・・・・・・・・・・・・・ 277
18.13　人材机汇总 ▶ ・・・・・・・・・・・・・・ 278
　18.13.1　材料价格调整 ・・・・・・・・・ 278
　18.13.2　甲供材设置 ・・・・・・・・・・・・ 279
18.14　费用汇总 ・・・・・・・・・・・・・・・・・・・ 282
　18.14.1　项目自检 ・・・・・・・・・・・・・・ 282
　18.14.2　费用查看 ・・・・・・・・・・・・・・ 282
　18.14.3　统一调价 ・・・・・・・・・・・・・・ 282
　18.14.4　全费用切换 ・・・・・・・・・・・・ 284

第19章　结算项目　　287

19.1　新建结算项目 ▶ ・・・・・・・・・・・・・ 287
19.2　验工计价 ▶ ・・・・・・・・・・・・・・・・・ 288
　19.2.1　分部分项 ・・・・・・・・・・・・・・・ 288
　19.2.2　措施项目 ・・・・・・・・・・・・・・・ 293
　19.2.3　其他项目 ・・・・・・・・・・・・・・・ 295
　19.2.4　人材机调整 ・・・・・・・・・・・・ 296
　19.2.5　费用汇总 ・・・・・・・・・・・・・・・ 302
19.3　结算计价 ・・・・・・・・・・・・・・・・・・・ 303

　19.3.1　分部分项 ▶ ・・・・・・・・・・・・・ 304
　19.3.2　措施项目 ・・・・・・・・・・・・・・・ 306
　19.3.3　其他项目 ・・・・・・・・・・・・・・・ 307
　19.3.4　人材机调整 ・・・・・・・・・・・・ 307
19.4　合同外工程 ・・・・・・・・・・・・・・・・・ 311
　19.4.1　验工计价合同外结算 ・・・・・・ 311
　19.4.2　结算计价合同外结算 ・・・・・・ 311

第20章　审核项目　　320

20.1　新建审核项目▶ ···············320
20.2　预算审核分部分项▶ ···········321
20.3　预算审核措施项目 ·············327
20.4　预算审核人材机、取费 ·········327
20.5　预算审核费用汇总 ···········327
20.6　预算审核分析与报告▶ ········328
20.7　结算审核 ···················333

参考文献　　337

第 1 章

工程的新建

1.1 新建工程

利用广联达 BIM 土建算量软件做工程的第一步就是"新建工程"。以工程"10♯住宅"为例进行新建工程，具体的操作步骤如下。

① 打开 GTJ2021，在开始界面上点击"新建工程"。

② 在弹出的窗口中输入工程名称，工程名称为"10♯住宅"。选择计算规则（清单、定额），确定各个构件工程量计算方法，此实例选的都是河南省的。选择清单定额库（方便套做法），此例采用 2013 清单，以及河南省预算定额。选择钢筋规则，确定各个构件钢筋计算方法，此例选择 16 系平法规则。

③ 点击"创建工程"按钮即可，如图 1-1 所示。

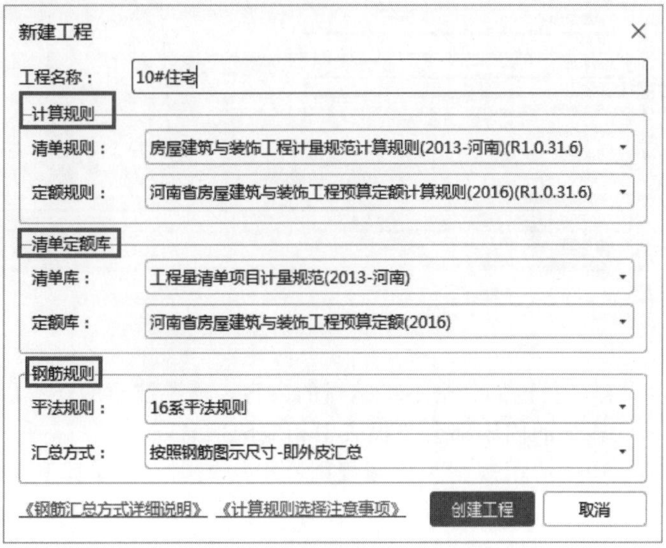

新建工程

扫码观看视频

图 1-1　新建工程

1.2 基本设置

工程信息设置

扫码观看视频

1.2.1 工程信息

在工程设置工具栏中点击"工程信息"（图 1-2），弹出工程信息窗体。根据图纸说明对"10＃住宅"工程的基本信息进行编辑和完善，包括工程信息、计算规则、编制信息等，如图 1-3 所示。

图 1-2 工程设置工具栏

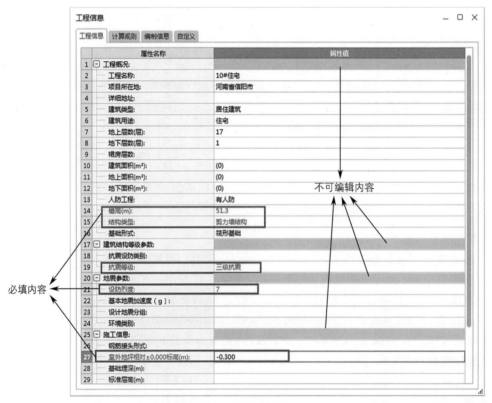

图 1-3 工程信息

实线框内是必填内容，灰色部分是不可编辑的内容，需要注意的还有以下几点。

① 所有在该窗体中输入的内容都会与报表中相应的信息联动。

② 计算规则选项卡中的清单规则、定额规则、平法规则、清单库和定额库是在新建工程时选择的，不可修改。

③ 工程信息中的"室外地坪相对±0.000 标高（m）"将影响外墙装饰工程量和基础土方工程量的计算，要按照实际情况填写，此工程室外地坪标高为－0.300m。

④ "设防烈度"和"檐高"将影响抗震等级的计算,按实际情况填写即可,此工程的设防烈度为7度,檐高是51.3m。

⑤ "抗震等级"将影响钢筋的默认锚固搭接长度,进而影响钢筋的计算,按实际情况填写即可,在此工程中抗震等级是三级。

1.2.2 楼层设置

楼层设置
扫码观看视频

在楼层设置页面,根据图纸对"10♯住宅"工程的单项工程、楼层、混凝土强度和锚固搭接进行设置,楼层设置如图1-4所示。

首层	编码	楼层名称	层高(m)	底标高(m)	相同层数	板厚(mm)	建筑面积(m2)
☐	18	女儿墙	1.5	51	1	120	(0)
☐	17	第17层	3	48	1	120	(0)
☐	16	第16层	3	45	1	120	(0)
☐	15	第15层	3	42	1	120	(0)
☐	14	第14层	3	39	1	120	(0)
☐	13	第13层	3	36	1	120	(0)
☐	12	第12层	3	33	1	120	(0)
☐	11	第11层	3	30	1	120	(0)
☐	10	第10层	3	27	1	120	(0)
☐	9	第9层	3	24	1	120	(0)
☐	8	第8层	3	21	1	120	(0)
☐	7	第7层	3	18	1	120	(0)
☐	6	第6层	3	15	1	120	(0)
☐	5	第5层	3	12	1	120	(0)
☐	4	第4层	3	9	1	120	(0)
☐	3	第3层	3	6	1	120	(0)
☐	2	第2层	3	3	1	120	(0)
☑	1	首层	3	0	1	120	(0)
☐	-1	地下一层	5.5	-5.5	1	120	(0)
☐	0	基础层	1	-6.5	1	500	(0)

楼层设置
单项工程列表
添加 删除
10#住宅
楼层列表(基础层和标准层不能设置为首层,设置首层后,楼层编码自动变化,正数为地上层,负数为地下层,基础层编码固定为0)
插入楼层 删除楼层 上移 下移

图1-4 楼层设置

需要注意的内容如下。

① 选中基础层后,可以插入地下室层,选中首层后,可以插入地上层。

② 删除楼层:删除当前选中的楼层,但是不能删除首层、基础层和当前正在绘图的楼层。

③ 首层:可以指定某个楼层为首层,但是标准层和基础层不能指定为首层。

④ 底标高:只需输入首层底标高即可,此处首层标高设置为0.00,其余楼层底标高会根据层高自动计算,首层的结构标高和建筑标高有一定的高差,根据图纸进行输入。此时要注意的是建筑标高和结构标高是会影响构件的建模的,如门窗一般采用的是建筑标高,而在绘制梁、板、柱时用的是结构标高,所以无论用哪种标高,在不同构件建模时都需格外注意。

⑤ 建筑面积:可以输入具体的数值,在云指标中和报表的指标计算中,会优先以这里的数值为依据进行计算,也可以直接输入图纸说明中的建筑面积。

根据图纸信息,调整各个楼层的混凝土强度和锚固搭接设置。抗震等级、混凝土强度等级、砂浆标号可以通过下拉菜单进行选择,锚固、搭接、保护层厚,默认取钢筋平法图集中的数值,也可以根据实际情况进行调整。如调整楼层混凝土强度,分层点击混凝土强度等级右边的三角形符号,选择构件混凝土强度等级即可,如图1-5所示。

在楼层设置界面下方有一系列按钮,如图1-6所示,部分按钮功能如下。

① 复制到其它楼层:当前层的钢筋设置调整后,可以复制到其它楼层,提高效率。

② 恢复默认值：恢复默认的钢筋设置信息。

③ 导入/导出钢筋设置：将调整好的设置导出以便其他人使用或在其它工程中使用，在处理群体工程时非常有效。

以上内容完成后，新建工程步骤就已经完成，可以进行后续的操作了。

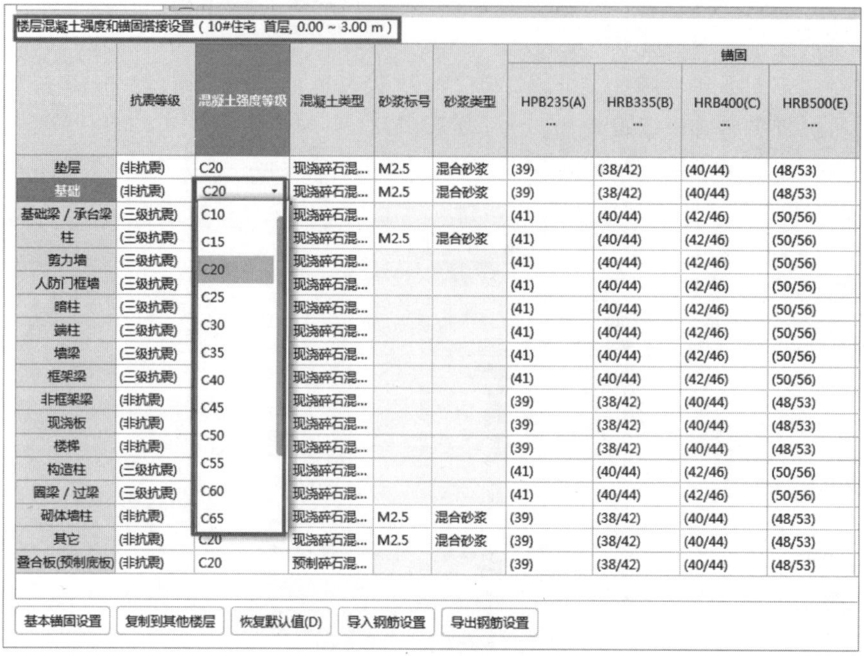

楼层混凝土强度和锚固搭接设置（10#住宅 首层, 0.00 ~ 3.00 m）

	抗震等级	混凝土强度等级	混凝土类型	砂浆标号	砂浆类型	锚固 HPB235(A) ...	锚固 HRB335(B) ...	锚固 HRB400(C) ...	锚固 HRB500(E) ...
垫层	(非抗震)	C20	现浇碎石混...	M2.5	混合砂浆	(39)	(38/42)	(40/44)	(48/53)
基础	(非抗震)	C20	现浇碎石混...	M2.5	混合砂浆	(39)	(38/42)	(40/44)	(48/53)
基础梁 / 承台梁	(三级抗震)		现浇碎石混...			(41)	(40/44)	(42/46)	(50/56)
柱	(三级抗震)		现浇碎石混...	M2.5	混合砂浆	(41)	(40/44)	(42/46)	(50/56)
剪力墙	(三级抗震)		现浇碎石混...			(41)	(40/44)	(42/46)	(50/56)
人防门框墙	(三级抗震)		现浇碎石混...			(41)	(40/44)	(42/46)	(50/56)
暗柱	(三级抗震)		现浇碎石混...			(41)	(40/44)	(42/46)	(50/56)
端柱	(三级抗震)		现浇碎石混...			(41)	(40/44)	(42/46)	(50/56)
墙梁	(三级抗震)		现浇碎石混...			(41)	(40/44)	(42/46)	(50/56)
框架梁	(三级抗震)		现浇碎石混...			(41)	(40/44)	(42/46)	(50/56)
非框架梁	(非抗震)		现浇碎石混...			(39)	(38/42)	(40/44)	(48/53)
现浇板	(非抗震)		现浇碎石混...			(39)	(38/42)	(40/44)	(48/53)
楼梯	(非抗震)		现浇碎石混...			(39)	(38/42)	(40/44)	(48/53)
构造柱	(三级抗震)		现浇碎石混...			(41)	(40/44)	(42/46)	(50/56)
圈梁 / 过梁	(三级抗震)		现浇碎石混...			(41)	(40/44)	(42/46)	(50/56)
砌体墙柱	(非抗震)		现浇碎石混...	M2.5	混合砂浆	(39)	(38/42)	(40/44)	(48/53)
其它	(非抗震)	C20	现浇碎石混...	M2.5	混合砂浆	(39)	(38/42)	(40/44)	(48/53)
叠合板(预制底板)	(非抗震)	C20	预制碎石混...			(39)	(38/42)	(40/44)	(48/53)

图 1-5　调整楼层混凝土强度

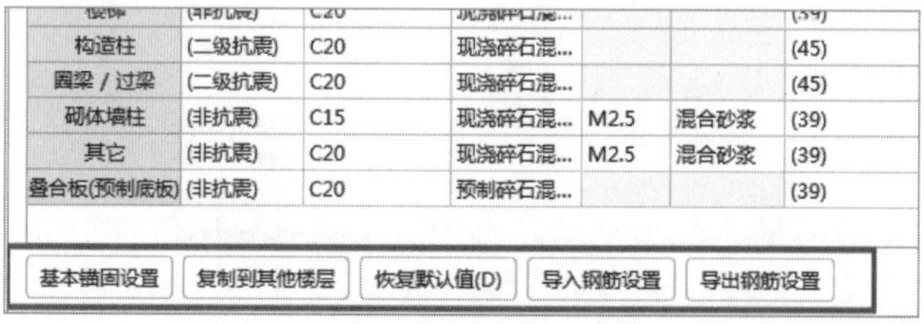

构造柱	(二级抗震)	C20	现浇碎石混...			(45)
圈梁 / 过梁	(二级抗震)	C20	现浇碎石混...			(45)
砌体墙柱	(非抗震)	C15	现浇碎石混...	M2.5	混合砂浆	(39)
其它	(非抗震)	C20	现浇碎石混...	M2.5	混合砂浆	(39)
叠合板(预制底板)	(非抗震)	C20	预制碎石混...			(39)

图 1-6　楼层设置里的其它设置

1.3　土建设置

GTJ2021 在进行工程量计算时，相关的土建和钢筋计算设置决定了其结果的准确性，土建设置包括计算设置和计算规则两项内容。计算设置主要是对构件自身的计算方法进行设置，而计算规则主要是规定构件与构件之间的相交情况如何计算。

1.3.1　计算设置

在土建计算设置界面可修改工程中土建部分相关的计算方法，修改后，软件将按修改后的计算方法进行计算。可切换“清单”和“定额”页签分别修改清单和定额的计算方法，如图 1-7、图 1-8 所示，图纸中有特殊规定时按规定修改，没有时不做修改。

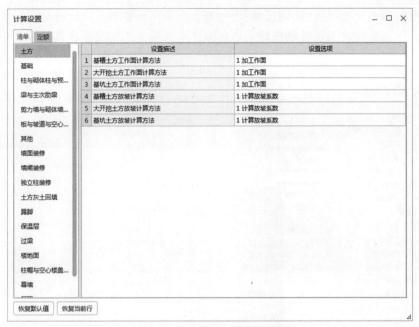

图 1-7　土建计算设置（清单）

图 1-8　土建计算设置（定额）

1.3.2　计算规则

计算规则包括清单规则和定额规则，如图 1-9、图 1-10 所示。软件中内置了全国各地的清单及定额计算规则，可根据工程需要选择，在计算工程量时，不但应该明白软件的计算思路，还应该可以根据需要对规则进行调整，使之更符合实际算量需求。一般情况下不需要对计算规则再做修改，因为在新建工程时已选择了适合的计算规则。

图 1-9　计算规则（清单规则）

图 1-10　计算规则（定额规则）

1.4　钢筋设置

1.4.1　计算设置

在钢筋计算设置页面，可以对当前工程钢筋计算方面的设置进行修改，包含 5 部分内容：计算规则、节点设置、箍筋设置、搭接设置、箍筋公式。其中以计算规则和节点设置两项内容为应用重点。

（1）计算规则

计算规则（钢筋）界面可以调整各个构件中不同钢筋种类的计算方法，如图 1-11 所示。线框中是选中的规则对应的说明文字，可以了解输入时的注意事项以及该规则的来源。

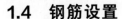

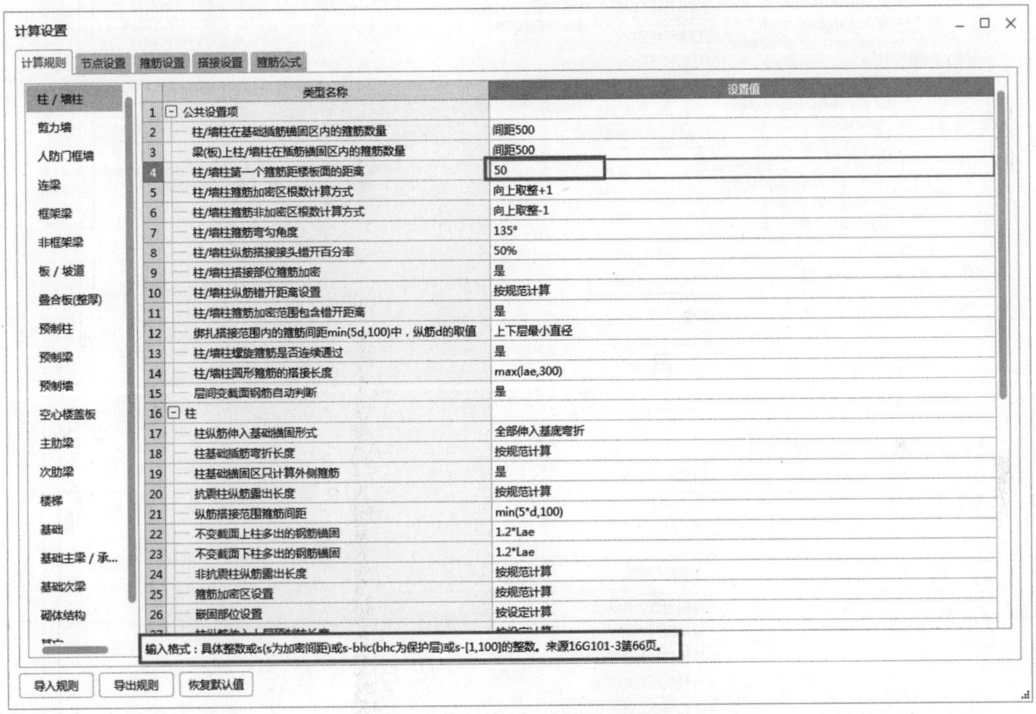

图 1-11　计算规则（钢筋）

（2）节点设置

节点主要是指建筑细部的构造及做法，在图纸中一般指节点图或大样图。节点设置界面可以调整构件之间的钢筋关系。GTJ2021 集成了平法图集中的节点图，可以根据需要进行调整；点击每行右侧的"…"按钮可以打开此处所有的节点图，按需选择后，在节点设置示意图中，可修改具体数值（软件中的绿色字体为可修改内容），如图 1-12 所示。

（3）箍筋设置

箍筋设置界面主要规定柱、梁（含圈梁、连梁、暗梁、板带、梁式承台）的箍筋设置方式，根据图纸需要选择修改柱箍筋或者梁箍筋，然后在肢数组合中选择需要修改的肢数，如图 1-13 所示。点击箭头所指的符号，就会进入"箍筋选择"的界面，如图 1-14 所示，接着选择"要设置的边"，调整"当前边的肢数"，然后"当前边的箍筋图"会根据所设置的箍筋信息产生变化。

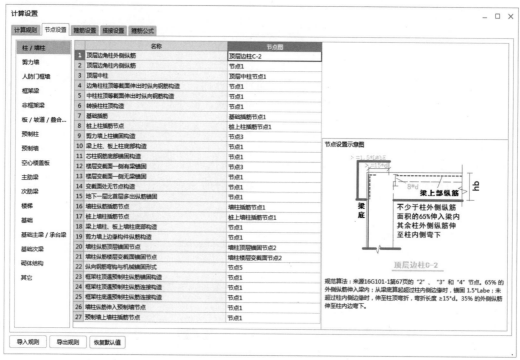

图 1-12　节点设置

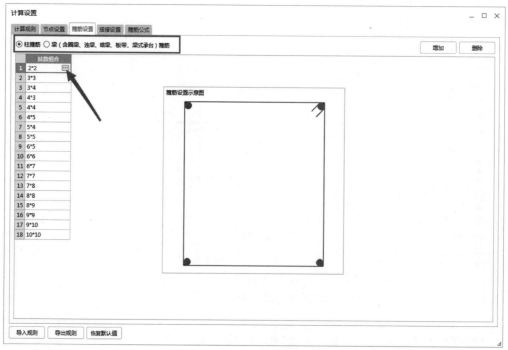

图 1-13　箍筋设置

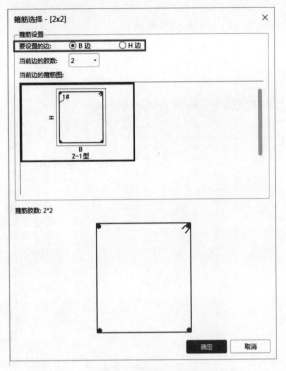

图 1-14 箍筋选择

（4）搭接设置

搭接设置界面如图 1-15 所示，一般不需要修改。

	钢筋直径范围	连接形式								墙柱垂直筋定尺	其余钢筋定尺
		基础	框架梁	非框架梁	柱	板	墙水平筋	墙垂直筋	其它		
1	⊟ HPB235,HPB300										
2	3~10	绑扎	绑扎	绑扎	绑扎	绑扎	绑扎	绑扎	绑扎	8000	8000
3	12~14	绑扎	绑扎	绑扎	绑扎	绑扎	绑扎	绑扎	绑扎	10000	10000
4	16~22	直螺纹连接	直螺纹连接	直螺纹连接	电渣压力焊	直螺纹连接	直螺纹连接	电渣压力焊	电渣压力焊	10000	10000
5	25~32	套管挤压	套管挤压	套管挤压	套管挤压	套管挤压	套管挤压	套管挤压	套管挤压	10000	10000
6	⊟ HRB335,HRB335E,HRBF335,HRBF335E										
7	3~10	绑扎	绑扎	绑扎	绑扎	绑扎	绑扎	绑扎	绑扎	8000	8000
8	12~14	绑扎	绑扎	绑扎	绑扎	绑扎	绑扎	绑扎	绑扎	10000	10000
9	16~22	直螺纹连接	直螺纹连接	直螺纹连接	电渣压力焊	直螺纹连接	直螺纹连接	电渣压力焊	电渣压力焊	10000	10000
10	25~50	套管挤压	套管挤压	套管挤压	套管挤压	套管挤压	套管挤压	套管挤压	套管挤压	10000	10000
11	⊟ HRB400,HRB400E,HRBF400,HRBF400E,RR...										
12	3~10	绑扎	绑扎	绑扎	绑扎	绑扎	绑扎	绑扎	绑扎	8000	8000
13	12~14	绑扎	绑扎	绑扎	绑扎	绑扎	绑扎	绑扎	绑扎	10000	10000
14	16~22	直螺纹连接	直螺纹连接	直螺纹连接	电渣压力焊	直螺纹连接	直螺纹连接	电渣压力焊	电渣压力焊	10000	10000
15	25~50	套管挤压	套管挤压	套管挤压	套管挤压	套管挤压	套管挤压	套管挤压	套管挤压	10000	10000
16	⊟ 冷轧带肋钢筋										
17	4~12	绑扎	绑扎	绑扎	绑扎	绑扎	绑扎	绑扎	绑扎	8000	8000
18	⊟ 冷轧扭钢筋										
19	6.5~14	绑扎	绑扎	绑扎	绑扎	绑扎	绑扎	绑扎	绑扎	8000	8000

图 1-15 搭接设置

（5）箍筋公式

箍筋公式界面如图 1-16 所示，一般不需要修改。

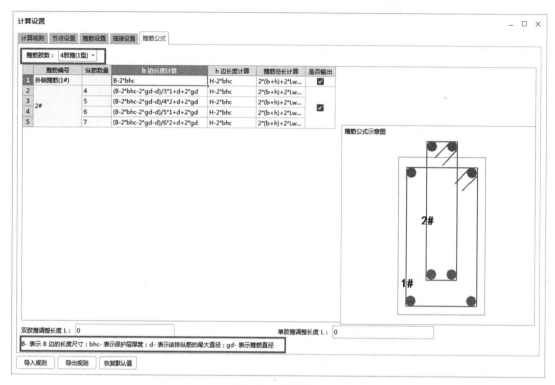

图 1-16　箍筋公式

1.4.2　比重设置

在 GTJ2021 中，钢筋比重指的是单根钢筋单位长度的理论质量（kg/m）。

在模块导航栏-工程设置-比重设置页面，可以根据结构设计规范的数据，对当前工程的钢筋比重进行设置。一般钢筋的比重都需要保留三位小数，调整后的比重，为了便于区分，其颜色也会发生变化。如需要把已经调整后的钢筋比重恢复成为软件默认的钢筋比重，可以点击右下角"恢复默认值"。此处直径 6mm 的钢筋比重需要改成直径 6.5mm 钢筋的比重，为 0.26，因为市场上直径为 6mm 的普通钢筋、冷轧带肋钢筋都是由直径为 6.5mm 的钢筋代替的，如图 1-17、图 1-18 所示。

1.4.3　弯钩设置

弯钩设置时设置的是一个弯钩的值，但是是计算一个还是两个弯钩需要看构件的配筋形式和锚固要求。弯钩是针对一级钢和箍筋的做法，一级钢受力筋要设两个弯钩，箍筋也为两个弯钩。还有一种情况是一级钢作为负筋时，单边负筋锚固的一端有弯钩，另一端没有。箍筋和受力筋的弯钩长度也是各不相同的。"弯钩设置"界面如图 1-19 所示，一般不需要修改。

1.4.4　损耗设置

损耗要根据工程的实际情况调整，没有明确规定的需要跟设计院确认，或者查询工程所在地的定额规定。因此损耗设置一般不需要修改，按软件默认设置即可。损耗设置的界面如图 1-20 所示。

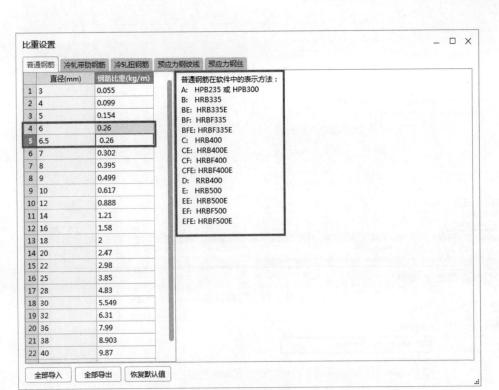

图 1-17　比重设置

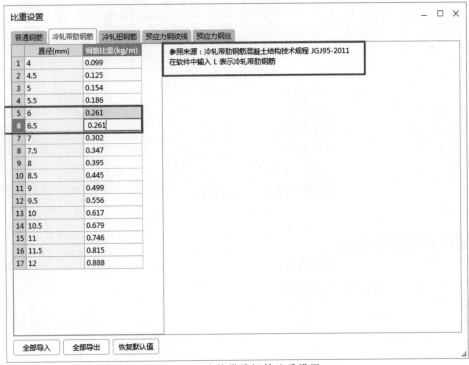

图 1-18　冷轧带肋钢筋比重设置

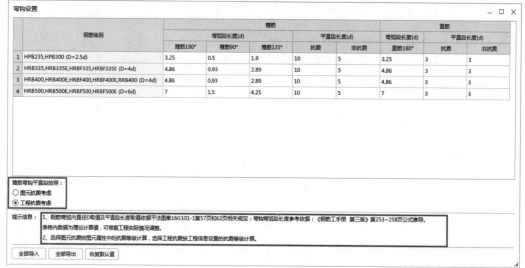

图 1-19　弯钩设置

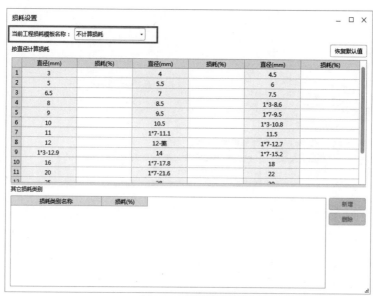

图 1-20　损耗设置

1.5　轴网的新建及绘制

轴网的新建及绘制

扫码观看视频

1.5.1　普通轴网

　　根据软件处理工程的流程，在建立工程之后，第一个要建立的就是轴网。作为定位其它构件的基本参考，轴网的作用是非常大的。

　　软件中的轴网分为三类，分别为：正交轴网、圆弧轴网、斜交轴网，其中正交轴网是建筑工程中最常用的一种轴网类型。下面以建筑首层为例进行新建、定义和绘制轴网的讲解。具体的操作步骤如下。

　　① 在导航栏选择"轴网"，鼠标点击构件列表工具栏"新建"→"新建正交轴网"，如图

1-21 所示，然后打开轴网定义界面。

② 可以在属性编辑框名称处输入轴网的名称，默认"轴网-1"，在此处轴网名称设置为"首层轴网"，如图 1-22 所示。如果工程包含多个轴网，则建议填入的名称尽可能详细。

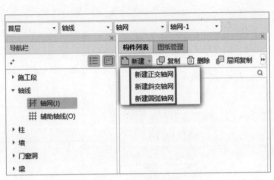

图 1-21　新建正交轴网

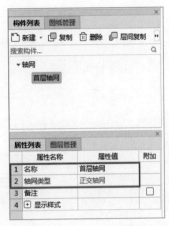

图 1-22　定义首层轴网

③ 选择一种轴距类型：软件提供了下开间、左进深、上开间、右进深四种类型，如图 1-23 所示。

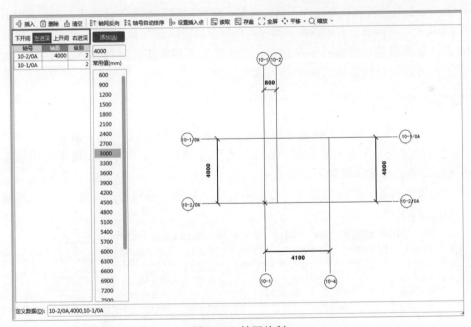

图 1-23　轴网绘制

④ 定义开间、进深的轴距，按照图纸标注输入对应尺寸即可。

新建轴网完成后，双击轴网名称就可以返回绘图界面。第一个轴网软件会自动进行点式布置，如图 1-24 所示，直接确定即可。后续其它轴网可以继续绘制，并且可以根据需要自由拼接组合。

布置好的轴网如图 1-25 所示。

提高轴网处理效率还是有小技巧的。

图 1-24　轴网点式布置

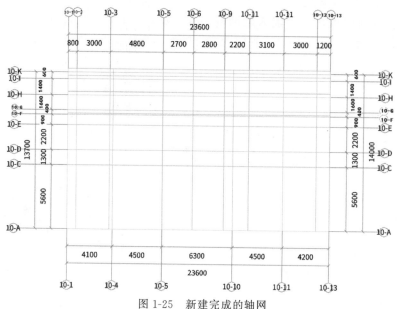

图 1-25　新建完成的轴网

① 轴号自动排序：点击"轴号自动排序"按钮，将选中轴网的所有轴号按照轴号编号原则自动调整。当上下开间或左右进深不同的时候，新建的时候轴号各自排序，这时候使用轴号自动排序就可以将上下开间或左右进深统一排序，而不会出现同轴线上下开间的轴号不一样的情况。

② 存盘：把当前建立的轴网保存起来，以供其它工程使用，轴网文件扩展名为"CAX"。

③ 读取：可将保存过的轴网调用到当前工程中。

1.5.2　辅助轴线

为了方便绘图，软件提供了辅助轴线的功能。通过辅助轴线就可以方便地画出不在轴线上的构件了。"辅助轴线工作条"显示在"通用操作"标签栏中。下面以应用中使用较多的平行辅轴为例进行讲解。操作步骤如下。

① 在"建模"页签下"通用操作"分组中点击"辅轴"系列按钮，选择"平行辅轴"，如图 1-26 所示。

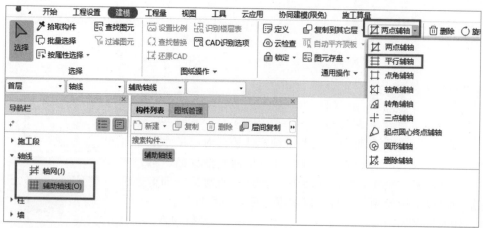

图 1-26　选择平行辅轴

② 用鼠标左键选择基准轴线，软件中浅蓝色的线（如图 1-27 中箭头所指）即为选中的基准线，此时弹出对话框提示用户输入平行辅轴的偏移距离及轴号。如果选择的是水平轴线，则偏移距离正值向上，负值向下；如果选择的是垂直轴线，则偏移距离正值向右，负值向左。

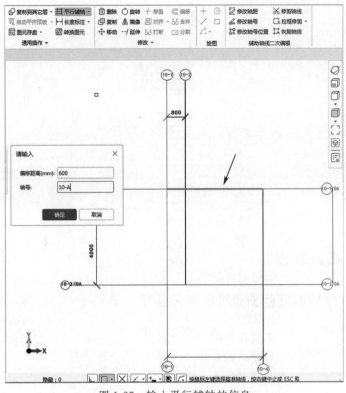

图 1-27　输入平行辅轴的信息

③ 输入偏移距离和辅助轴号后点击"确定"，平行辅轴即完成建立，同时软件标注出了基准轴线到辅助轴线之间的距离，如图 1-28 所示为建立的"平行辅轴 10-A"（箭头所指的线即为平行辅轴，600 为基准轴线到辅助轴线的距离）。

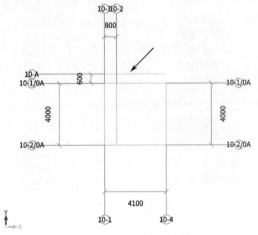

图 1-28　绘制完成的平行辅轴 10-A

第 2 章

基础

筏板基础的新建及绘制

扫码观看视频

2.1 筏板基础

2.1.1 筏板基础的新建、绘制及处理

图 2-1 筏板基础的定义与新建

（1）筏板基础的新建

当建筑物的上部荷载较大而地基承载能力又比较弱时，用简单的独立基础或条形基础已不能适应地基变形的需要，这时常将墙或柱下基础连成一片，使整个建筑物的荷载作用在一块整板上，这种满堂式的板式基础称为筏板基础。筏板基础的定义与新建如图 2-1 所示，筏板基础的主要属性如下。

① 厚度：筏板的厚度，单位为 mm，此工程筏板厚度为1000mm。

② 混凝土类型、强度等级：此信息一般在施工说明中注明，此处混凝土强度等级为 C35。

③ 类别：选项为有梁式和无梁式，此处为无梁式。

④ 顶标高：板顶的标高，可以根据实际情况进行调整。为斜板时，这里的标高值取初始设置的标高。

（2）筏板基础的绘制

筏板基础定义完成后就要进行绘制了，筏板基础的绘制方法与板的绘制方法大同小异。筏板基础是面式构件，在绘制的时候可以直接根据图示尺寸利用直线、矩形等功能绘制成封闭的空间，即可成为对应大小的筏板。但是更多时候，是在绘制好基础墙、基础梁之后，直接将对应的板"点"画到对应的封闭空间之中。基础墙、基础梁已经绘制完成的筏板基础，较多地采用点式画法。所以，两种绘制方式各有不同的应用场景。也可直接采用"智能布置"的方法进行筏板基础的绘制，如图 2-2 所示。绘制完成的筏板基础如图 2-3 黑色部分所示。

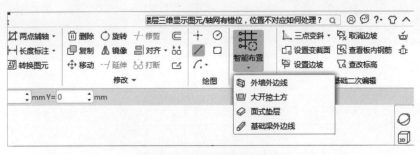

图 2-2 筏板基础的智能布置

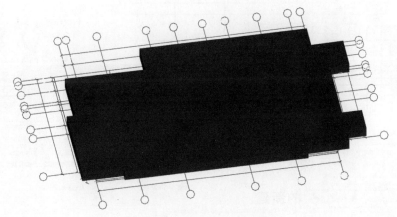

图 2-3 绘制完成的筏板基础

（3）筏板的外放

筏板和板不同的第一个地方在于筏板往往有外放的要求，超出轴线或墙面一定距离。这时可以利用偏移功能进行处理。具体的操作步骤如下。

筏板的外放、放坡和变截面

扫码观看视频

图 2-4 选择"偏移"

① 在"修改"组中点击"偏移"，如图 2-4 所示，点选需要设置外放的筏板图元，右键确认选择。

②"偏移方式"选择"整体偏移"，点击"确定"按钮；移动鼠标指定筏板偏移的方向（移动到筏板外表示向外扩，移动到筏板内表示向内缩）；选定点或在偏移距离输入框输入偏移距离，则完成偏移。

③ 当需要单独调整筏板某条边的外放尺寸时，可以直接选择筏板基础，用鼠标选择对应边的绿色拾取点，直接拖拽并输入外放尺寸即可，如图 2-5 所示。

（4）筏板的放坡

筏板边缘往往不是立面垂直，因此钢筋需要特殊处理。这时可以利用"设置边坡"功能进行调整。软件提供了多种边坡形式供用户选择使用。具体的操作步骤如下。

① 点击"筏板基础二次编辑"分组下的"设置边坡"，如图 2-6 所示。

② 在快捷工具条中选择"所有边"（一次性调整筏板所有边）或"多边"（可以指定单独某条边线进行调整）。

③ 选择要设置边坡的筏板图元，右键确认弹出"设置筏板边坡"窗口，如图 2-7 所示。当选择"多边"时，则可点击需要设置边坡的筏板边，选中的筏板边线呈现绿色，右键确认后同样弹出"设置筏板边坡"窗口。

④ 选择需要设置的边坡样式，修改相应的参数值后，点击"确定"即设置成功。

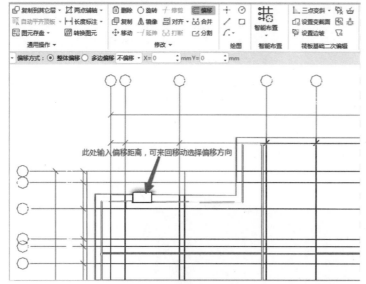

图 2-5 筏板外放处理

图 2-6 筏板基础的二次编辑

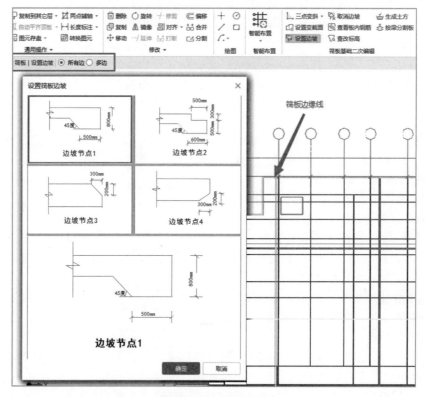

图 2-7 设置筏板边坡

（5）筏板的变截面

筏板因厚度、标高不同，导致变截面处钢筋需要特殊处理，可以采用"设置变截面"功能进行处理，如图 2-8 所示。具体的操作步骤如下。

① 首先绘制好要调整的筏板，修改其标高与厚度。在"筏板基础二次编辑"分组下点击"设置变截面"。

② 选择需要设置变截面的两个筏板图元，右键确认，弹出"筏板变截面定义"窗口，如图 2-9 所示；在弹窗中修改变截面的参数，点击"确定"即可设置成功。

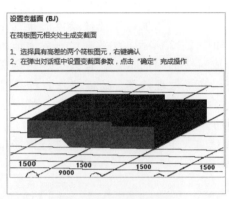

图 2-8 筏板设置变截面

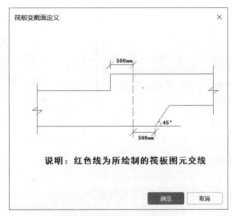

图 2-9 筏板变截面定义

2.1.2 筏板主筋的新建及绘制

筏板主筋的
新建及绘制

在完成了筏板的绘制之后我们会发现，筏板受力筋并不包含在板构件之中，需要单独进行布置。根据筏板基础平面图的筏板主筋信息，对筏板主筋进行定义与新建，如图 2-10 所示。

扫码观看视频

在进行筏板主筋绘制的时候，软件提供了多种不同的布置形式。但是其基本原则是一致的：先确定钢筋的布置范围，之后选择对应的布置方式。在这里以"XY 方向布置"为例给大家进行介绍。

① 在"筏板主筋二次编辑"分组中点击"布置受力筋"，如图 2-11、图 2-12 所示。

图 2-10 筏板主筋的定义与新建

图 2-11 筏板主筋二次编辑

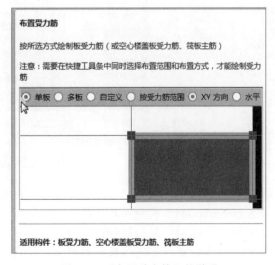

图 2-12 "布置受力筋"的说明

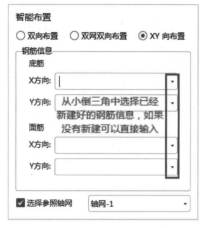

图 2-13　XY 向布置钢筋

② 在弹出的快捷工具条可选择布置范围和布置方式。在布置受力筋时，需要同时选择布筋范围和布置方式后才能绘制钢筋。我们将布置范围选择为"单板"，布置方式选择为"XY 向布置"。在弹出的窗口中选择具体的布置方式并输入钢筋信息，如图 2-13 所示，注意在绘制界面输入钢筋信息可以自动生成对应的钢筋构件，省去了逐一定义和新建的工作，大幅提高了处理效率。还需要注意的是受力筋都是有底筋和面筋之分的，XY 向的钢筋布置一样时也要分别建立底筋和面筋。

③ 输入完钢筋信息，单击选中单块筏板进行钢筋布置即可。

2.1.3　筏板负筋的新建及绘制

筏板负筋的新建及绘制

扫码观看视频

（1）筏板负筋的新建

在构件导航栏中选择"筏板负筋"，点击"新建"按钮，根据图纸要求选择"新建筏板负筋"，双击负筋名称可以对其进行修改。至此，板负筋的定义就完成了。以钢筋 C8-200 为例，进行筏板负筋的定义与新建，如图 2-14 所示。

图 2-14　筏板负筋的新建

筏板负筋的属性如下。

① 左标注（mm）：跨板筋超出板支座左侧的长度，此处长度为 900mm。

② 右标注（mm）：跨板筋超出板支座右侧的长度，此处长度为 1200mm。

③ 非单边标注含支座宽：当负筋跨两块筏板时，图纸标注的长度是否包含负筋所在支座的宽度，默认为"是"。

④ 左弯折、右弯折（mm）：默认为 0，表示弯折长度会根据计算设置的内容进行计算，也可以输入具体的数值。

（2）筏板负筋的绘制

筏板负筋在绘制时主要采用布置负筋功能。具体的操作如下。

① 在"筏板负筋二次编辑"分组中点击"布置负筋"，如图 2-15 所示。

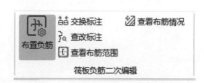

图 2-15　筏板负筋二次编辑

② 在弹出的快捷工具条可选择布置方式，如图 2-16 所示。

图 2-17 所示为某项工程的筏板负筋（白圈中的钢筋）。

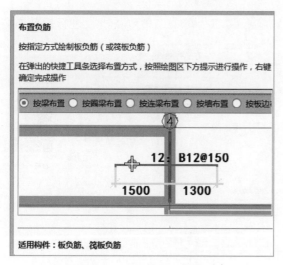

图 2-16　"布置负筋"的说明

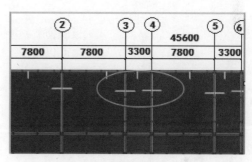

图 2-17　布置成功的筏板负筋

2.2　独立基础

2.2.1　独立基础的新建及钢筋布置

独立基础的新建
及绘制

扫码观看视频

独立基础一般用于框架结构中，又称为独立柱基。基础部分中与其它构件区别最大的当属独立基础、桩承台和条形基础了。因为其形状尺寸往往较为特殊，呈现棱台、阶梯等形式，所以在实际处理中采用"基础单元"这一解决方法，将原本较为复杂的基础转化为一个个单元进行组合处理，这样既可以准确计算其工程量，也可以满足钢筋计算的要求。

① 在构件导航栏中选择"独立基础"，点击"新建"按钮，完成独立基础的建立，如图 2-18 所示。注意此时基础仅可修改名称和标高，对应的尺寸和钢筋信息要在下面的独立基础单元中加以完善。

② 在完成了独立基础的新建之后，再次点击新建按钮会增加"新建基础单元"的选项，如图 2-19 所示。点击"新建参数化独立基础单元"，进入参数化定义界面，如图 2-20 所示。选择工程所需的基础形式，修改参数以满足其尺寸要求。

③ 完成参数化定义后即可在对应的基础单元中输入对应的属性信息，如图 2-21 所示。其中包括钢筋的信息，按图纸输入钢筋信息即可，相关属性介绍如下。

图 2-18　新建独立基础

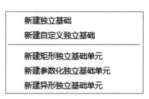

图 2-19　新建基础单元

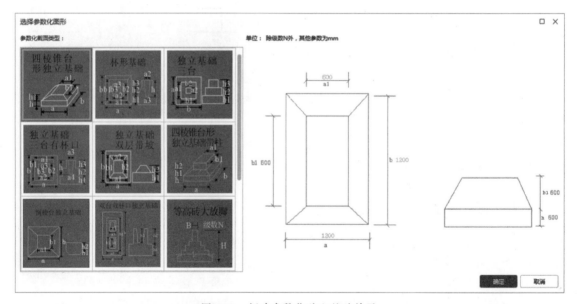

图 2-20　新建参数化独立基础单元

截面形状：可以点击当前框中的三点按钮，在弹出的"选择参数化图形"对话框进行再次编辑。

横向受力筋：输入格式为级别＋直径＋@＋间距，或数量＋级别＋直径，如 $\Phi 12@200$ 或 $12\Phi 14$；下上部用"/"隔开，斜杠前表示下部，斜杠后表示上部，如 $\Phi 12@200/\Phi 14@200$。

纵向受力筋：输入格式与横向受力筋相同。

相对底标高：单元底相对于独立基础底标高的高度，底层单元的相对底标高为 0，上部的单元按下部单元的高度自动取值，也可以手动输入，如图 2-22 所示。

在完成了对应的基础与基础单元的定义、新建对应的尺寸与钢筋属性信息的输入之后，就可以进行基础的绘制了。

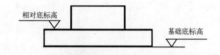

图 2-21　独立基础单元的定义与新建　　　　图 2-22　相对底标高

2.2.2　独立基础的绘制

独立基础采用"点式"绘制或者"智能布置"的方法进行绘制，"点式"绘制是直接从独立基础的中心点进行绘制，可以通过"极坐标（Shift＋鼠标左键）"确定绘制点，然后左键确定即可。"智能布置"的信息如图 2-23 所示，通常以柱子为参照进行智能布置。

绘制完成的三维独立基础如图 2-24 所示。

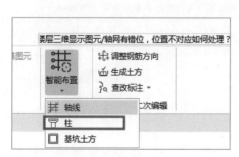

图 2-23　独立基础智能布置

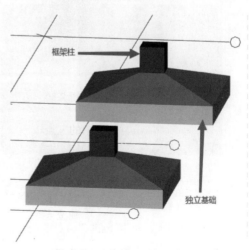

图 2-24　独立基础的三维效果图

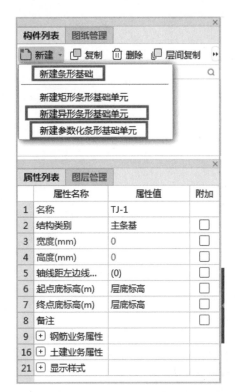

图 2-25　新建条形基础

扫码观看视频

2.3　条形基础

2.3.1　条形基础的新建及钢筋布置

条形基础主要是基础长度远远大于其宽度的一种基础形式。在构件导航栏中选择"条形基础"，点击"新建"按钮，完成条形基础的建立，如图 2-25 所示。注意此时基础仅可修改名称和标高，对应的尺寸和钢筋信息要在下面的"新建参数化条形基础单元"中加以完善，如图 2-26 所示。也可以采用"新建异形条形基础单元"，如图 2-27 所示。最后根据基础剖面图或者基础详图进行条形基础钢筋的布置，在"条形基础单元"的新建页面输入对应的钢筋信息即可。条形基础的相关属性与独立基础的属性相似，可以参考独立基础部分。

2.3.2　条形基础的绘制

条形基础可直接采用绘图工具绘制，也可以直接用"智能布置"，如图 2-28 所示。可以采用直线绘制或者"智能布置"中的"墙中心线"布置，条形基础的绘制步骤如下。

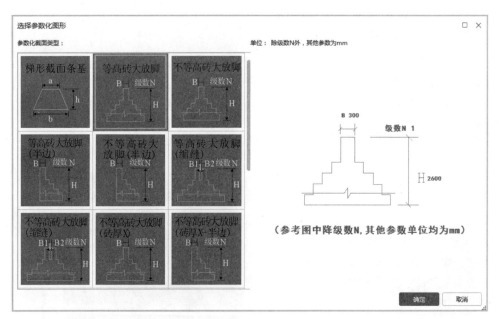

图 2-26　新建参数化条形基础单元

① 点击"绘图"分组下的"直线"按钮。

② 用鼠标点取第一点，再点取第二点可以画出一道条形基础，再点取第三点，就可以在第二点和第三点之间画出第二道条形基础，依次类推，连续绘制；点击鼠标右键即可中断连续

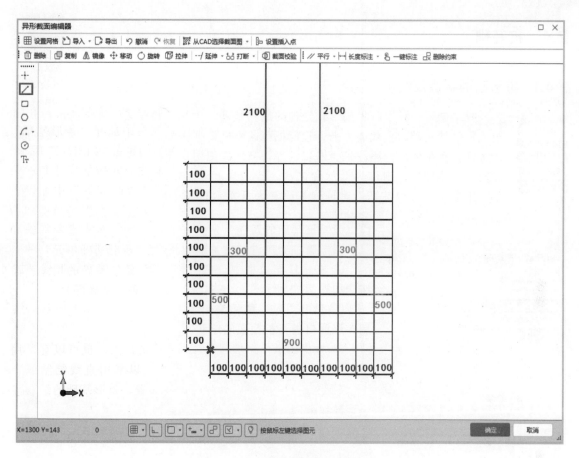

图 2-27　新建异形条形基础单元

绘制，重新选择起点。绘制完成的条形基础的三维效果如图 2-29 所示。

如果有弧形的条形基础，我们可以采用"两点小弧"功能进行绘制。以两点及半径绘制一段小圆弧。点击"绘图"分组下的"两点小弧"，设置半径值，并勾选是否用顺时针绘制圆弧，然后再依次点击过圆弧的两个点的位置，然后点击右键完成即可。

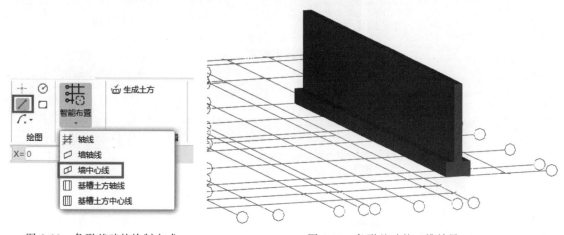

图 2-28　条形基础的绘制方式　　　　　图 2-29　条形基础的三维效果

2.4　桩基础

2.4.1　桩基础的新建及绘制

桩基础的新建
及绘制

扫码观看视频

桩基础是一种以打桩的形式处理的地基基础，由基桩和连接于桩顶的承台共同组成。这种基础的承载能力强，它能把荷载由桩传到深处的坚硬土层。桩基础的形式多样，有摩擦桩、灌注桩、嵌岩桩等，被广泛使用。若桩身全部埋于土中，承台底面与土体接触，则称为低承台桩基。若桩身上部露出地面且承台底位于地面以上，则称为高承台桩基。建筑桩基通常为低承台桩基，广泛应用于高层建筑、桥梁、高铁等工程。

（1）桩基础的新建

以圆管桩为例讲解桩基础的新建步骤，步骤如下。

① 在构件导航栏中选择"桩"，点击"新建异形桩"按钮，如图 2-30 所示。

② 弹出"异形截面编辑器"窗口，如图 2-31 所示，然后在该窗口进行桩截面的绘制。

③ 根据图纸信息填写属性列表中的相关参数，如图 2-32 所示。

图 2-30　新建异形桩

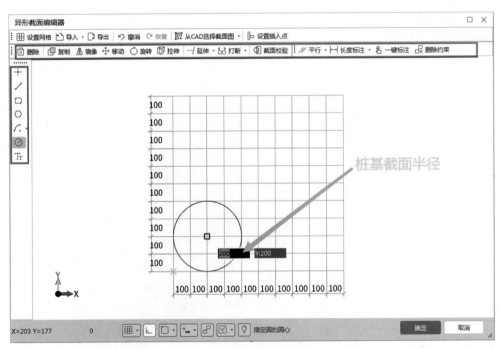

图 2-31　异形截面编辑器

（2）桩基础的绘制

桩基础也可采用点式绘制，绘制方法和独立基础的绘制方法一样，在此不多做叙述。桩基础的智能布置如图 2-33 所示，根据图纸信息选择合适的参照物。图 2-34 为绘制成功的桩基础的三维效果。

图 2-32 桩的属性列表

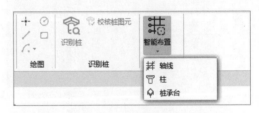

图 2-33 桩基础的智能布置

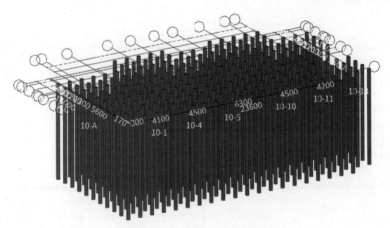

图 2-34 绘制完成的桩基础

2.4.2 桩承台的新建及绘制

桩承台是指当建筑物采用桩基础时，在群桩基础上将桩顶用钢筋混凝土平台或者平板连成整体基础，以承受其上荷载的结构。

（1）桩承台的新建

下面以矩形桩承台为例讲解桩承台的新建步骤。

图 2-35　新建桩承台单元

① 单击左侧导航栏中"基础"下的"桩承台"。

② 单击"构件列表"中"新建"下的"新建桩承台"；然后选中新建好的桩承台，单击"构件列表"中"新建"下的"新建桩承台单元"，如图 2-35 所示；在弹出的"选择参数化图形"对话框中选"矩形承台"，如图 2-36 所示，然后结合图纸选择相应的配筋形式，如图 2-37 所示，在右侧区域内输入桩承台的尺寸和相应的配筋信息，单击确定即可。

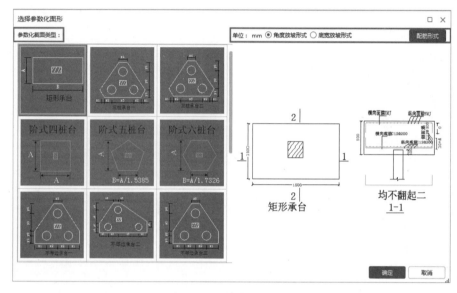

图 2-36　选择参数化图形

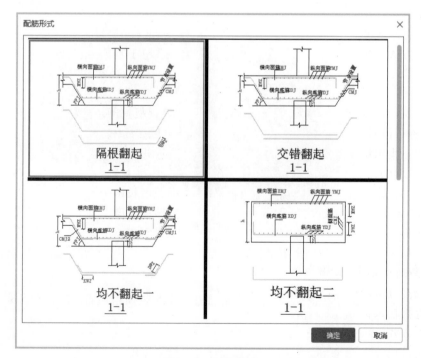

图 2-37　配筋形式

（2）桩承台的绘制

桩承台采用的也是点式绘制及智能布置，点式绘制的方法及定位原理和独立基础是一样的，唯一不一样的是可以直接"点"在柱、桩等绘制过的构件上，如图 2-38 所示。

桩承台的智能布置如图 2-39 所示，可以直接以绘制完成的构件，如轴线、柱、桩、基坑土方为基础进行绘制，而不用费劲地测量距离进行定位。

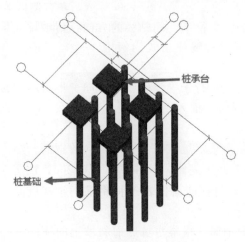

图 2-38　桩承台的点式绘制　　　　　图 2-39　桩承台的智能布置

2.5　其它基础构件

集水坑的新建及绘制

2.5.1　集水坑

扫码观看视频

建筑工程在基坑开挖时，如果地下水位比较高，且基底标高在地下水位之下时需要设置排水方式。集水坑就是比较方便的一种方式，适用于基地埋深＜5m 的情况。下面介绍如何新建及绘制集水坑。

（1）集水坑的新建

在构件导航栏中选择"集水坑"，点击"新建"按钮，根据图纸要求选择"新建矩形集水坑"，双击名称可以对其进行修改。至此，集水坑的新建就完成了。

众所周知，集水坑的钢筋形式较为复杂。下面以消防电梯集水坑为例，介绍集水坑的相关属性信息（图 2-40）。

截面长度（mm）：集水坑坑口的长度，此集水坑的截面长度为 1800mm。

截面宽度（mm）：集水坑坑口的宽度，此集水坑的截面宽度为 1400mm。

坑底出边距离（mm）：单侧坑底超出坑口部分的长度，此集水坑的坑底出边距离为 150mm。

坑底板厚度（mm）：坑洞口下方底板的厚度，此集水坑的坑底板厚度为 250mm。

坑板顶标高（m）：集水坑底板的顶标高，可以通过下拉框选择，也可以输入具体数值，我们在此处直接输入标高"−9.3"。

放坡输入方式：可选项为"放坡角度"与"放坡底宽"，放坡角度是指集水坑底面斜坡与水平面的夹角，放坡底宽是指集水坑坡面在水平面的投影宽度，可以根据实际情况选择一种设

图 2-40　集水坑的新建

（2）集水坑的绘制

集水坑在进行布置的时候根据图纸标注，直接点式绘制在对应的筏板基础上即可。图 2-42 为绘制成功的集水坑，需要注意的是，集水坑必须布置在筏板或桩承台上，桩承台为非锥式，且只能有一个单元。

置方式。坡度输入方式的选项决定了下一个属性的名称显示。

放坡角度：集水坑底部侧面与水平面的夹角，此集水坑的放坡角度为 60°。

放坡底宽：集水坑底部侧面的水平投影宽度。如果在"放坡输入方式"处选择的是"放坡角度"的话，此处可直接忽略。

X 向底筋、面筋：平行于开间轴线的方向，集水坑底板底部和顶部的横向钢筋，输入格式为级别＋直径＋@＋间距，例如 $\Phi 18@160$。

Y 向底筋、面筋：平行于进深轴线的方向，集水坑底板底部和顶部的横向钢筋，输入格式为级别＋直径＋@＋间距，例如 $\Phi 18@160$。

坑壁水平筋：是指集水坑坑洞侧壁水平向的钢筋；输入格式为级别＋直径＋@＋间距，例如：$\Phi 12@200$，或者 $\Phi 12@200/\Phi 10@200$，斜杠前面代表 Y 向钢筋，斜杠后面代表 X 向钢筋。

X 向、Y 向斜面钢筋：指集水坑底面斜坡上的横向钢筋及纵向钢筋，输入格式为级别＋直径＋@＋间距。

根据上述信息进行集水坑的新建，新建完成的集水坑如图 2-40 所示。点击属性列表的最下面的"参数图"，弹出窗口如图 2-41 所示，此参数图可以帮助我们更好地去理解上述的参数信息。

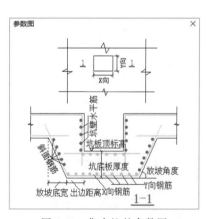

图 2-41　集水坑的参数图

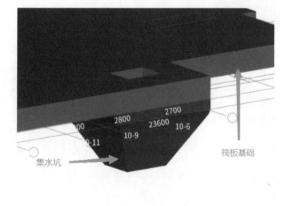

图 2-42　绘制成功的集水坑

2.5.2　柱墩

柱墩是筏板基础根据受剪或受冲切承载力的需要而设置的混凝土墩。根据位置又分为上柱墩和下柱墩，下柱墩是指在框架柱根部沉到筏板基础以下部分的柱基础，一般为了充分利用筏板基础上表面的空间而设置。上柱墩是在筏板顶面以上、混凝土柱的根部设置的混凝土墩。通俗地理解：柱子是很细的，设置在筏板上，对筏板有很大的冲切力，设置柱墩就是在这里进行局部加强。柱墩的作用与独立基础类似，区别是独立基础可以作为基础独立使用，柱墩是筏板上局部加强的混凝土墩。

（1）柱墩的新建

以上柱墩为例，介绍柱墩的新建步骤。

① 单击左侧导航栏中"基础"下的"柱墩"。

② 单击"构件列表"中"新建"下的"新建柱墩"，弹出对话框"选择参数化图形"，如图 2-43 所示，根据图纸信息选择合适的"参数化截面类型"，然后根据图纸信息修改参数信息，如图 2-44 所示。在修改属性参数时，参考柱墩参数化图形可以帮助我们更好地理解相关属性。下面以矩形上柱墩为例，介绍柱墩的相关属性信息。

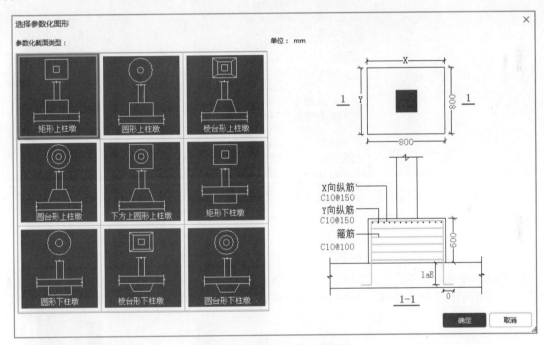

图 2-43　选择柱墩参数化图形

柱墩截宽（mm）：柱墩截面的宽度，如 800mm。

柱墩截长（mm）：柱墩截面的长度，如 800mm。

柱墩高度（mm）：柱墩的高度，如 600mm。

X 向纵筋：平行于开间轴线的方向，输入格式为级别＋直径＋@＋间距，例如 Φ10@150。

Y 向纵筋：平行于进深轴线的方向，输入格式为级别＋直径＋@＋间距，例如 Φ10@150。

是否按板边切割：有些柱墩位于筏板或板的边缘，一部分在板外，一部分在板内，该属性选择"是"，软件会自动切割掉板外的部分，就是板以外的不计算；该属性选择"否"则按整个柱墩计算，即绘制多大就计算多大。

底标高（m）：矩形上柱墩的底标高就是筏板基础顶标高，如矩形上柱墩的参数化图形所示。如果是矩形下柱墩则没有"底标高"这个属性，而是变成了"顶标高"，矩形下柱墩的顶标高即为筏板基础的底标高。

图 2-44 柱墩的新建

（2）柱墩的绘制

柱墩的绘制方式有"点"式绘制及"智能布置"，如图 2-45 所示，根据图纸信息直接绘制即可。上柱墩与下柱墩的绘制方法是一样的，只是布置的位置不一样，如图 2-46 所示。

图 2-45 柱墩的绘制方式

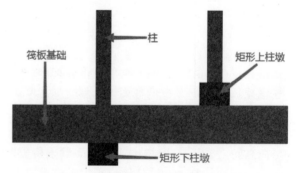

图 2-46 矩形上柱墩与矩形下柱墩

2.5.3 垫层

垫层是基层中不可缺少的构件。在工程中垫层分为多个种类，可以采用智能布置的方式布置到不同的基础之下。接下来以筏板基础垫层为例进行讲解。

（1）垫层的新建

① 在构件导航栏中选择"垫层"，点击"新建"按钮，可以发现软件针对不同种类的基础提供了多种不同的垫层形式，如图 2-47 所示。整体上来说，独立基础、桩承台等适合采用点式垫层；条形基础、基础梁适合采用线式垫层；筏板基础适合采用面式垫层。

垫层的新建及绘制

扫码观看视频

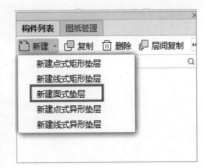

图 2-47　垫层类型

② 属性中的厚度指的是垫层厚度，单位为 mm，垫层厚度一般为 100mm，可选择不同材质垫层，对应不同的计算规则，混凝土强度等级一般为 C15。如图 2-48 所示为筏板基础垫层的新建界面。

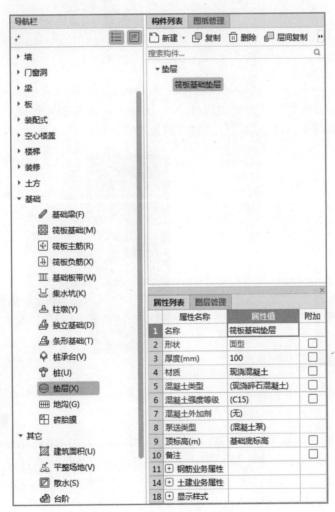

图 2-48　筏板基础垫层的新建

（2）垫层的智能布置

智能布置的原理就是根据已有构件的位置，让软件自动布置相关联的新构件。因此可以根据已经绘制好的筏板基础智能布置面式垫层，操作步骤如下。

① 根据图纸要求建立面式垫层构件。点击"二次编辑"分组中的"智能布置"按钮，如图 2-49 所示，出现可以作为参照的各种构件类型。这里我们选择"筏板"进行智能布置。

图 2-49　筏板基础垫层的智能布置

② 鼠标左键选择需要布置垫层的筏板基础，右键确定，弹出设置出边距离窗口，如图 2-50 所示。这里根据图纸要求输入具体出边尺寸，为 100mm。点击确定按钮，垫层就被智能布置在筏板基础之下，同时按照已经设置好的尺寸调整出边，如图 2-51 所示。

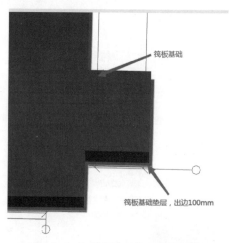

图 2-50　垫层的出边距离设置　　　　图 2-51　绘制成功的筏板基础垫层

（3）褥垫层的新建及绘制

褥垫层是 CFG 复合地基中解决地基不均匀问题的一种方法，用以保证桩、土共同承担荷载，它是水泥粉煤灰碎石桩（CFG 桩）形成复合地基的重要条件。通过改变褥垫层厚度，可以调整桩垂直荷载的分担，减少基础底面的应力集中。通常褥垫层越薄，桩承担的荷载占总荷载的百分比越高，反之亦然。褥垫层还可以调整桩、土水平荷载的分担，褥垫层越厚，土分担的水平荷载占总荷载的百分比越大，桩分担的水平荷载占总荷载的百分比越小。工程实践表明，褥垫层合理厚度为 100～300mm，考虑施工时的不均匀性，褥垫层厚度取 150～300mm。当桩径大、桩距大时宜取高值。褥垫层不仅仅用于 CFG 桩，也用于碎石桩、管桩等，以形成复合地基，保证桩和桩间土的共同作用。

褥垫层也是在"垫层"里进行新建，只是厚度会比普通的基础垫层大，混凝土强度等级为

C20，褥垫层的新建界面如图 2-52 所示。褥垫层的绘制方法和上述所讲的垫层的绘制方法一样，用"智能布置"即可，绘制成功的褥垫层如图 2-53 所示。

图 2-52　褥垫层的新建界面

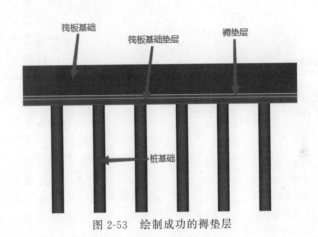

图 2-53　绘制成功的褥垫层

2.5.4　地沟

地沟就是地下排水沟。

（1）地沟的新建

① 单击"基础"下的"地沟"，在"构件列表"里点击"新建参数化地沟"，弹出"选择参数化图形"的窗口，如图 2-54 所示，在该窗口的右侧编辑矩形地沟的信息，编辑完成后点击确定即可。

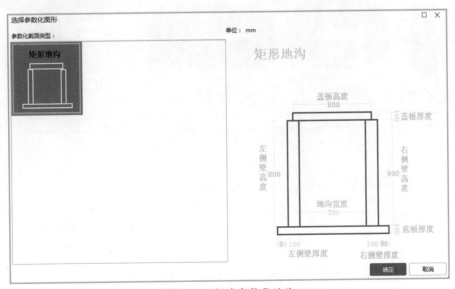

图 2-54　新建参数化地沟

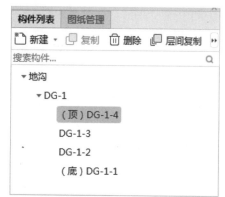

图 2-55　地沟的新建

② 在新建界面（图 2-55）中，"（顶）DG-1-4"是地沟的盖板，"DG-1-2""DG-1-3"是地沟的侧壁，"（底）DG-1-1"是地沟的底板。现以"（顶）DG-1-4"为例，介绍地沟的相关属性。

截面宽度（mm）：地沟盖板的截面宽度，如800mm。

截面高度（mm）：地沟盖板的厚度，如100mm。

截面面积（m²）：地沟盖板的截面面积，不用手动输入，软件会自动计算输入。

相对偏心距（mm）：地沟左或右侧壁中心线相对于地沟构件中心线的距离，以地沟构件整体的中心线为参照，左边为负值，右边为正值，如DG-1-2的相对偏心距为−400mm，DG-1-3的相对偏心距为+400mm。

相对底标高（m）：构件子单元的属性，指的是子单元的底标高相对于父构件底标高的高差，是一个相对标高的概念。"相对底标高"的属性是无特殊建模要求的，可不用修改，程序会根据单元的高度自动算出，如地沟盖板的相对底标高是0.9m（0.8m+0.1m）。

根据上面的属性信息进行地沟的新建，新建完成的地沟属性列表如图2-55所示。

（2）地沟的绘制

地沟可以根据图纸要求直接绘制，如图2-56所示为地沟的三维效果图。

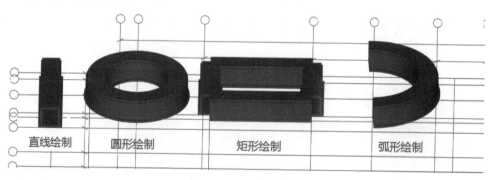

图 2-56　地沟的三维效果图

2.5.5　砖胎膜

砖胎膜的新建及绘制

扫码观看视频

砖胎膜就是用标准砖制作成的模板，待达到一定强度后，即可进行混凝土的浇筑工作。模板本身不是工程实体的组成部分，只能算是施工中的一项措施，费用算在实体费中。砖胎膜一般用于地下室外墙外防水或者模板不易拆除的部位，砌好后尺寸和强度须符合设计要求。砖胎膜的新建及绘制步骤如下。

（1）砖胎膜的新建

① 单击左侧导航栏中"基础"下的"砖胎膜"。

② 单击"构件列表"中"新建"下的"新建线式砖胎膜"，然后根据图纸信息修改属性，完成砖胎膜的定义。下面以线式砖胎膜的新建（图 2-57）为例，介绍砖胎膜的相关属性。

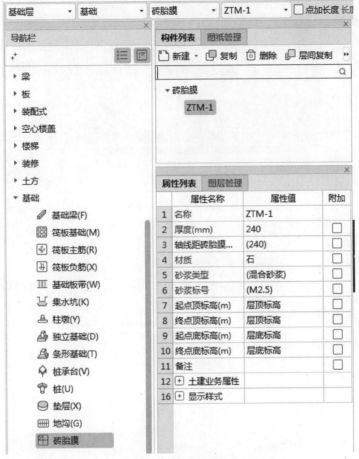

图 2-57　砖胎膜的新建

厚度（mm）：指的是砖胎膜的厚度，如 240mm。

轴线距砖胎膜左边线距离：指的是顺着图元绘制方向，左边的边线就是砖胎膜的左边线，该边线距砖胎膜中心线的距离就是轴线距砖胎膜左边线距离。

（2）砖胎膜的绘制

砖胎膜不能采用点绘制，根据图纸信息选择其它合适的绘制方式进行绘制即可，也可采用"智能布置"的方式，如图 2-58 所示，根据图纸信息选择合适的参照构件进行绘制即可。

例如，可先单击"智能布置"下的"筏板"，然后点击需要布置砖胎膜的筏板，点击完成后，右键确定即可，筏板基础的砖胎膜如图 2-59 所示，筏板周围的浅色部分即砖胎膜。

图 2-58　砖胎膜的智能布置

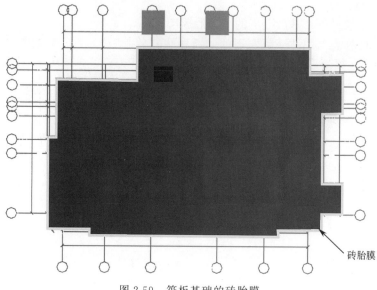

图 2-59　筏板基础的砖胎膜

第 3 章

柱

3.1 柱的新建及绘制

柱的新建及绘制

扫码观看视频

基础画完以后就开始画柱构件，柱子是建筑的主要构件，在广联达 GTJ2021 导航栏列表中，点击柱构件，我们能看到柱分为柱、构造柱、砌体柱、约束边缘非阴影区，如图 3-1 所示。

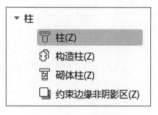

图 3-1　柱构件分类

3.1.1 柱的新建及钢筋布置

柱的新建分为新建矩形柱、新建圆形柱、新建异形柱、新建参数化柱四类，如图 3-2 所示。

下面以暗柱（AZ1）为例，通过实际操作步骤学习柱的新建、绘制。暗柱 AZ1 大样图，如图 3-3 所示。

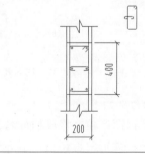

图 3-2　柱新建分类

编号：	AZ1
标高：	地下室顶板~9.000
纵筋：	6Φ12
箍筋/拉筋：	Φ8@150

图 3-3　暗柱 AZ1 大样图

（1）矩形柱的新建

首先应根据图纸确定柱子的类型与名称。

在构件导航栏中选择"柱"，点击"新建"按钮，根据图纸要求选择"新建矩形柱"，双击柱名称可以对其进行修改，如图 3-4 所示。

下面根据图 3-2 暗柱 AZ1 大样图给出的信息来进行柱属性列表的完善，如图 3-5 所示。

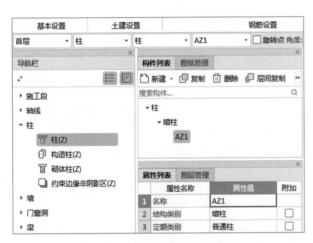

图 3-4　暗柱 AZ1 柱的新建　　　　　　　图 3-5　暗柱 AZ1 属性列表

各属性项的含义如下。

① 名称：根据图纸信息修改构件名称，应保证构件名称的唯一性。

② 结构类别：类别会根据构件名称中的字母自动生成，也可以根据实际情况进行选择。

③ 定额类别：选择普通柱。

④ 截面宽度（B 边）：柱的截面宽度。

⑤ 截面高度（H 边）：柱的截面高度。④、⑤两项属性决定了柱的尺寸。

⑥ 全部纵筋：表示柱截面内所有纵筋，如图 3-5 暗柱 AZ1 属性列表中全部纵筋为 6 Φ 12。如果纵筋有不同的级别和直径则使用"＋"连接，如图 3-6 所示。注意这项属性和图 3-5 中第 7、8、9 三项是互斥的。输入时选择输入全部纵筋，则第 7、8、9 三项不可输入；或者按照第

7、8、9 三项属性分别输入，则全部纵筋属性不输入。需要按照图纸标注要求输入。

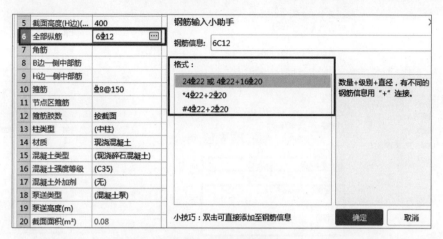

图 3-6　全部纵筋格式

⑦ 角筋：只有当全部纵筋属性值为空时才可输入。

⑧ B 边一侧中部筋：只有当全部纵筋属性值为空时才可输入。

⑨ H 边一侧中部筋：只有当全部纵筋属性值为空时才可输入。

⑩ 箍筋：明确柱的箍筋信息，包括钢筋级别、直径、加密区和非加密区的间距。

公有属性与私有属性：在属性名称中，蓝色字体为公有属性，当这项属性发生变化的时候，同一楼层中的同名称构件的相应信息都会发生变化。

（2）钢筋输入方式

钢筋输入中 A 表示一级钢；B 表示二级钢；C 表示三级钢。

① 全部纵筋、角筋、边筋的输入方式如下。

格式 1：数量＋级别＋直径，如 20C22。

格式 2：不同的钢筋信息用"＋"连接，如 4C22＋16C20。

② 箍筋的输入格式如下。

格式 1：数量＋级别＋直径＋肢数，如 40C8（4×4）。

格式 2：级别＋直径＋"@"＋间距＋肢数，如 C8@100（4×4）。

格式 3：级别＋直径＋"@"＋加密区间距＋"/"＋非加密区间距＋肢数。加密区钢筋布置间距和非加密区钢筋布置间距用"/"分开，加密区钢筋布置间距在前，非加密区钢筋布置间距在后，如 C8@100/200（4×4）。

（3）其它类型柱

① 圆形柱。圆形柱的新建与矩形柱一样，不同的是属性列表的差异，如图 3-7 所示。属性中没有了"截面宽度""截面高度"，变成了"截面半径"。在这里提醒一下，属性中"结构类别"是可以修改的，如图 3-8 所示。

② 异形柱。异形柱的操作和矩形柱、圆形柱稍有不同，接下来具体说一下异形柱的操作。

点击"新建"选择"新建异形柱"，在弹出来的"异形截面编辑器"对话框中根据图纸进行截面绘图，如图 3-9 所示。点击"设置网格"进行网格间距的设置，如图 3-10 所示，进行水平、垂直修改，点击"确定"完成间距设置。根据图纸在设置好的网格中绘制异形柱截面，之后可以进行"长度标注"，绘制完成后，点击"确定"。双击"名称"，根据图纸进行修改，完成异形柱的建立。也可以从 CAD 中选择异形柱的截面图。

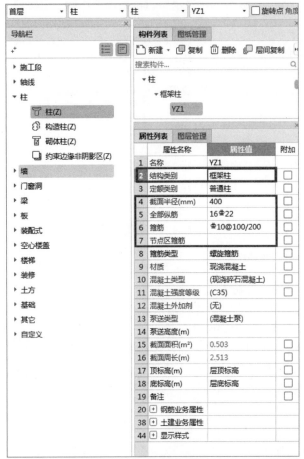

图 3-7　圆形柱属性列表

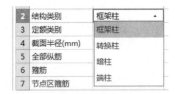

图 3-8　柱的结构类别列表

图 3-9　异形截面编辑器

随后，完善异形柱的属性列表，如图 3-11 所示。这里注意一下，如果在新建时已经确定了"截面宽度""截面高度"，想要改变可以点击属性列表中"截面形状"后的属性值。

图 3-10　定义网格

	属性名称	属性值	
属性列表	图层管理		
1	名称	YXZ1	
2	截面形状	异形	…
3	结构类别	框架柱	
4	定额类别	普通柱	
5	截面宽度(B边)(...	100	
6	截面高度(H边)(...	300	
7	全部纵筋	16Φ22	
8	材质	现浇混凝土	
9	混凝土类型	(现浇碎石混凝土)	
10	混凝土强度等级	(C35)	
11	混凝土外加剂	(无)	
12	泵送类型	(混凝土泵)	
13	泵送高度(m)		
14	截面面积(m²)	0.025	
15	截面周长(m)	0.741	
16	顶标高(m)	层顶标高	
17	底标高(m)	层底标高	
18	备注		
19	⊞ 钢筋业务属性		
37	⊞ 土建业务属性		
43	⊞ 显示样式		

图 3-11　异形柱属性列表

③ 参数化柱。参数化柱的新建步骤如下。

点击"新建"选择"新建参数化柱",在弹出来的"选择参数化图形"对话框中根据图纸选择对应的参数化图形,如图 3-12 所示。选择完成后,根据实际尺寸进行修改,点击"确定"。进行名称修改后,完成参数化柱的建立。之后完善属性列表,如图 3-13 所示。

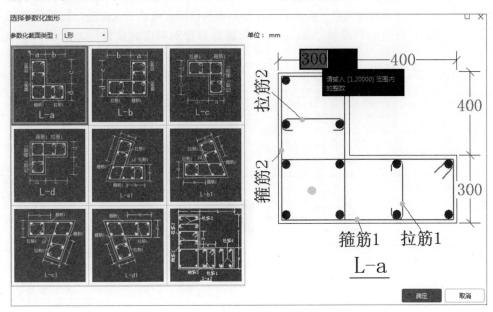

图 3-12　选择参数化图形

	属性名称	属性值	附加
1	名称	YBZ10-3	
2	截面形状	L-a形	☐
3	结构类别	框架柱	☐
4	定额类别	普通柱	☐
5	截面宽度(B边)(...	600	☐
6	截面高度(H边)(...	600	☐
7	全部纵筋	16Φ22	☐
8	材质	现浇混凝土	☐
9	混凝土类型	(现浇碎石混凝土)	☐
10	混凝土强度等级	(C35)	☐
11	混凝土外加剂	(无)	☐
12	泵送类型	(混凝土泵)	☐
13	泵送高度(m)		
14	截面面积(m²)	0.2	☐
15	截面周长(m)	2.4	☐
16	顶标高(m)	层顶标高	☐
17	底标高(m)	层底标高	☐
18	备注		☐
19	⊞ 钢筋业务属性		
33	⊞ 土建业务属性		
39	⊞ 显示样式		

图 3-13　参数化柱的属性列表

3.1.2　柱的绘制

在绘制过程中，按照绘制形式可将构件分为三类：点式构件、线式构件、面式构件。柱是典型的点式构件，其绘制操作如下。

① 在"构件列表"选择已经定义好的柱构件，如暗柱 AZ1。

② 点击"绘图"分组下的"点"，如图 3-14 所示。

③ 根据图纸要求布置柱的位置。在绘制区左键点击构件插入点，完成绘制，如图 3-15 所示。

根据图纸要求，将所有的暗柱 AZ1 定义、新建并布置到对应的位置后，暗柱 AZ1 的绘制就完成了。

所有类型的柱都可以进行"智能布置"绘制，柱的智能布置方式有很多种，如图 3-16 所示。

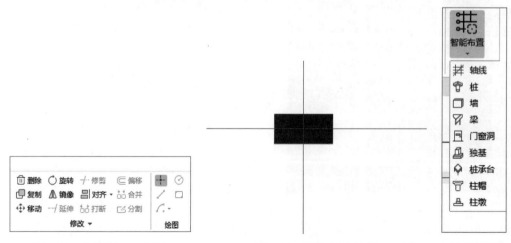

图 3-14　柱绘图——"点"　　　图 3-15　暗柱 AZ1 绘制　　图 3-16　柱的智能布置方式

柱的二次编辑

扫码观看视频

3.2　柱的二次编辑

在完成柱的定义、新建、绘制后，可能还需要对柱进行进一步的调整和编辑。对柱的调整和编辑叫作柱的二次编辑。在上部单元栏找到"柱二次编辑"，可以看到其下含有"调整柱端头""判断边角柱""查改标注""设置斜柱"，如图 3-17 所示。

3.2.1　判断边角柱

边角柱就是边柱和角柱。点击"柱二次编辑"分组下的"判断边角柱"，软件会根据图元的位置自行判断，判断后软件会提示"判断边角柱完成"，如图 3-18 所示。

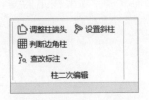

图 3-17　柱二次编辑栏目

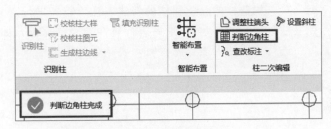

图 3-18　判断边角柱

3.2.2　查改标注

在"柱二次编辑"下点击"查改标注"，鼠标左键点击绿色字体的标注信息，修改后回车确认修改内容，见图 3-19。全部修改后鼠标左键点击屏幕的其它位置结束操作，点击鼠标右键结束此命令。

3.2.3　调整柱端头

想调整非对称柱子的布置方向，可以使用"调整柱端头"功能。该功能适合用于"一"型、"L"形、"T"形、"十"形非对称柱，可将"一"形、"十"形柱逆时针旋转 90°，将"L"形柱按照夹角平分线镜像，将"T"形柱按 T 形中线镜像。调整柱端头操作如下。

① 点击"柱二次编辑"分组下的"调整柱端头"。

② 鼠标左键点击需要调整方向的柱图元，端头方向会按规则进行调整。调整前后对比如图 3-20 所示。

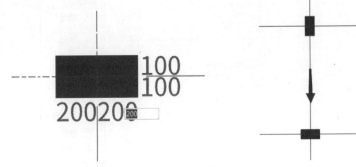

图 3-19　暗柱 AZ1 查改标注　　　　图 3-20　"一"形柱、"L"形柱端头方向调整前后对比

3.3 构造柱

设置构造柱是为了增强建筑物的整体性和稳定性，防止房屋倒塌。构造柱不作为主要受力构件。构造柱通常设置在楼梯间的休息平台处、纵横墙交接处、墙的转角处，达到 5m 的墙中间部位也要设构造柱。为提高砌体结构的承载能力和稳定性又不增大截面尺寸，构造柱已经不仅仅设置在房屋墙体转角、边缘部位，还应按需要设置在墙体的中间部位，圈梁应设置成封闭状。

构造柱的新建及绘制

扫码观看视频

3.3.1 构造柱的新建及绘制

（1）构造柱的新建

构造柱的新建和柱的新建一样，首先进行定义，然后在构件列表中选择"构造柱"进行"新建"，最后进行属性列表的完善，如图 3-21 所示。需要注意的是，在进行"属性列表"完善时，要结合其图纸信息。

图 3-21 构造柱 GZ-1 属性列表

（2）构造柱的绘制

绘制构造柱是根据结构图和建筑图来进行的，在广联达 GTJ2021 中，构造柱绘制方式为"点式布置"。

"点式布置"的步骤：点击构件列表中所需要布置的构造柱，在"绘图"栏目选择"点式布置"，根据图纸要求进行构造柱在相应位置的布置。

3.3.2　自动生成构造柱

自动生成构造柱功能须在柱和墙的绘制完成后才能使用。自动生成构造柱的操作如下。

① 在"构造柱二次编辑"栏中，点击"生成构造柱"，在弹出来的"生成构造柱"框中输入图纸信息，再根据图纸设计要求和规范的要求来设置参数，点击"确定"。或者在"选择楼层"中点击选择需要生成构造柱的楼层，然后点击"确定"，如图3-22所示。"选择楼层"可以根据实际需要点选。

图3-22　生成构造柱设置

② 构造柱生成完成以后，系统会弹出提示，如图3-23所示。

图3-23　构造柱生成完成提示

第 4 章

墙

图 4-1　墙构件分类

剪力墙的新建及
绘制

扫码观看视频

4.1　墙的新建及绘制

在广联达 GTJ2021 中，墙分为剪力墙、砌体墙、保温墙、幕墙，同时还包括人防门框墙、砌体加筋、暗梁、墙垛等相关构件，见图 4-1。通过选择墙的类型和材质来进行墙体的处理。本章节我们通过实例来进行墙的新建、绘制、二次编辑等功能的操作介绍。

4.1.1　剪力墙的新建及绘制

在进行建墙的"新建"前，首先要根据图纸信息确定墙的类型以及配筋信息。剪力墙配筋表实例如图 4-2 所示。

剪力墙配筋表

编号	墙厚	标高	竖向筋	水平筋	拉筋	备注
Q1	200	地下室顶板~9.000	Φ10@200(两排)	Φ8@200(两排)	Φ6@600X600(双向)	

图 4-2　剪力墙配筋表

（1）剪力墙的新建与钢筋布置

在构件导航栏中选择"剪力墙"，点击"新建"，根据图纸要求选择"新建内墙"，双击墙名称进行修改。本实例中墙的图纸编号为"Q1"，如图 4-3 所示。

根据图 4-2 所给的信息，来进行剪力墙 Q1 属性列表的完善，如图 4-4 所示。

部分属性项介绍如下。

① 厚度（mm）：墙体左右表面间厚度。

② 水平分布钢筋：输入格式为"（排数）＋级别＋直径＋@＋间距"，当剪力墙有多种直径的钢筋时，在钢筋与钢筋之间用"＋"连接。"＋"前面表示墙左侧钢筋信息，"＋"后面表示墙体右侧钢筋信息。如剪力墙 Q1 的水平分布钢筋为"（2）Φ8@200"。

图 4-4　剪力墙 Q1 属性列表

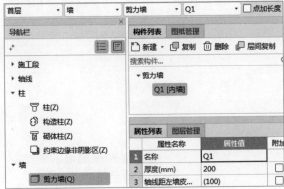

图 4-3　剪力墙 Q1 的新建

③ 垂直分布钢筋：剪力墙的竖向钢筋，输入格式为"（排数）＋级别＋直径＋@＋间距"。如剪力墙 Q1 的垂直分布钢筋为"（2）ϕ10@200"。

④ 拉筋：剪力墙中的横向构造钢筋，即拉钩，其输入格式为"级别＋直径＋@＋水平间距＋＊＋竖向间距"。如剪力墙 Q1 的拉筋为"A6@600＊600"。

⑤ 内/外墙标志：用来识别内外墙图元，内外墙的计算规则不同。

（2）剪力墙绘制

墙是线型构件，在绘制时采用的是直线画法。绘制剪力墙 Q1 操作步骤如下。

① 点击"绘图"栏分组中的"直线"，如图 4-5 所示。

② 用鼠标点取第一点，再点取第二点，就可以画出一道墙；点击鼠标右键即可结束墙的绘制。图 4-6 为剪力墙 Q1 的绘制。

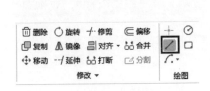

图 4-5　绘图—直线

图 4-6　剪力墙 Q1 的绘制（浅色显示）

如果在实际工作中需绘制弧形墙，可以使用"绘图"栏中的"三点弧"的功能。只要确定弧形墙的起点、终点和弧线上的任意一点即可。

图 4-7　砌体墙新建分类

4.1.2　砌体墙的新建及绘制

砌体墙的新建及绘制

扫码观看视频

砌体墙的"新建"包括"新建内墙""新建外墙""新建虚墙""新建异形墙""新建参数化墙""新建轻质隔墙"，如图 4-7 所示。

在进行砌体墙的新建、绘制之前，我们首先在图纸上查找砌体墙的相关设计信息。一般相关信息在建筑施工图和设计说明中。

（1）砌体墙的新建与钢筋布置

在构件导航栏中选择"砌体墙"，点击"新建"，根据图纸要求选择"新建内墙"或者"新建外墙"，这里我们以"新建内墙"为例。双击墙"名称"进行修改，如图 4-8 所示。

随后，根据图纸信息完善墙的属性列表，如图 4-9 所示。

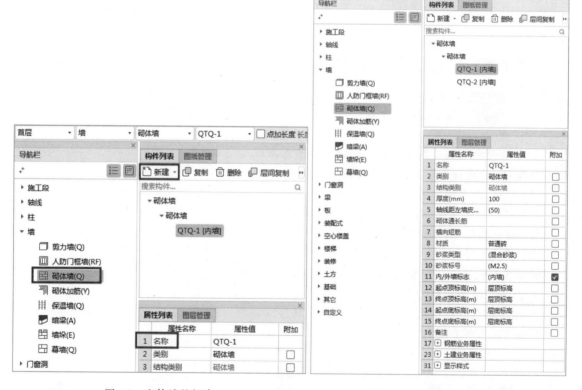

图 4-8　砌体墙的新建　　　　　　　　　图 4-9　砌体墙的属性列表

（2）砌体墙下的其它类型的墙

在这里我们再说一下"虚墙""异形墙""参数化墙""轻质隔墙"的定义。

① 虚墙。在广联达图形算量中，装修等可以按照房间来布置附着物，但是定义的房间是必须是有四面墙的封闭空间，这就需要虚墙。虚墙可以理解为一面假设的墙，不会对算量的结果产生影响，但是虚墙可以和其它的墙一起组成封闭的空间来计算工程量。虚墙的绘制和普通墙体的绘制是一样的，可以以线式绘图来绘制一个虚墙，如图 4-10 所示。虚墙除了不会

计算工程量外，其它操作和普通的墙是一样的，默认的情况下虚墙的显示是灰色透明的。

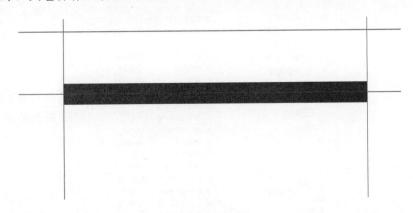

图 4-10　虚墙

② 异形墙。"新建异形墙"一般用于不规则的墙体，建立的时候会打开异形截面编辑器，根据图纸相关设计进行编辑绘制。

③ 参数化墙。"新建参数化墙"与普通墙体的区别就是需要选择参数化图形和输入墙体的相关参数，如图 4-11 所示。点击"确定"后，根据图纸设计进行布置和线式绘制。

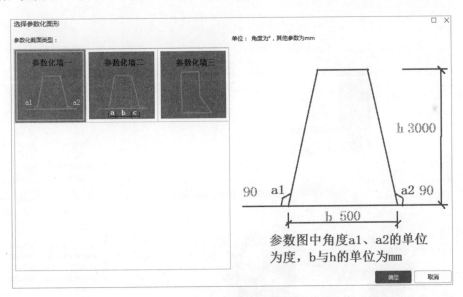

图 4-11　选择参数化图形

④ 轻质隔墙。轻质隔墙的新建、绘制与普通墙体一样，在完善属性列表时需要注意"厚度"与"所用隔板长"根据实际输入，如图 4-12 所示。

（3）砌体墙的绘制

砌体墙的绘制步骤与剪力墙一致，绘制结果如图 4-13 所示。

剪力墙与砌体墙三维效果图（包括柱）如图 4-14 所示。

砌体墙、剪力墙以及其它分类的墙，都可以进行"智能布置"，只是布置方式不一样，如砌体墙的智能布置分类如图 4-15 所示。

图 4-12　轻质隔墙属性列表

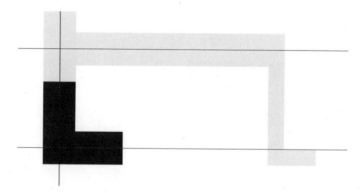

图 4-13　砌体墙绘制

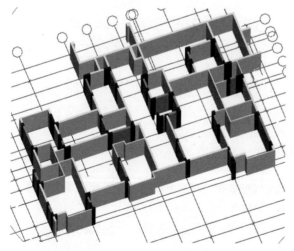

图 4-14　剪力墙与砌体墙三维效果图

图 4-15　砌体墙智能布置分类

4.1.3　其它墙体的新建及绘制

在导航栏"墙"的分类中的"人防门框墙""保温墙""暗梁""保温墙""幕墙"的新建与绘制与其它墙体没有很大区别。

（1）人防门框墙

人防门框墙在绘图时只有"点"式绘图，直接进行布置。但是在进行属性完善时，如图 4-16 所示，有许多数据需要注意，"左侧构造""右侧构造""上部构造""下部构造"属性值是可以修改的。如图 4-17 所示，可以进行截面类型、纵筋、箍筋的修改。

图 4-16　人防门框墙属性

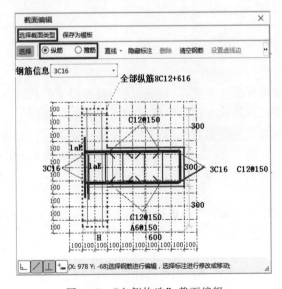

图 4-17　"左侧构造"截面编辑

图 4-18　保温墙提示

（2）保温墙

在新建保温墙后，不能直接进行绘图，否则会出现如图 4-18 所示的提示对话框。我们需要建立"保温墙单元"。鼠标右键点击新建的保温墙，在出来的界面选择"新建保温墙单元"，如图 4-19 所示。建立后会出现"（右）BWQ-1-1"，如果需要"（左）BWQ"我们可以再次建立保温墙单元，如图 4-20 所示。保温墙单元建立过

后，就可以进行绘制了。保温墙分内外，内部和外部构造往往不一样，不新建保温墙单元的话，软件不知道要处理的是哪一部分。即使内外一样，构造相同，也要新建两个保温墙单元。保温墙单元要选择材质，不同材质对应不同的计算规则。名称处注上左、右，左右是以画线方向为参照的。材质与厚度根据图纸进行选择。

图 4-19　新建保温墙单元

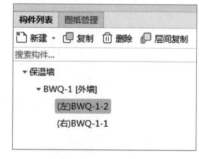

图 4-20　保温墙名称

（3）暗梁

暗梁进行新建以及属性列表完善后，再进行绘图就可以了。暗梁与剪力墙垂直筋、水平筋的位置关系为：剪力墙垂直钢筋应在暗梁纵筋外侧连续贯通，楼层上下层的垂直分布钢筋不考虑在暗梁内锚固；剪力墙水平分布钢筋在暗梁箍筋外侧连续设置，与暗梁纵筋在同一水平高度的一道水平分布筋可不设；当设计人员对暗梁单独配置了侧面纵筋时，则剪力墙水平钢筋仅布置到暗梁底部位置，暗梁箍筋外侧布置暗梁的侧面纵筋。

（4）墙垛

墙垛的新建包括"新建矩形墙垛""新建异形墙垛"，如图 4-21 所示，根据图纸设计选择相应的类型，进行新建、属性完善，点式绘图。

（5）幕墙

幕墙的新建分为"新建内幕墙""新建外幕墙"，如图 4-22 所示，根据图纸设计进行新建、属性完善，线式绘图。

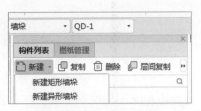

图 4-21　墙垛新建分类

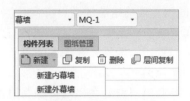

图 4-22　幕墙新建分类

4.2　墙的二次编辑

在完成墙的绘制后，我们有可能会对墙进行进一步的调整与编辑。常见功能如图 4-23 所示。注意对什么类型的墙进行二次编辑，"墙二次编辑"栏显示的就是其对应的墙的名称。

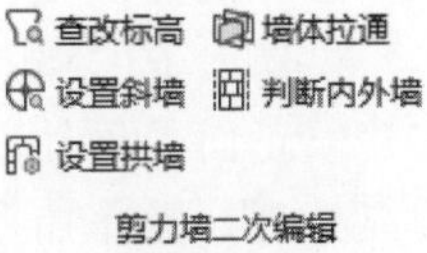

（1）查改标高

当需要修改墙的标高时，操作步骤如下。

① 在"墙二次编辑"栏下，点击"查改标高"。

② 鼠标左键点击需要修改的标高标注，右键结束，如图 4-24 所示。

（2）设置斜墙

为满足建筑功能和美观需要，很多大型公共建筑（如体育馆、博物馆）以及一些地标性建筑多有斜面设计，挡土墙、护坡、水塔、烟囱等构筑物的墙体一般也是倾斜的。当遇到这种工程，可以使用"设置斜墙"功能使已绘制的墙体变斜，其具体操作与"设置斜柱"相似，操作步骤如下。

① 在"墙二次编辑"栏下，点击"设置斜墙"。

② 点击需要变斜的墙图元，在弹出的"设置墙体"对话框中选择生成方式，点击"确定"，如图 4-25 所示。

⎧ 查改标高　　墙体拉通
⎨ 设置斜墙　　判断内外墙
⎩ 设置拱墙

剪力墙二次编辑

图 4-23　墙二次
编辑栏

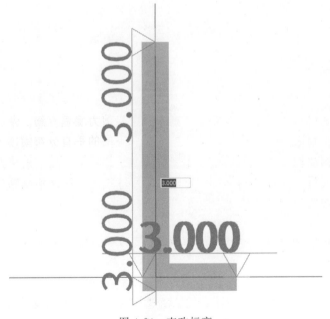

图 4-24　查改标高

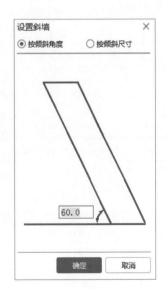

图 4-25　设置斜墙

③ 按鼠标左键确定墙的倾斜方向，生成斜墙。

这里需要注意：设置斜墙只能把已有的直墙变斜，不能直接绘制斜墙；斜墙上的墙面、墙裙、踢脚、保温层、墙垛，在墙图元设置斜墙后会自动随墙倾斜。

（3）墙体拉通

在软件绘制斜墙时，会出现斜墙与直墙、斜墙与斜墙相交的情况，相交后存在缺口或者凸出墙面的部分，凸出墙面的部分需要修剪成与墙面平齐，缺口部分需要补齐，此时可以使用"墙体拉通"功能，操作如下。

① 在"墙二次编辑"分组中选择"墙体拉通"功能。

② 鼠标左键依次选择要拉通的图元，拉通即可生成。

（4）设置拱墙

拱屋面下的墙，墙顶多为拱形（工业厂房居多）。有些为对称拱，有些为非对称拱。又例如建筑正面屋顶处为了做装饰，凸出基顶的墙顶也可能做成拱形。这时可以利用"设置拱墙"功能处理，操作如下。

① 选择"墙二次编辑"分组中的"设置拱墙"功能。

② 选择墙图元，并选择起拱点，点击鼠标左键。

③ 弹出"设置拱墙"对话框，选择拱起方式并填写相应参数，点击"确定"即可，如图4-26 所示。注意修改拱墙的顶标高。如果是空值，墙将变为平墙或斜墙。墙面的附着结构，如保温层、墙垛、后浇带等会自适应拱墙。

（5）判断内外墙

绘制完墙体后，为了快速判断内墙与外墙，可以在"墙二次编辑"中选择"判断内外墙"，在弹出来的对话框中进行楼层选择，然后点击"确定"，如图 4-27 所示。判断结束后，外墙会特别显示出来。

图 4-26 设置拱墙

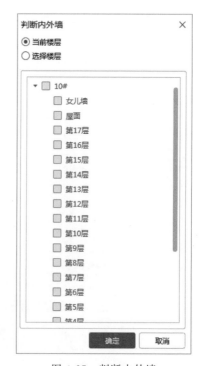

图 4-27 判断内外墙

4.3 砌体加筋

为了加强墙体和柱子之间的联系，在设计中需要设置墙体加强筋时，可以执行砌体加筋操作。

① 砌体加筋与其它墙构件的新建步骤基本一致，区别就是在进行新建砌体加筋时，会弹出"选择参数化图形"对话框，根据图纸选择相应的图形，同时进行参数修改，如图 4-28 所示。

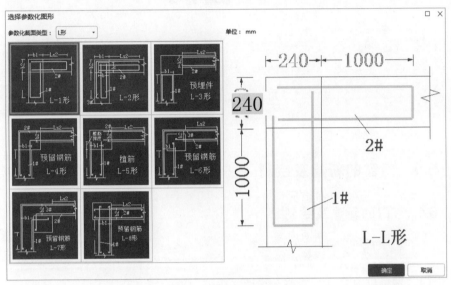

图 4-28　选择参数化图形

② 在进行"选择参数化图形"和参数修改之后，需要完善其属性列表，如图 4-29 所示。

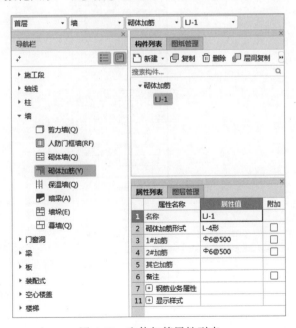

图 4-29　砌体加筋属性列表

第 5 章

门窗洞

扫码观看视频

5.1　门窗的新建及绘制

5.1.1　门的新建及绘制

（1）新建矩形门

在构件导航栏中选择"门"，点击"新建"按钮，根据图纸要求选择"新建矩形门"，双击门名称可以对其进行修改。这样，矩形门的新建就完成了。

软件中门的类型有矩形门、异形门、参数化门、标准门，如图 5-1 所示。在如图 5-2 所示

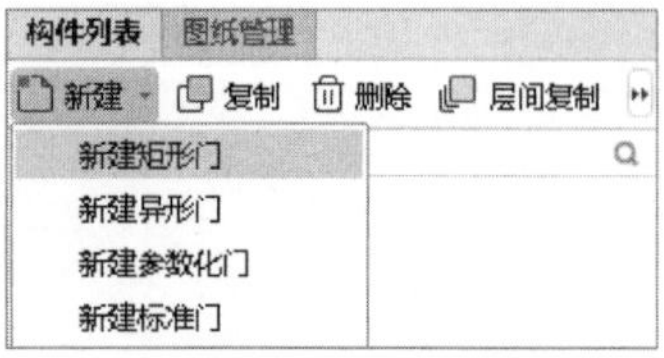

序号 SERIAL No.	名称 TITLE	门洞宽 WIDTH	门洞高 HEIGHT	数量 AMOUNT
1	TC1	1900	1800	16
2	TC2	2400	1800	34
3	TC3a	1600	1800	17
4	TC4	2100	1800	17
5	TC5	1800	1800	17
6	C1	5500	1400	17
7	C1a	5500	1400	16
8	C2a	900	1450	17
9	C3	1500	1450	51
10	C4	2600	1400	16
11	C5	1000	1450	34
12	C6	1500	2400	16
13	C7	4000	1400	16
14	C8	600	1450	34
15	C9	1600	1500	1
16	C12	1200	1450	2
17	M1	900	2150	118
18	M2	800	2150	53
19	M3	1500	2150	2
20	M3a	1500	2150	1
21	TLM1	3200	2500	34
22	TLM2	2400	2500	32
23	TLM3	2800	2500	1
24	TLM4	1800	2500	2
25	TLM5	900	2500	32
26	MLC1	2600	2700	1
27	BY4	2800	2200	1
28	FM甲1	1200	2150	2

序号 SERIAL No.	名称 TITLE	门洞宽 WIDTH	门洞高 HEIGHT	数量 AMOUNT
29	FM乙1	1100	2150	51
30	FM乙2	1250	2150	2
31	FM乙3	1150	2150	1
32	FM丙1	600	2150	18
33	FM丙2	900	2150	16

构件列表　图纸管理

新建 ▾　复制　删除　层间复制 ≫

新建矩形门

新建异形门

新建参数化门

新建标准门

图 5-1　新建矩形门

图 5-2　门窗表

的建筑施工图的门窗表实例中，门有 M1、TLM1、FM 甲 1
等。其中 M1 的属性如图 5-3 所示。门作为依附于墙体的构
件，有很多相应的属性是跟墙有关系的。在属性列表中可编
辑门的信息，如门的名称、洞口宽度、洞口高度等。

洞口宽度（mm）：安装门位置的预留洞的宽度，如 M1
的洞口宽度为 900mm。

洞口高度（mm）：安装门位置的预留洞的高度，如 M1
的洞口高度为 2150mm。

框厚（mm）：输入门实际的框厚尺寸，对墙面、墙裙、
踢脚块料面积的计算有影响。对于此项工程来说，不填即可。

洞口面积（m^2）：会根据输入的洞口宽度和高度自动生
成，可以在图 5-3 中看到 M1 的洞口面积为 $1.935m^2$。

（2）新建异形门

在构件导航栏中选择"门"，点击"新建"按钮，选择
异形门，如图 5-4 所示，会弹出一个异形截面编辑器，根据
提示进行绘制，点击确定键即可。

（3）新建参数化门

图 5-3　M1 门的属性信息

在构件导航栏中选择"门"，点击"新建"按钮，选择参数化门，如图 5-5 所示，会弹出
"选择参数化图形"窗口，选择与图纸对应的图形，修改其宽度和厚度，修改完成就可以了，
如图 5-6 所示。

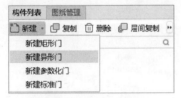

图 5-4　新建异形门

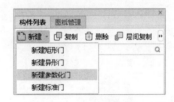

图 5-5　新建参数化门

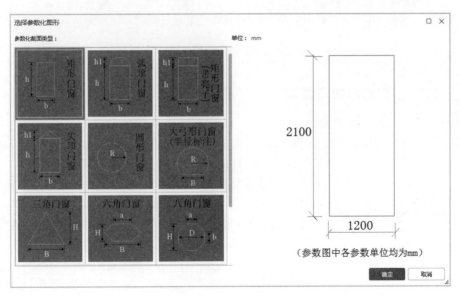

图 5-6　选择参数化图形

（4）门的绘制

门也是典型的点式构件，但与柱不同的地方在于它需要布置在墙体上，不能单独存在。同时在布置时，软件会自动寻找并标识相邻墙体的尺寸，根据平面图直接输入即可，方便精确布置。

所有构件新建完成后，在绘图区域以点的方式绘制门，可输入数字调整门的位置，同时按着 Shift＋鼠标左键进行偏移，如图 5-7 所示。门三维图如图 5-8 所示。绘制完成后门的三维图如图 5-9 所示。

图 5-7　输入偏移值

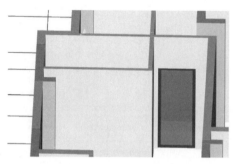

图 5-8　门三维图

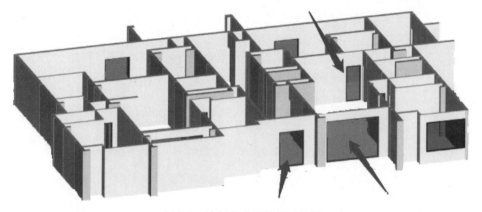

图 5-9　绘制完成后门的三维图

窗的新建及绘制

扫码观看视频

5.1.2　窗的新建及绘制

（1）新建矩形窗

在构件导航栏中选择"窗"，点击"新建"按钮，根据图纸要求选择"新建矩形窗"，双击窗名称可以对其进行修改。这样，矩形窗的新建就完成了。

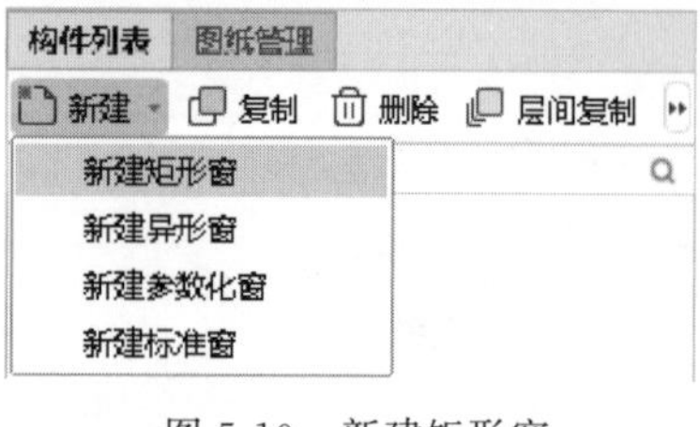

图 5-10　新建矩形窗

新建窗类型有矩形窗、异形窗、参数化窗、标准窗等，如图 5-10 所示。以图 5-2 的实例举例，窗的类型有 C1、TC1 等，窗作为依附于墙体的构件，有很多相应的属性是跟墙有关系的，下面以 TC2 为例说明。在属性列表中可输入窗信息，如名称、类别、洞口尺寸等，TC2 窗的属性信息如图 5-11 所示。

① 洞口宽度（mm）：安装窗位置的预留洞的宽度，如 TC2 的洞口宽度为 2400mm。

② 洞口高度（mm）：安装窗位置的预留洞的高度，如 TC2 的洞口高度为 1800mm。

③ 框厚（mm）：窗实际的框厚尺寸，对墙面、墙裙、踢脚块料面积的计算有影响。对于此项工程来说，不填即可。

④ 洞口面积（m²）：会根据输入的洞口宽度和高度自动生成。在图 5-11 中可以看到 TC2 的洞口面积为 4.32m²。

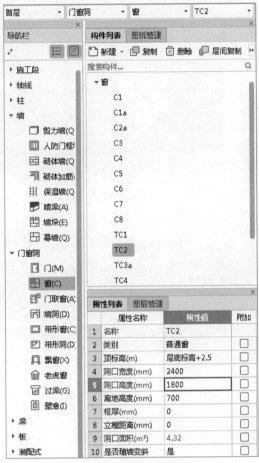

图 5-11　TC2 窗的属性信息

（2）新建异形窗

在构件导航栏中选择"窗"，点击"新建"按钮，选择异形窗，如图 5-12 所示，会弹出一个异形截面编辑器，根据提示进行绘制，点击确定键即可。

（3）新建参数化窗

在构件导航栏中选择"窗"，点击"新建"按钮，选择参数化窗，如图 5-13 所示，会弹出一个"选择参数化图形"窗口，选择与图纸对应的图形，修改其宽度和厚度，修改完成就可以了。

图 5-12　新建异形窗

图 5-13　新建参数化窗

（4）窗的绘制

构件新建完成后，可通过绘图工具栏的"点"来进行绘制，当窗的位置在中点、交点等软件能捕捉的点上时，可直接布置，否则，需要手动在光标方框中输入偏移数据。TC2 窗的三维图如图 5-14 所示。绘制完成后窗的三维图如图 5-15 所示。

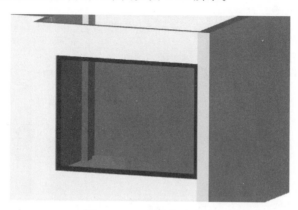

图 5-14　TC2 窗的三维图

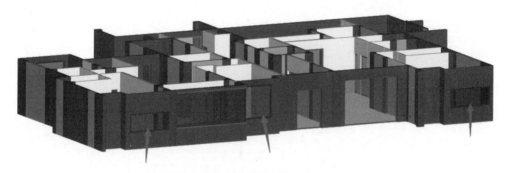

图 5-15　绘制完成后窗的三维图

5.2　门窗的二次编辑

在掌握了门窗的新建、绘制方式之后，再来看看如何对其进行二次编辑。这里主要讲解的是"立樘位置"这一功能。门窗立樘影响墙体两侧的装修的工作量，软件默认为门窗立樘居中，如果与图纸设计不符，那么就需要调整。使用"立樘位置"的功能，可以设置立樘的精确位置。在门二次编辑分组中选择"立樘位置"，如图 5-16 所示。点击"立樘位置"后根据提示进行操作，如图 5-17 所示。选中图元后右键确认弹出"设置立樘位置"窗口，选择一种设置方式，点击"确定"，如图 5-18 所示，这样立樘位置就设置好了，如图 5-19 所示。

图 5-16　门二次编辑

隐藏：0　　　按鼠标左键选择图元，或拉框选择,按右键确认选择或 ESC 取消

图 5-17　提示操作

图 5-18　设置立榗位置

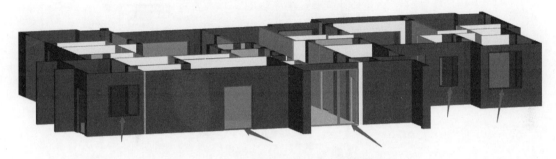

图 5-19　编辑立榗位置后门、窗的三维图

5.3　飘窗

5.3.1　飘窗的新建

在构件导航栏中选择"飘窗",点击"新建"按钮,根据图纸要求选择"新建参数化飘窗",如图 5-20 所示,随后出现"选择参数化图形"界面,如图 5-21 所示。软件内设置了多种常用的飘窗形式,根据图纸进行选择修改。可以看到在参数图中,既

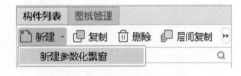

图 5-20　新建参数化飘窗

有影响土建工程量计算的尺寸等信息,也有影响钢筋量计算的各种配件信息。只需根据图纸修改对应数值,即可实现飘窗的准确建立。输入相关参数信息之后,点击"确定"按钮,完成建立。

然后在属性列表中编辑飘窗信息,比如飘窗的名称、离地高度等。飘窗的属性信息如图 5-22 所示。

5.3.2　飘窗的绘制

构件新建完成后,可通过绘图工具栏的"点"来进行绘制,当窗的位置在中点、交点等软件能捕捉的点时,可直接布置。在绘制时,注意区分飘窗的内外朝向,如果朝向不对,可以使用偏移或者旋转命令修改,如图 5-23 所示,绘制完成后飘窗的三维图如图 5-24 所示。

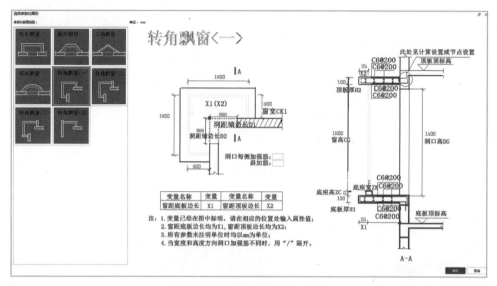

图 5-21 修改参数

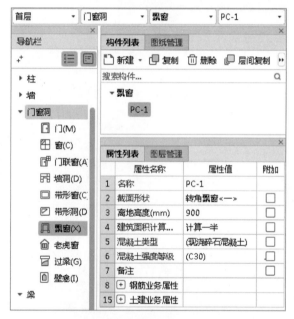

图 5-22 飘窗的属性信息

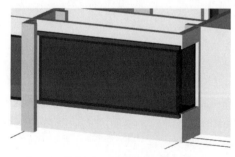

图 5-23 飘窗的绘制

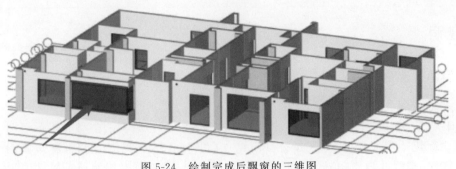

图 5-24 绘制完成后飘窗的三维图

5.4 老虎窗

5.4.1 老虎窗的新建

在构件导航栏中选择"老虎窗",点击"新建"按钮,根据图纸要求选择"新建参数化老虎窗",如图 5-25 所示,随后出现"选择参数化图形"界面,如图 5-26 所示。软件内置了多种常用的老虎窗形式,根据图纸选择修改即可。可以看到在参数图中,既有影响土建工程量计算的尺寸等信息,也有影响钢筋量计算的各种配件信息。只需根据图纸修改对应数值,即可实现老虎窗的准确建立。

图 5-25 新建参数化老虎窗

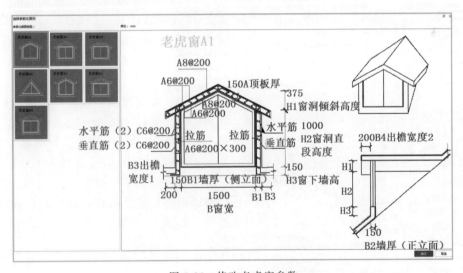

图 5-26 修改老虎窗参数

5.4.2 老虎窗的绘制

构件新建完成后,可通过绘图工具栏的"点"来进行绘制,当老虎窗位置在中点、交点等软件能捕捉的点时,可直接进行布置。应注意老虎窗是布置在斜板上的。很多复杂构件都是采用参数化的方式进行处理的,这可以大幅提高实际工作效率。

5.5 墙洞

5.5.1 墙洞的新建

（1）矩形墙洞

在构件导航栏中选择"墙洞"，点击"新建"按钮，新建墙洞的类型有矩形墙洞、异形墙洞，选择"新建矩形墙洞"，如图 5-27 所示。由图 5-28 所示实例的说明可知墙洞有 QDX、RDX，QDX 洞口尺寸为 400mm×300mm×120mm。以此为例对墙洞进行属性编辑，如墙洞名称、洞口宽度、洞口高度、离地高度等，如图 5-29 所示。

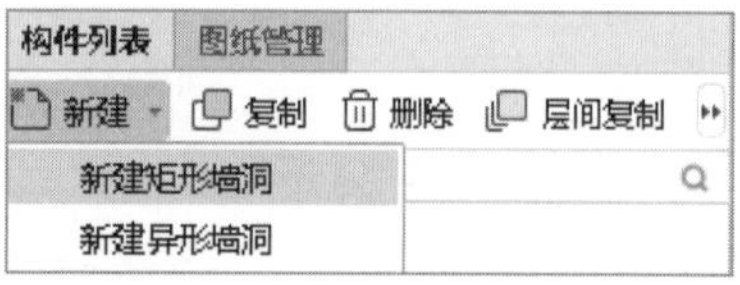

图 5-27　新建矩形墙洞

编号	图例	洞口尺寸	洞口坚向定位
KD1		直径80	卧室空调管洞，洞中距楼面2.7米
KD2		直径80	客厅空调管洞，洞中距楼面0.3米
QDX		400×300×120	配电箱底距地1800，嵌入墙内100
RDX		370×250×105	弱电箱底距地500，嵌入墙内100
PD1		直径150	预埋PVC排气套管，停层梁，位置放大图

注：圆洞口定位洞中，方形洞口定位洞中，详平面图；KD1、KD2 未标注的离墙边200

图 5-28　墙洞信息

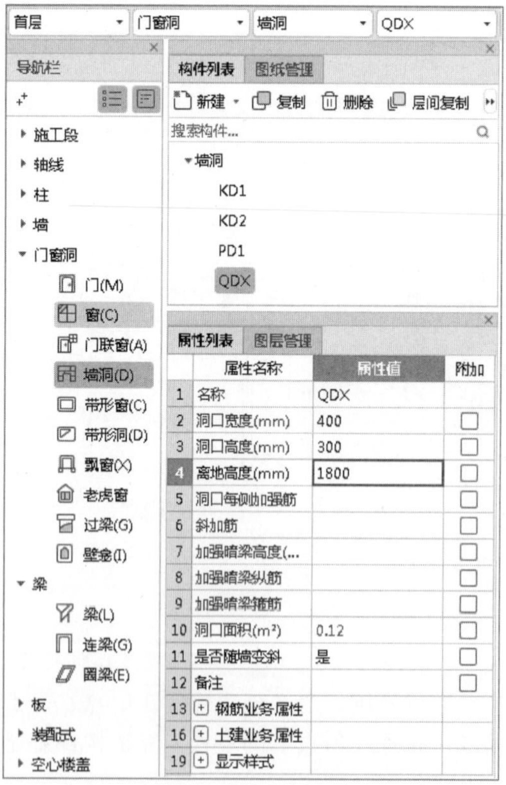

图 5-29　QDX 墙洞的属性信息

圆形墙洞的新建及绘制

扫码观看视频

（2）异形墙洞

由图 5-28 的实例可知异形墙洞有 KD1、KD2，其中 KD1 半径为 40mm，以此为例新建异形墙洞。在导航栏墙洞的构件列表中点击"新建"，新建墙洞的类型有矩形墙洞、异形墙洞，选择"新建异形墙洞"，如图 5-30 所示，弹出异形界面编辑器。点击异形界面编辑器左侧的"圆"进行编辑，如图 5-31 所示，再根据图纸信息去绘制墙洞，点击确定，就绘制完成了，如图 5-32 所示。绘制完成后对墙洞进行属性编辑，如墙洞名称、离地高度等，如图 5-33 所示。

5.5.2 墙洞的绘制

（1）矩形墙洞的绘制

矩形墙洞新建完成后，可通过绘图工具栏的"点"来进行绘制，如墙嵌入墙内 100mm，那么就要同时按着 Shift＋鼠标左键进行偏移，点击确定就可以了，如图 5-34 所示。矩形墙洞的三维图如图 5-35 所示，绘制完成后矩形墙洞的三维图如图 5-36 所示。

图 5-31 选择圆

图 5-30 新建异形墙洞

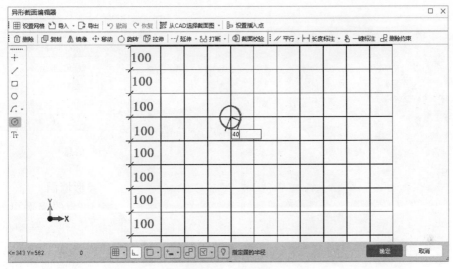

图 5-32 绘制墙洞

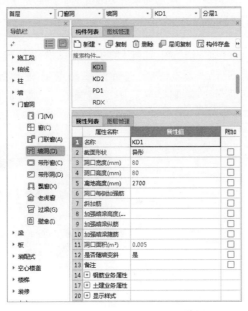

图 5-33 异形墙洞的属性信息

图 5-34　输入偏移值

图 5-35　矩形墙洞的三维图

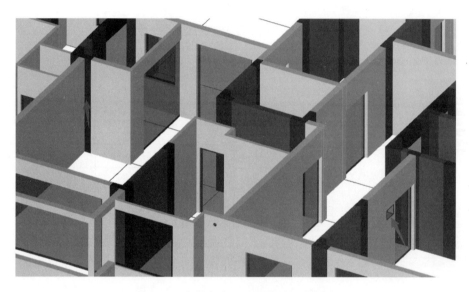

图 5-36　绘制完成后矩形墙洞的三维图

（2）异形墙洞的绘制

异形墙洞新建完成后，可通过绘图工具栏的"点"来进行绘制，如圆形墙洞离墙边 200mm，那么就要同时按着 Shift＋鼠标左键进行偏移，点击确定就可以了，如图 5-37 所示。圆形墙洞的三维图如图 5-38 所示。绘制完成后圆形墙洞的三维图如图 5-39 所示。

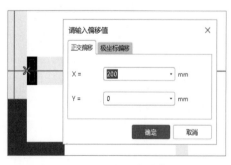

图 5-37　输入偏移值

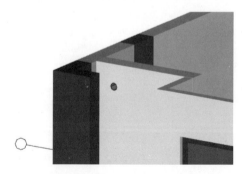

图 5-38　圆形墙洞的三维图

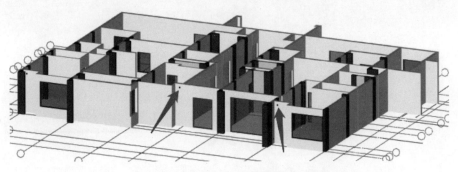

图 5-39   绘制完成后圆形墙洞的三维图

第 6 章

梁

6.1 梁的新建及绘制

梁的新建及绘制

扫码观看视频

6.1.1 梁的新建及钢筋布置

（1）新建矩形梁

在构件导航栏中选择"梁"，点击"新建"按钮，根据图纸要求选择"新建矩形梁"，双击梁名称可以对其进行修改。

新建梁的类型有矩形梁、异形梁、参数化梁，如图 6-1 所示。下面以某框架梁 10KL5（图 6-2）为例，讲解矩形梁的新建。

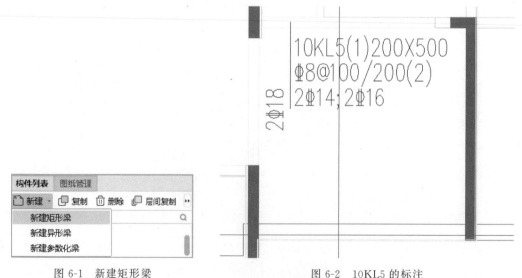

图 6-1　新建矩形梁　　　　　　　　　　图 6-2　10KL5 的标注

选择"新建矩形梁"，编辑梁名称为"10KL5"，梁结构类型为楼层框架梁。平法施工图中，梁构件的特点是包含集中标注和原位标注两种标注信息。在新建梁时，主要输入其集中标注信息，然后按照平法标注信息编辑其余属性信息，如截面宽度、截面高度、箍筋、通长筋等，如图 6-3 所示，梁构件中需要重点关注的属性如下。

① 结构类别：结构类别会根据构件名称中的字母自动生成（如 KL 代表框架主梁、L 代表次梁、WKL 代表屋面框架梁），也可以根据实际情况进行选择。不同结构类别计算方法不同，所以需要加以注意。此实例选择楼层框架梁。

② 跨数量：梁的跨数，直接输入即可，没有输入的情况时，提取梁跨后会自动读取。如 10KL5 的跨数为 1，可以直接从图纸中获得。

③ 侧面构造或受扭筋（总配筋值）：格式为"（G 或 N）数量＋级别＋直径"，其中 G 表示构造钢筋，N 表示抗扭构造筋。如本实例中 10KL5 没有侧面构造筋和受扭筋，所以不填即可。

④ 拉筋：当有侧面纵筋时，软件按"计算设置"中的设置自动计算拉筋信息。当构件需要特别处理时，可以根据实际情况输入。如果设计有规定，也可自己选填。

⑤ 截面宽度、高度（mm）：如 10KL5 的截面宽度为 200mm，截面高度为 500mm。

⑥ 上部、下部通长筋：如 10KL5 的上部通长筋为 2 Φ 14、下部通长筋为 2 Φ 16。

⑦ 箍筋：如 10KL5 的箍筋为 Φ 8@100/200（2）。

⑧ 肢数：如 10KL5 的箍筋肢数为 2。

图 6-3 10KL5 的属性信息

（2）新建异形梁

在构件导航栏中选择"梁"，点击"新建"按钮，选择"新建异形梁"，如图 6-4 所示，会弹出一个异形截面编辑器，根据提示进行绘制，然后点击确定键即可。

（3）新建参数化梁

在构件导航栏中选择"梁"，点击"新建"按钮，选择"新建参数化梁"，如图 6-5 所示，会弹出一个"选择参数化图形"的窗口，然后选择与图纸对应的图形，修改其宽度和厚度，这样就修改完成了，如图 6-6 所示。

图 6-4　新建异形梁

图 6-5　新建参数化梁

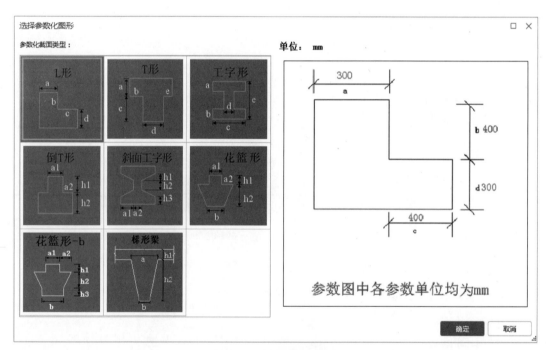

图 6-6　选择参数化图形

6.1.2　梁的绘制

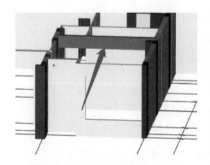

图 6-7　10KL5 矩形梁的三维图

梁的绘制是采用直线绘制方式，根据图纸找到梁的起点和终点，先选中起点，再点选终点，梁就绘制完成了。如果梁的起点或者终点不在轴线交点、柱中心点这些方便捕捉的点上面，可通过"Shift＋左键"的方式输入偏移值来选取点。绘制完梁，如需要对梁边和柱边进行对齐，可采用软件"单对齐"的功能键进行操作。10KL5 矩形梁的三维图如图 6-7 所示。绘制完成后梁的三维图如图 6-8 所示。

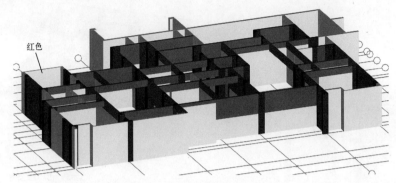

图 6-8　绘制完成后梁的三维图

6.2　梁的二次编辑

梁的二次编辑

扫码观看视频

6.2.1　原位标注

①　在"梁二次编辑"分组中选择"原位标注"功能。

②　在绘图区域选择需要进行原位标注的梁，在对应的位置输入钢筋信息，此时一定要按照图纸上的原位标注位置进行标注，如果有的位置在图纸上没有显示钢筋信息，直接按"Enter"键跳过即可，原位标注如图 6-9 所示，图中的 3C16 都是属于原位标注。

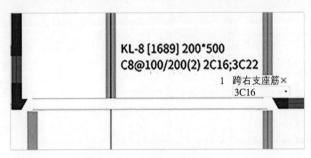

图 6-9　梁的原位标注

进行梁原位标注时，可以按照"红绿灯原则"处理：未进行原位标注的梁跨为红色，表示还没有做好计算准备；正在输入标注信息的梁跨为黄色，表示正在输入钢筋信息，要注意保证其准确性；已经完成原位标注的梁跨为绿色，表示输入的钢筋信息已经满足了计算所需，可以进行汇总计算，得出结果了。

在绘制完成这一层的梁后，就按照上述介绍的步骤进行梁的原位标注，只有进行了原位标注才会有梁的钢筋工程量。但是，如基础梁等，只有集中标注，没有原位标注，则同样需要在"梁二次编辑"里进行"原位标注"。直接选中所有基础梁，然后进行"原位标注"即可。原位标注完成后梁的三维图如图 6-10 所示。在软件中需要注意，进行过原位标注的梁，梁的颜色会由红色转变为绿色。

6.2.2　查改标高

在"梁二次编辑"分组中选择"查改标高"，如图 6-11 所示，选择要查改标高的地方，点击"确定"键就可以了，如图 6-12 所示。

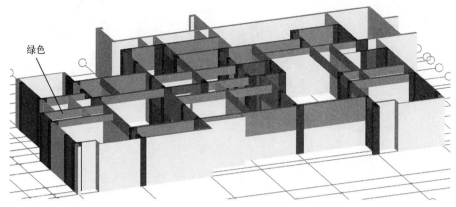

图 6-10　绘制完成后梁原位标注的三维图

图 6-11　查改标高

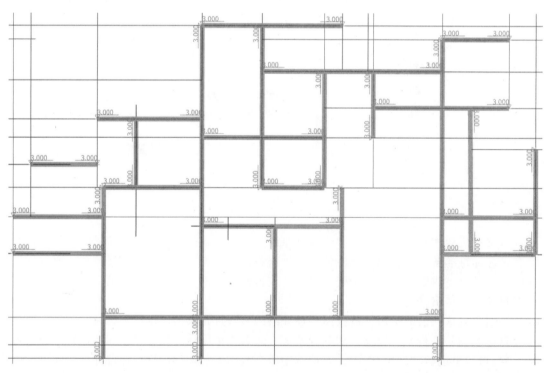

图 6-12　标高查改完成

6.2.3　应用到同名梁

当遇到图纸中有多个同名称梁时，需要快速输入所有梁的钢筋信息，可以使用"应用到同名梁"功能。在"梁二次编辑"分组中选择"应用到同名梁"，如图 6-13 所示，选择应用方法，包括"同名称未提取跨梁""同名称已提取跨梁""所有同名称梁"，如图 6-14 所示，左键在绘图区域选择梁图元，右键确定，完成操作，如图 6-15 所示。

图 6-13　应用到同名梁

图 6-14　梁的应用方法

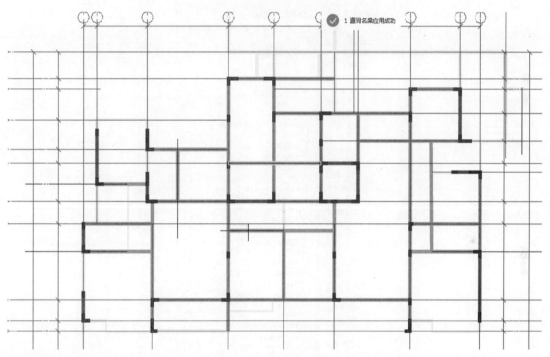

图 6-15　同名梁应用成功

6.2.4　重提梁跨

原位标注中支座不符时可"重提梁跨"或进行支座的编辑。在"梁二次编辑"分组中选择"重提梁跨"，如图 6-16 所示，点击"重提梁跨"，选择要输入的梁，这里以 KL-8 为例，选中后如果梁跨正确，则单击右键结束操作，完成的梁会显示为绿色，如图 6-17 所示，如果梁跨错误，就会弹出对话框，显示梁跨不符，需要单击右键，选择快捷菜单中的"构件属性编辑器"命令，按照梁平法平面图来输入梁跨信息，点击右键完成操作，如图 6-18 所示。

图 6-16　重提梁跨

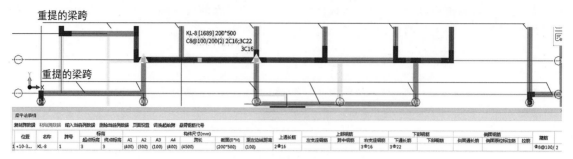

图 6-17　KL-8 的梁平法表格

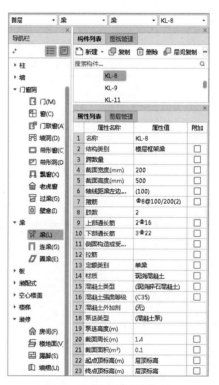

图 6-18　KL-8 属性信息

6.2.5　生成侧面筋

在"梁二次编辑"分组中选择"生成侧面筋"，如图 6-19 所示，会弹出"生成侧面筋"的窗口，修改与图纸相对应的信息，如图 6-20 所示。软件生成方式支持"选择图元"和"选择楼层"："选择图元"即是在楼层中选择需要生成侧面筋的梁；"选择楼层"则是在界面右侧选择需要生成侧面筋的楼层，该楼层中所有的梁均生成侧面筋，如图 6-21 所示。侧面筋生成完成后会出现提示，如图 6-22 所示。

图 6-19　生成侧面筋

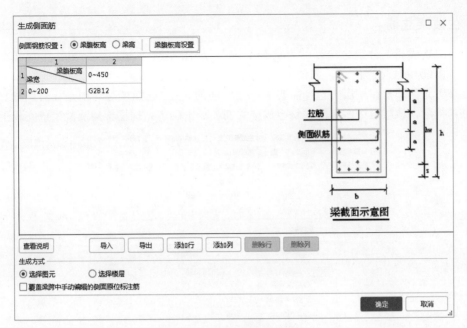

图 6-20　"生成侧面筋"窗口

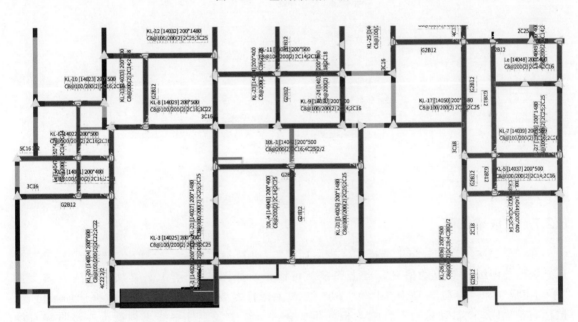

图 6-21　选择梁信息

图 6-22　侧面筋生成完成

6.2.6　生成架立筋

在"梁二次编辑"分组中选择"生成架立筋"，如图 6-23 所示，会弹出"生成架立筋"窗口，修改与图纸相对应的信息，如图 6-24 所示，软件生成方式支持"选择图元"和"选择楼层"："选择图元"即是在楼层中选择需要生成架立筋的梁；"选择楼层"则是在右侧选择需要生成架立筋的楼层，该楼层中所有的梁均生成架立筋。点击确定，这样架立筋就生成完成了。

图 6-23　生成架立筋

图 6-24　"生成架立筋"窗口

6.2.7　生成梁加腋

在"梁二次编辑"分组中选择"生成梁加腋"，如图 6-25 所示，会弹出"生成梁加腋"窗口，修改与图纸相对应的信息，点击确定就可以了，如图 6-26 所示。梁加腋生成方式支持"手动生成"和"自动生成"。"手动生成"方式为选择需要生成的梁，点选或框选加腋位置，鼠标右键生成。"自动生成"方式为根据生成条件（梁中线距柱中线≥柱截面在该方向宽度 1/4 时）在当前楼层范围内自动生成（这里需要注意：自动生成时，生成条件会按照梁柱偏心距离进行生成，所以必须满足生成条件时才能生成，若不满足此条件时则不能生成）。然后选择加腋尺寸及加腋钢筋设置方式，输入参数。这样梁加腋就生成完成了，如图 6-27 所示，生成完成后梁加腋的三维图如图 6-28 所示。

图 6-25　生成梁加腋

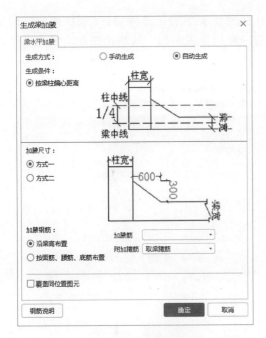

图 6-26　"生成梁加腋"窗口　　　　　图 6-27　梁加腋生成完成

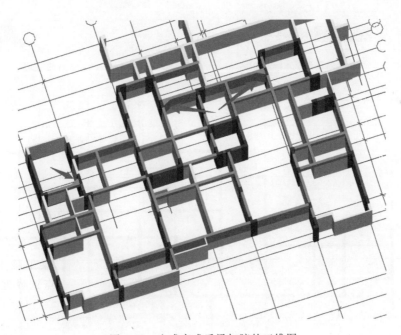

图 6-28　生成完成后梁加腋的三维图

6.2.8　生成吊筋

在做实际工程时，吊筋和次梁加筋的布置方式一般都是在结构设计总说明中集中说明的，需要批量布置吊筋和次梁加筋时，可以使用"生成吊筋"功能。

在"梁二次编辑"分组中选择"生成吊筋"，如图 6-29 所示，会弹出"生成吊筋"窗口，如图 6-30 所示，修改与图纸相对应的信息，点击确定就可以了。软件生成方式支持"选择图元"和"选择楼层"："选择图元"即是在楼层中选择需要生成吊筋的梁；"选择楼层"则是在右侧选择需要生成吊筋的楼层，在该楼层中所有的梁均生成吊筋。这样吊筋就生成完成了，如图 6-31 所示，生成吊筋后的平面图如图 6-32 所示。

图 6-29　生成吊筋

图 6-30　"生成吊筋"窗口

图 6-31　生成吊筋完成

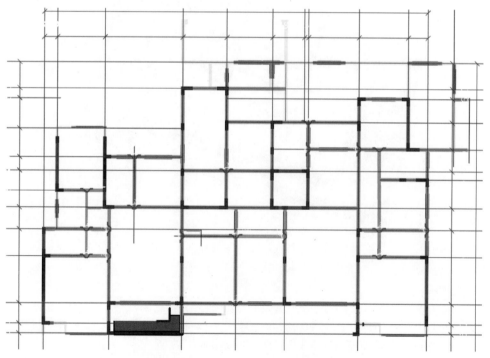

图 6-32　吊筋生成完成后的平面图

6.3 连梁

连梁的类型有矩形连梁、异形连梁等。

（1）矩形连梁的新建

在构件导航栏中选择"连梁"，点击"新建"按钮，根据图纸要求选择"新建矩形连梁"，如图 6-33 所示，双击梁名称可以对其进行修改。

连梁的新建及
绘制

扫码观看视频

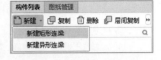

图 6-33 新建矩形连梁

以图 6-34 所示的连梁 LL1 为例，修改连梁的名称，截面高度和宽度，上、下部纵筋，箍筋和侧面纵筋等，如图 6-35 所示。

编 号	所在楼层号	相对标高高差	梁截面(bxh)	上部纵筋	下部纵筋	箍 筋	侧向纵筋
LL1	二~四层	H	200x500	2Φ20	2Φ20	Φ8@100(2)	4Φ12
LL2	二~四层	H-1.500	200x500	2Φ20	2Φ20	Φ8@100(2)	4Φ12

图 6-34 连梁表实例

图 6-35 LL1 的属性信息

（2）异形连梁的新建

在构件导航栏中选择"连梁"，点击"新建"按钮，选择异形连梁，如图 6-36 所示，会弹出一个异形截面编辑器，根据提示进行绘制，点击确定键即可。

（3）连梁的绘制

连梁采用直线绘制的方式，根据图纸找到梁的起点和终点，先选中起点，再点选终点，连梁就绘制完成了。一般连梁都是绘制在两个剪力墙中间的，如果连梁的起点或者终点不在轴线交点、柱中心点这些方便捕捉的点上面，可通过"Shift＋左键"的方式输入偏移值来选取点，LL1 的三维图如图 6-37 所示，绘制完成后的连梁三维图如图 6-38 所示。

图 6-36　新建异形连梁

图 6-37　LL1 的三维图

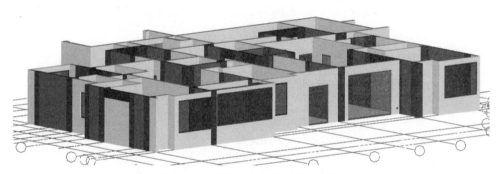

图 6-38　绘制完成后的连梁三维图

圈梁的新建及绘制

扫码观看视频

6.4　圈梁

圈梁的类型有矩形圈梁、异形圈梁、参数化圈梁等。

（1）矩形圈梁的新建

在构件导航栏中选择"圈梁"，点击"新建"按钮，根据图纸要求选择"新建矩形圈梁"，如图 6-39 所示，双击梁名称可以对其进行修改。

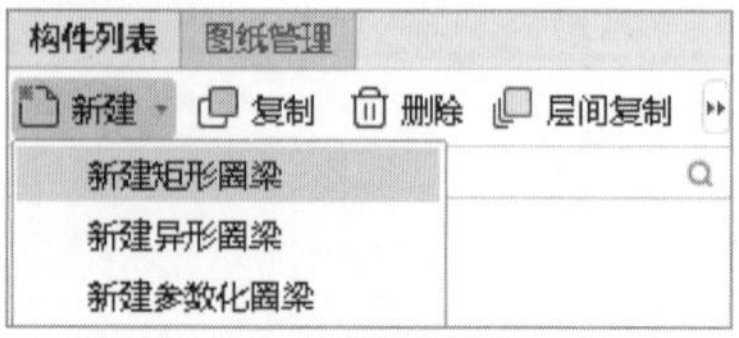

某电梯井处圈梁实例的属性信息如图 6-40 所示。

（2）异形圈梁的新建

在构件导航栏中选择"圈梁"，点击"新建"按钮，选择异形圈梁，如图 6-41 所示，会弹出一个异形截面编辑器，根据提示进行绘制，点击"确定"键即可。

图 6-39　新建矩形圈梁

图 6-40　某电梯井处圈梁实例的属性信息

（3）参数化圈梁的新建

在构件导航栏中选择"圈梁"，点击"新建"按钮，选择参数化圈梁，如图 6-42 所示，会弹出一个选择参数化图形，然后选择与图纸对应的图形，修改其宽度和厚度，这样就修改完成了，如图 6-43 所示。

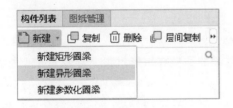

图 6-41　新建异形圈梁

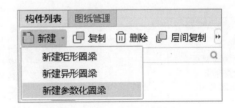

图 6-42　新建参数化圈梁

（4）圈梁的绘制

构件新建完成后，可通过绘图工具栏的"点"来进行绘制，当圈梁位置在中点、交点等软件能捕捉的点时，可直接布置，圈梁的三维图如图 6-44 所示。

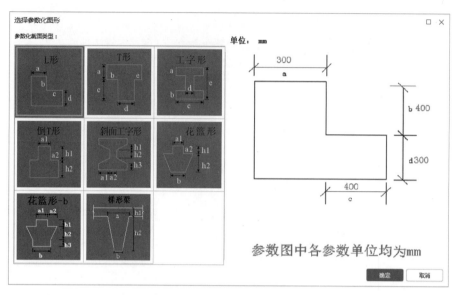

图 6-43　选择参数化图形

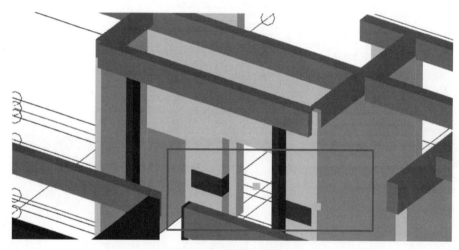

图 6-44　圈梁的三维图

图 6-45　新建矩形过梁

过梁的新建及绘制

扫码观看视频

6.5　过梁

过梁的类型有矩形过梁、异形过梁、标准过梁等。

（1）矩形过梁的新建

在构件导航栏中选择"过梁"，点击"新建"按钮，根据图纸要求选择"新建矩形过梁"，如图 6-45 所示，双击梁名称可以对其进行修改。

不同过梁由于洞口净跨不同，高度和钢筋信息也不同，这里以净跨≤1000mm 的过梁（图 6-46 实例中的过梁之一）为例，在属性列表中编辑过梁的信息，比如过梁的截面宽度、截面高度、纵筋、箍筋等，如图 6-47 所示。

过梁表

洞口净跨 l_0	$l_0 \leq 1000$	$1000 < l_0 \leq 1500$	$1500 < l_0 \leq 2000$	$2000 < l_0 \leq 2500$	$2500 < l_0 \leq 3000$	$3000 < l_0 \leq 3500$
梁高 h	120	120	150	180	240	300
支承长度 a	240	240	240	370	370	370
面筋 ②	2Φ10	2Φ10	2Φ10	2Φ12	2Φ12	2Φ12
底筋 ①	2Φ10	2Φ12	2Φ14	2Φ14	2Φ16	2Φ16

(a) 过梁表

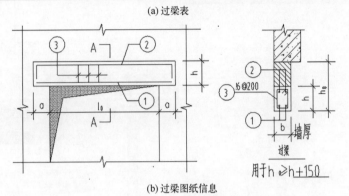

(b) 过梁图纸信息

图 6-46 过梁信息

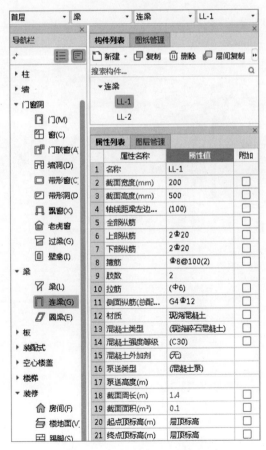

图 6-47 LL-1 过梁属性信息

（2）异形过梁的新建

在构件导航栏中选择"过梁"，点击"新建"按钮，选择异形过梁，如图 6-48 所示，会弹出一个异形截面编辑器，根据提示进行绘制，点击"确定"键即可。

（3）过梁的绘制

构件新建完成后，可通过绘图工具栏的"点"来进行绘制，当过梁位置在中点、交点等软件能捕捉的点时，可直接布置。过梁三维图如图 6-49 所示，绘制完成的过梁三维图如图 6-50 所示。

图 6-48　新建异形过梁　　　　　　　　图 6-49　过梁三维图

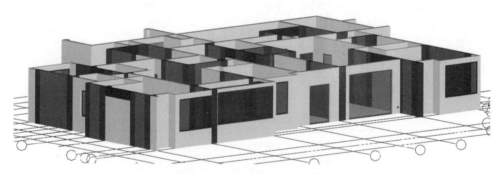

图 6-50　绘制完成的过梁三维图

第 7 章

板

7.1 现浇板

板的新建及绘制

扫码观看视频

板的特点在于：不像之前学习的柱、墙、梁等构件，其构件属性自带对应的各种钢筋，板钢筋和板本身是两种不同的构件。板钢筋需要在布置完板本身后再根据其范围和位置进行布置。另外，板要考虑马凳筋的布置，这一点也是初次接触时需要加以注意的。

7.1.1 现浇板的新建及绘制

由于首层没有具体的现浇板信息，我们以二层现浇板为例，画的时候画在首层上。

（1）现浇板的新建

在构件导航栏中选择“现浇板”，点击“新建”按钮，根据图纸要求选择“新建现浇板”，如图 7-1 所示。双击板名称可以对其进行修改。

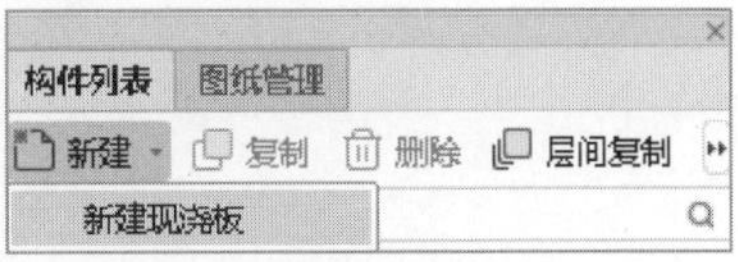

图 7-1　新建现浇板

下面以图 7-2 所示的结施二层结构平面图为例，说明现浇板的属性项目。图 7-2 的实例中，板厚有 140mm、120mm、100mm 三种。对于 140mm 厚的 LB1，只需要修改板的名称和厚度即可。板 LB1 的属性信息如图 7-3 所示。

在新建板的时候需要注意以下属性内容。

厚度（mm）：现浇板的厚度，如 LB1 的厚度为 140mm。

类别：选项为有梁板、无梁板、平板、拱板、空调板等。

是否是楼板：主要与计算超高模板判断有关，若“是”则表示构件可以向下找到该构件作为超高计算判断依据，若“否”则超高计算判断与该板无关。

顶标高：板顶的标高，可以根据实际情况进行调整。为斜板时，这里的标高值取初始设置的标高。

马凳筋参数图：可选择编辑马凳筋类型。

马凳筋信息：在参数图中一同编辑，决定马凳筋的计算方法。

线性马凳筋方向：对Ⅱ、Ⅲ型马凳筋起作用，设置马凳筋的布置方向。

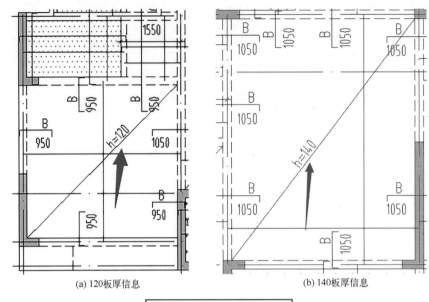

(a) 120板厚信息   (b) 140板厚信息

除注明外楼板板厚为100mm

(c) 未注明100板厚信息

图 7-2　板信息

图 7-3　LB1 的属性信息

拉筋：板厚方向布置拉筋时，输入拉筋信息，输入格式为"级别＋直径＋间距×间距"或者"数量＋级别＋直径"。

（2）现浇板的绘制

前面介绍过板是面式构件，在绘制的时候可以直接根据图示尺寸利用直线、矩形等功能绘制成封闭的空间，即可成为对应大小的板。但是更多时候，是在绘制好墙、梁之后，直接将对应的板点画到对应的封闭空间之中的。所以两种绘制方式各有不同的应用场景。针对墙、梁完成的楼板等，较多地采用点式画法。当板位置在中点、交点等软件能捕捉的点时，可直接布置。针对悬挑板则会较多地采用直线、矩形画法。需要注意的是，楼梯间是不能设板的，因此本例楼梯间的部分是没有绘制板的。还有就是卫生间的板需要比层顶标高低 0.1m，如图 7-4 所示，在新建时需要进行层顶标高处的属性修改。按照上述方法绘制板，LB1 板的三维图如图 7-5 所示，其它层的板也可以用此方法直接进行绘制，绘制完成的板是灰色的，绘制完成后板的三维图如图 7-6 所示。

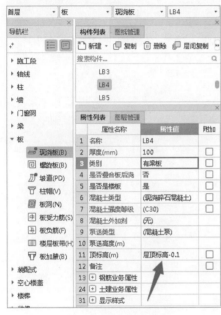

图 7-4　板的属性修改

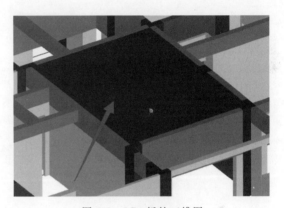

图 7-5　LB1 板的三维图

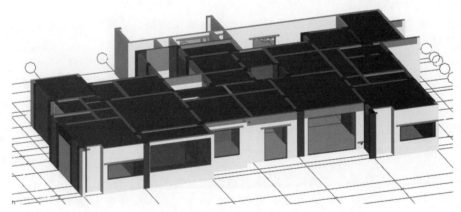

图 7-6　绘制完成后板的三维图

7.1.2　板受力筋的布置

在完成了板的绘制之后会发现，板受力筋并不包含在板构件之中，需要单独进行布置。另外板中的马凳筋也只有在布置了对应板受力筋后才能根据钢筋相互位置准确计算。

在软件中，板钢筋主要分为板受力筋和板负筋两种。板受力筋标签下又分为

板受力筋的布置

扫码观看视频

89

板受力筋和跨板受力筋。

（1）板受力筋的新建

在构件导航栏中选择"板"，在选择"板受力筋"后，点击"新建"按钮，根据图纸要求选择"新建板受力筋"，如图 7-7 所示，双击板受力筋名称可以对其进行修改。板受力筋的属性信息如图 7-8 所示，下面介绍几种关键属性。

图 7-7　新建板受力筋

图 7-8　板受力筋的属性信息

类别：根据实际情况选择底筋、面筋、中间层筋或者温度筋。

钢筋信息：输入格式为"级别＋直径＋@＋间距"，例如 Φ8@150。

左弯折、右弯折（mm）：默认为"（0）"，表示长度会根据计算设置的内容进行计算，也可以输入具体的数值。

跨板受力筋的
新建及绘制

扫码观看视频

图 7-9　新建跨板受力筋

（2）跨板受力筋的新建

在构件导航栏中选择"板"，点击"新建"按钮，选择跨板受力筋，如图 7-9 所示，由图 7-10 所示的跨板受力筋图纸信息实例可知，跨板受力筋有三种，分别为 A、B、C。在属性列表中编辑跨板受力筋的信息，如跨板受力筋的名称、钢筋信息、左右标注等，跨板受力筋的属性信息如图 7-11 所示。

跨板受力筋与板受力筋之间还是有差异的，下面介绍一下跨板受力筋的关键属性。

① 左标注（mm）：跨板筋超出板支座左侧的长度，如跨板受力筋-B 的左标注是 950mm。

② 右标注（mm）：跨板筋超出板支座右侧的长度，如跨板受力筋-B 的右标注是 400mm。

③ 马凳筋排数：设置马凳筋的排数，可以为 0，双边标注负筋两边的马凳筋排数不一致时，用"/"隔开。除了计算左标注和右标注范围的排数外，所跨过的板的位置，会按照受力筋的马凳筋计算方法计算马凳筋的个数。所以，跨板钢筋应该按照跨板受力筋来定义，这样马凳筋的计算才和实际情况相符。

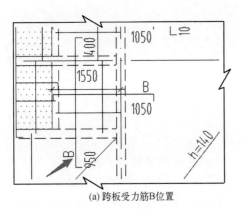

(a) 跨板受力筋 B 位置

编号　混凝土标号	C35/C30
A	Φ8@200
B	Φ8@150
C	Φ10@200

(b) 跨板受力筋钢筋信息

图 7-10　跨板受力筋图纸信息实例

图 7-11　跨板受力筋的属性信息

④ 标注长度位置：受力筋左右长度标注的位置，包括支座中心线、支座内边线、支座外边线、支座轴线，一般设计会有规定，如果设计没有明确规定，就默认为标注的是支座轴线。内边线和外边线的计算公式是一样的，只不过钢筋长度不一样。内外边线是根据图纸来确定的，在图纸总说明上会明示负筋长度的表达方法，依据图纸绘制即可。如果钢筋长度＝支座长度＋标注长度，则选择外边线；如果钢筋长度＝标注长度，则选择内边线。用户可以在计算规则中设置，也可以定义构件时设置。一般在计算规则中设置较好，这样一个工程的表达都是统一的。

⑤ 分布钢筋：取"计算设置"中的"分布筋配置"数据，也可自行输入。

跨板受力筋与板受力筋最大的区别就在于跨板受力筋是"跨板布置"的，外伸部分在布筋板的外侧；而板负筋外伸部分在板内侧，在实际应用中一定要加以区分。另外在实际工程中可以只新建一根板受力筋，其它钢筋在钢筋绘制中输入信息并自动处理。这样就可以大幅提高钢筋布置效率。

（3）板受力筋的绘制

在进行板受力筋绘制的时候，软件提供了多种不同的布置形式。但是其基本原则是一致的：先确定板钢筋的布置范围，之后选择对应的布置方式。在这里以"单板-XY方向布筋"为例给大家进行介绍。

图 7-12 布置受力筋

① 在"板受力筋二次编辑"分组中点击"布置受力筋"，如图 7-12 所示。

② 在弹出的快捷工具条可选择布置范围和布置方式。在布置受力筋时，需要同时选择布筋范围和布置方式后才能绘制受力筋。将布置范围选择为"单板"，布置方式选择为"XY方向"，如图 7-13 所示，这也是在实际工作中应用最广泛、效率最高的方式。在弹出的窗口中选择具体的布置方式并输入钢筋信息，如图 7-14 所示，注意在绘制界面输入钢筋信息可以自动生成对应的钢筋构件，省去了逐一定义和新建的工作，大幅提高了处理效率。还需要注意的是受力筋都是有底筋和面筋之分的，XY 向的钢筋布置一样时也要分别建立底筋和面筋，如图 7-15 所示，绘制完成后的板受力筋如图 7-16 所示。

图 7-14 XY 方向板受力筋的布置

图 7-13 快捷工具

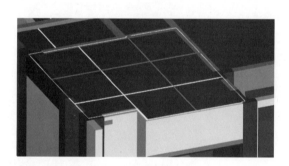

图 7-15 板受力筋的绘制

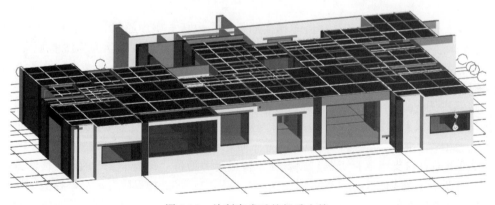

图 7-16 绘制完成后的板受力筋

7.1.3　板负筋的布置

（1）板负筋的新建

在构件导航栏中选择"板"，再选择板负筋，点击"新建"按钮，根据图纸要求选择"新建板负筋"，如图 7-17 所示，双击板负筋名称可以对其进行修改。

由某板负筋图纸信息实例（图 7-18）可知，板负筋 C1 的属性信息（图 7-19）如下。

板负筋的新建
及绘制

扫码观看视频

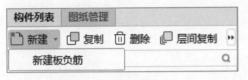

图 7-17　新建板负筋

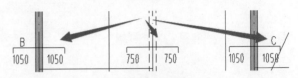

图 7-18　板负筋图纸信息

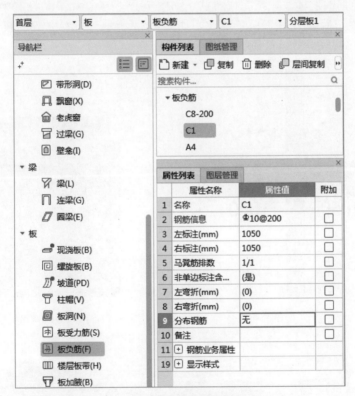

图 7-19　C1 板负筋的属性信息

① 左标注（mm）：伸出支座左边的钢筋平直段长度，如 C1 的左标注为 1050mm。

② 右标注（mm）：伸出支座右边的钢筋平直段长度，如 C1 的右标注为 1050mm。

③ 马凳筋排数：设置负筋、分布筋下马凳筋的排数，可以为 0，双边标注负筋两边的马凳筋排数不一致时，用"/"隔开。

④ 非单边标注含支座宽：当负筋跨两块板时，图纸标注的长度是否包含负筋所在支座的宽度。

⑤ 左弯折、右弯折（mm）：默认为"（0）"，表示长度会根据计算设置的内容进行计算，也可以输入具体的数值。

⑥ 分布钢筋：取"计算设置"中的"分布筋配置"数据，也可自行输入。

（2）板负筋的绘制

板负筋在进行绘制时主要采用"布置负筋"这一功能，具体的操作如下。

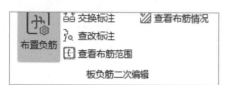

图 7-20　布置负筋

① 在"板负筋二次编辑"分组中点击"布置负筋"，如图 7-20 所示。

② 在弹出的快捷工具条可选择布置方式（图 7-21），其中"按梁布置""按圈梁布置""按连梁布置""按墙布置"操作方法一致，下面以"按梁布置"和"画线布置"为例来进行说明。

⬤ 按梁布置 ◯ 按圈梁布置 ◯ 按连梁布置 ◯ 按墙布置 ◯ 按板边布置 ◯ 画线布置　不偏移 ▾　X= 0　⬍ mm Y= 0　⬍ mm

图 7-21　负筋的布置方式

③ 鼠标移动到梁图元上，则梁图元显示一道蓝线，并且显示出负筋的预览图。点击梁的一侧，该侧作为负筋的左标注，则完成布筋，如图 7-22 所示。如果是没有梁的情况，可选择"画线布置"，布置完后会有一条白色的线，如图 7-23 所示。布置完成的板负筋的三维图如图 7-24 所示，白色的线都是板负筋。

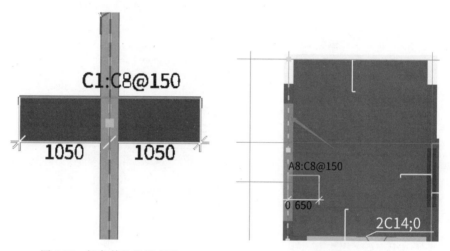

图 7-22　板负筋的按梁布置　　　　图 7-23　板负筋的画线布置

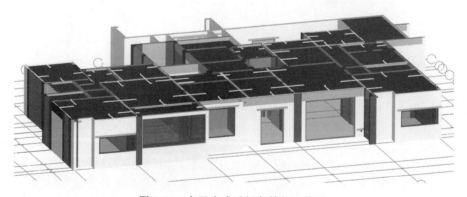

图 7-24　布置完成后板负筋的三维图

7.1.4 板的二次编辑

（1）曲面板的绘制

① 设置拱板。在构件导航栏中选择"板"，点击"现浇板二次编辑"，点击"设置拱板"，如图 7-25 所示。选择要设置拱板的板，重点是要选择这块板的中点，根据提示进行操作，操作完之后会弹出一个"设置拱板"的窗口，选择"板内边缘"和"向上起拱"，点击"确定"即可，如图 7-26 所示。设置完成的拱板的三维图如图 7-27 所示。

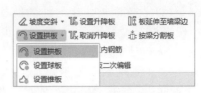

图 7-25 设置拱板

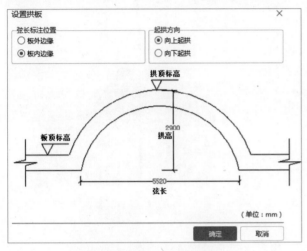

图 7-26 "设置拱板"窗口

图 7-27 设置完成的拱板的三维图

② 设置球板。在构件导航栏中选择"板"，点击"板二次编辑"，点击"设置球板"，如图 7-28 所示，选择要设置球板的板，指定球板的圆心，会弹出一个"设置球板"的窗口，选择"板内边缘"和"向上起拱"，点击"确定"即可，如图 7-29 所示，设置完成的球板的三维图如图 7-30 所示。

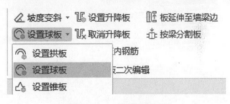

图 7-28 设置球板

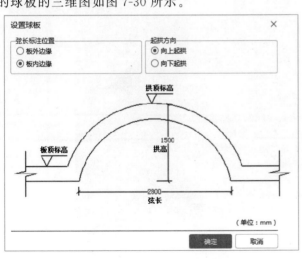

图 7-29 "设置球板"窗口

图 7-30 设置完成的球板的三维图

③ 设置锥板。在构件导航栏中选择"板"，点击"现浇板二次编辑"，点击"设置锥板"，如图 7-31 所示，选择要设置锥板的板，指定锥板的圆心，会弹出一个"设置锥板"的窗口，选择"板内边缘"和"向上起拱"，点击"确定"即可，如图 7-32 所示。设置完成的锥板的三维图如图 7-33 所示。

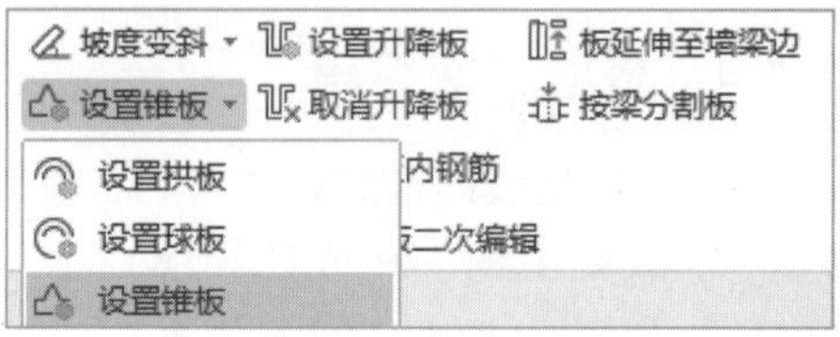

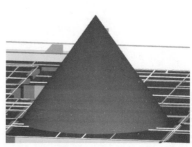

图 7-31　设置锥板

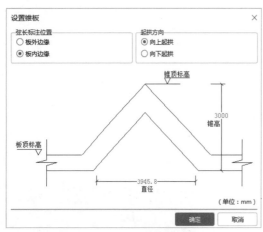

图 7-32　"设置锥板"窗口

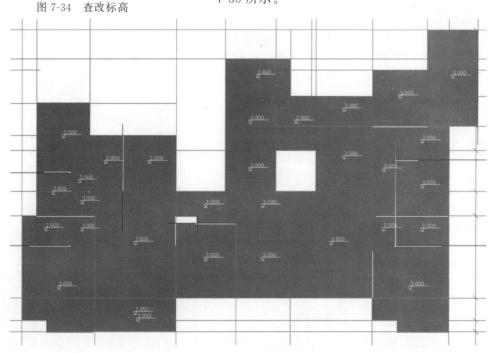

图 7-33　设置完成的锥板的三维图

（2）查改标高

在构件导航栏中选择"板"，点击"现浇板二次编辑"，点击"查改标高"，如图 7-34 所示。选择要查改标高的板，这样板的查改标高就完成了，如图 7-35 所示。

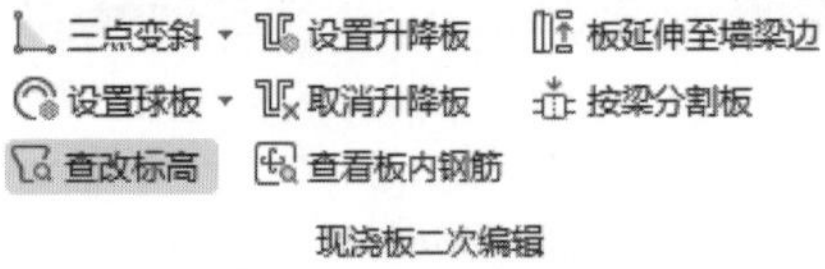

图 7-34　查改标高

图 7-35　标高查改完成后的板

（3）设置升降板

在构件导航栏中选择"板"，点击"现浇板二次编辑"，点击"设置升降板"，如图7-36所示。选择需要设置升降板的两块图元，右键确定，会弹出"升降板参数定义"窗口，点击"确定"即可，如图7-37所示，这样设置升降板就完成了。设置成功的升降板如图7-38所示。

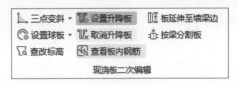

图7-36　设置升降板

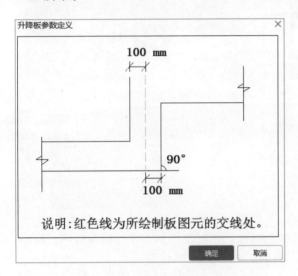

图7-37　升降板参数定义

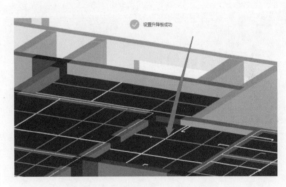

图7-38　设置成功的升降板

（4）板延伸至墙梁边

在构件导航栏中选择"板"，点击"现浇板二次编辑"，点击"板延伸至墙梁边"，如图7-39所示，选择要延伸的板，右键确定即可，这样板延伸至墙梁边就完成了，完成后的板如图7-40箭头所示。

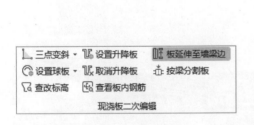

图7-39　板延伸至墙梁边

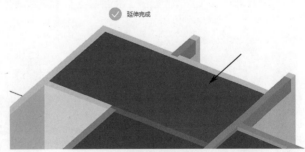

图7-40　板延伸至墙梁边完成

（5）按梁分割板

在构件导航栏中选择"板"，点击"现浇板二次编辑"，点击"按梁分割板"，如图7-41所示，选择要按梁分割的板，右键确定即可，这样按梁分割板就完成了，分割完成后的板是蓝色的，如图7-42框中所示。

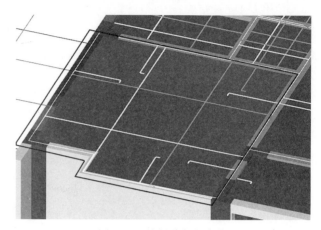

图 7-41 按梁分割板

图 7-42 按梁分割板完成

斜板的绘制

7.2 斜板的绘制

扫码观看视频

7.2.1 三点变斜

在构件导航栏中选择"板"，点击"现浇板二次编辑"，点击"三点变斜"，如图 7-43 所示，鼠标左键选择板图元，则显示出选中板的各顶点标高，鼠标左键单击任一标高数字，将出现输入框，直接在输入框中修改顶点标高，回车确认，光标按逆时针顺序跳入下一顶点输入框，如图 7-44 所示，当修改第二、第三个顶点标高并回车后，则斜板定义成功，并在板图元上显示倾斜方向线，如图 7-45 所示。

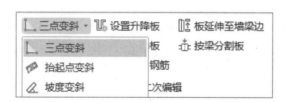

图 7-43 三点变斜

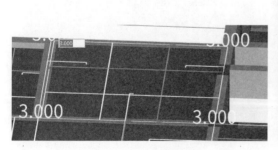

图 7-44 点的标高

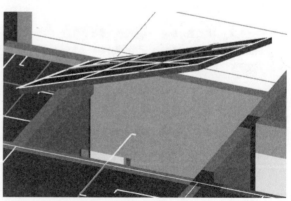

图 7-45 三点变斜完成

7.2.2　抬起点变斜

在构件导航栏中选择"板",点击"现浇板二次编辑",点击"抬起点变斜",如图 7-46 所示,选择要抬起点变斜的板,会出现几个交点,鼠标左键选择斜板抬起点,会出现"抬起点定义斜板"窗口,修改抬起高度,点击"确定"即可,如图 7-47 所示,这样抬起点变斜就完成了,如图 7-48 所示。

图 7-46　抬起点变斜

图 7-47　抬起点定义斜板

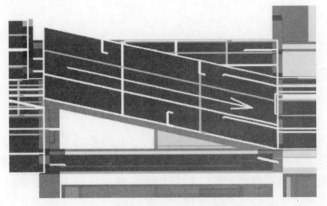

图 7-48　抬起点变斜完成

7.2.3　坡度变斜

在构件导航栏中选择"板",点击"板二次编辑",点击"坡度变斜",如图 7-49 所示,鼠标左键选择坡度变斜的板,然后鼠标左键选择斜板基准边,会弹出一个"坡度系数定义斜板"窗口,修改坡度系数,点击"确定"即可,如图 7-50 所示,这样坡度变斜就完成了,如图 7-51 所示。

图 7-49　坡度变斜

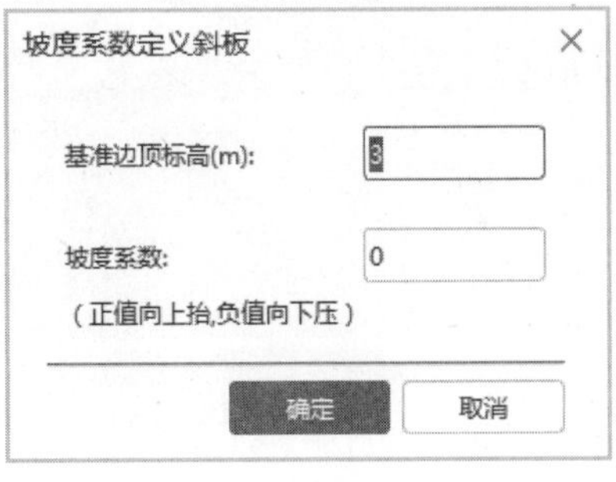

图 7-50　坡度系数定义斜板

图 7-51　坡度变斜完成效果

第8章

楼梯

楼梯按梯段可分为单跑楼梯、双跑楼梯和多跑楼梯。梯段的平面形状有直线、折线和曲线。

单跑楼梯最为简单，适合于层高较低的建筑；双跑楼梯最为常见，有双跑直上楼梯、双跑曲折楼梯、双跑对折（平行）楼梯等，适用于一般民用建筑和工业建筑；三跑楼梯有三折式、丁字式、分合式等，多用于公共建筑；剪刀楼梯系由一对方向相反的双跑平行楼梯组成，或由一对互相重叠而又不连通的单跑直上楼梯构成，可同时通过人流并节省空间；螺旋楼梯是以扇形踏步支撑在中立柱上，虽然行走欠舒适，但节省空间，适用于人流量较少，楼梯使用不频繁的场所；圆形、半圆形、弧形楼梯，由曲梁或曲板支撑，踏步略呈扇形，形式多样、造型活泼，富有装饰性，适用于公共建筑。

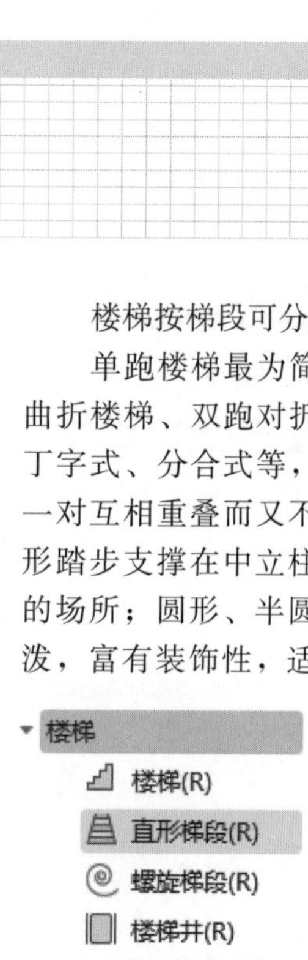

- 楼梯
  - 楼梯(R)
  - 直形梯段(R)
  - 螺旋梯段(R)
  - 楼梯井(R)

图 8-1　楼梯构件分类

由于楼梯造型的复杂性和多样性，不管是在设计、施工还是造价的过程中都存在很多难点。楼梯是一个复合构件，由梯段、梯柱、梯梁、休息平台、栏杆等构件组成。在主体结构（柱、墙、梁、板）绘制完成后，下一步就可以进行楼梯的绘制了。楼梯的形状和配筋均较复杂，可利用参数图模型进行楼梯工程量计算。

在广联达 GTJ2021 中，楼梯构件分为楼梯、直形梯段、螺旋梯段、楼梯井，如图 8-1 所示。

双跑楼梯的
新建及绘制

扫码观看视频

8.1　双跑楼梯

在进行楼梯的"新建"前，首先要根据图纸信息了解楼梯的类型以及配筋信息。双跑楼梯大样图实例如图 8-2 所示。

8.1.1　标准双跑楼梯

（1）新建

双跑楼梯属于参数化楼梯。在构件列表中选择"楼梯"，点击"新建"，根据图纸设计选择"新建参数化楼梯"，弹出"选择参数化图形"对话框，选择对应的参数图"标准双跑楼梯"，依据图 8-2 双跑楼梯大样图输入相关参数信息，如图 8-3 所示，点击"确定"，双击楼梯名称将其修改为"LT1"，完成建立。

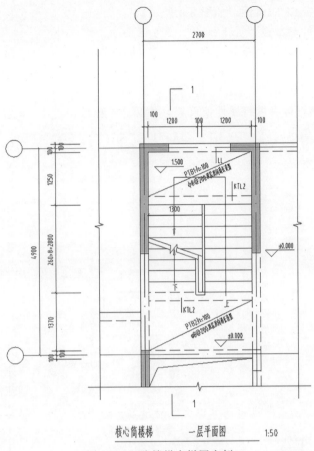

图 8-2　双跑楼梯大样图实例

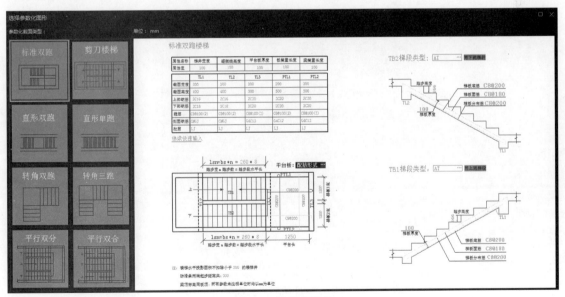

图 8-3　楼梯参数化

完善参数化楼梯 LT1 的属性，如图 8-4 所示。

在这里需要注意的参数设置如下。

① 截面形状：属性值包含参数化建立时设置的标准双跑、剪刀楼梯、直形双跑、直形单跑、转角双跑、转角三跑、平行双分、平行双合。当楼梯参数属性有问题时可以在这里进行修改调整。

② 栏杆扶手设置：可以进行属性值设置，如图 8-5 所示。

图 8-4　楼梯 LT1 列表属性

图 8-5　栏杆扶手设置属性值

③ 建筑面积计算方式：该属性用于确定楼梯建筑面积的计算方式，包括"计算全部""计算一半""不计算"，默认为不计算。

（2）楼梯的绘制

参数化楼梯采用点式绘制，将定义好的楼梯模型点画在楼梯间对应的位置即可，与布置其它点式构件方法相同，如图 8-6、图 8-7 所示。

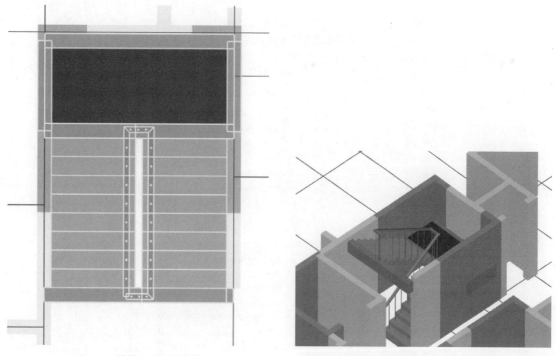

图 8-6　楼梯 LT1 的绘制　　　　　　　图 8-7　楼梯 LT1 的三维图

在这里需要注意以下事项。

① 参数化楼梯没有"二次编辑"栏，即无法直接设置踏步边，可以在"修改"栏中选择"镜像"功能，进行踏步边的修改。

② 有些时候楼梯并不要求计算较为详细的工程量，只需要计算基本的水平投影面积即可。这时可以直接定义楼梯（而非参数化楼梯），省去参数输入的过程，将楼梯本身简化成为一个自动计算水平投影面积的面式构件，直接绘制在楼梯间对应位置即可。

8.1.2　其它双跑楼梯

在广联达 GTJ2021 中，直形双跑、转角双跑楼梯与标准双跑楼梯的新建、绘制方式一致，在这里简单叙述一下。

① 点击"新建"，在弹出的"选择参数化图形"对话框中选择对应的参数化楼梯图形，输入相关参数信息。

② 进一步完善构件属性列表，新建完成。

③ 根据图纸设计进行楼梯的点式布置。

8.2　直形梯段

（1）新建

在楼梯构件中选择"直形梯段"，点击"新建"，选择"新建直形梯段"，根据

直形梯段的
新建及绘制

扫码观看视频

图纸设计双击名称进行修改。

随后，进行属性列表的完善，完成新建，如图 8-8 所示。

图 8-8　直形梯段属性列表

（2）绘制

直形梯段可以进行点式绘制，也可以进行线式绘制和面式绘制。在操作中，根据实际情况进行选择，如图 8-9 所示。

① 点式绘制：点式绘制需要在封闭的区域才能进行，如图 8-10 所示。

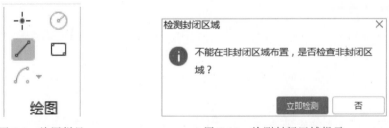

图 8-9　绘图栏目　　　　　　　　　　图 8-10　检测封闭区域提示

② 线式绘制：鼠标左键指定第一点，根据提示进行第二点、第三点、第四点……的指定，直到完成布置，点击鼠标右键结束绘制。线式绘图时也要图形封闭，或者图形合法，否则也会出现提示，如图 8-11 所示。

③ 面式绘制：面式绘制由两点确定，鼠标左键根据图纸设计进行第一点、第二点的指定，鼠标右键结束绘制。

（3）二次编辑

当所绘制的直形梯段方向与图纸设计不相符合时，可以执行"直形梯段二次编辑"中的"设置踏步边"，如图 8-12 所示，具体操作如下。

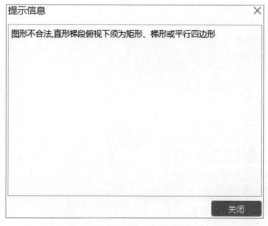

图 8-11　直行梯段线式绘制提示

图 8-12　设置踏步边

① 鼠标左键点击"设置踏步边"功能，根据提示选择要修改的直形梯段图元。

② 鼠标左键选择楼梯起始踏步边，有上下左右四个方向，右键中止编辑。在这里以两种方向举例，如图 8-13 和图 8-14 所示。

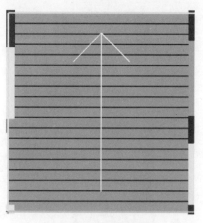

图 8-13　上梯段方向

图 8-14　下梯段方向

8.3　螺旋梯段

螺旋梯段有两种基本结构形式：扭板式和扭梁式。扭板式即整个楼梯由螺旋的踏步构成，其平面投影通常是圆弧形或椭圆形，这种形式在公共建筑和工业建筑中较常见；扭梁式的造型虽较明快，但是这种楼梯的踏步通常不设置踢面，灰尘和脏物易从楼梯踏步间的空隙落下，对环境影响较大。

（1）新建

在楼梯构件中选择"螺旋梯段"，点击"新建"，根据图纸设计双击名称进行修改。接着进行属性列表的完善，完成新建，如图 8-15 所示。

图 8-15　螺旋梯段属性列表

在这里需要注意的是，表中蓝色字是公有属性，为必填属性，需要根据实际情况填写。想要改变螺旋梯段的旋转方向，可以进行属性"旋转方向"的修改，分逆时针、顺时针；也可以选择"修改"栏中的"镜像"功能进行方向的调整。

（2）绘制

螺旋梯段属于点式绘制，根据图纸设计对螺旋梯段进行布置，完成绘制，如图 8-16 和图 8-17 所示。

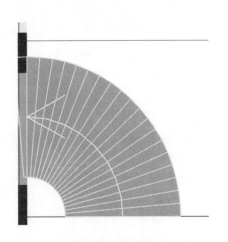

图 8-16　螺旋梯段绘制

图 8-17　螺旋梯段三维效果图

第 9 章

装修

工程中的装修，尤其是内装修构成较为复杂，包括地面、墙面、天棚、踢脚等各种构件类型，且与结构主体的工程量扣减关系麻烦，相互之间也要考虑计算影响。在这种情况下，针对室内装修处理，广联达 GTJ2021 给出了对应的解决方法：房间构件。

经过图纸分析可以发现，装修在处理时可以分解为不同的房间类型。在每种房间之中，又包含多种不同的装修构件。所以对于室内装修的处理思路是：首先建立房间作为承载体，之后在房间之中添加装修构件，如地面、墙面等，最后将包含装修构件的房间布置在图纸上，就可以一次性绘制各种装修构件并完成相应的室内装修计算。

在广联达 GTJ2021 中，"装修"分为房间、楼地面、踢脚、墙裙、墙面、天棚、吊顶、独立柱装修、单梁装修，如图 9-1 所示。

图 9-1　装修

9.1　楼地面

楼地面的新建及绘制

扫码观看视频

9.1.1　楼地面的新建及绘制

楼地面装修是指敷设在板、阳台板、飘窗底板等构件上面的装修部分，可以作为房间的组成部分，也可以单独使用。

（1）新建

在构件导航栏中点击"装修"选择"楼地面"，点击"新建"选择"新建楼地面"，双击名称进行修改，随后可以进行楼地面属性列表的完善，如图 9-2 所示。

这里我们注意以下属性项。

① 块料厚度（mm）：根据实际情况输入楼地面块料的厚度，默认为 0，块料厚度会影响块料面积的计算。

② 是否计算防水面积：选择"是"则计算防水面积，选择"否"则不计算防水面积，可以通过设置"防水卷边"功能自动处理。

③ 顶标高：分为层底标高、底板顶标高。

图 9-2　楼地面新建

图 9-3　楼地
面绘图

（2）绘制

楼地面可以进行点式绘制，也可以进行线式绘制、圆式绘制、矩形绘制以及三点弧绘制，如图 9-3 所示。一般选择点式绘制、线式绘制和矩形绘制，其余方式根据实际情况选择。楼地面的绘制操作如下。

① 点击"绘图"分组中的"直线"。

② 用鼠标左键指定第一点，依次点击第二点、第三点、第四点……直到绘制完成。点击鼠标右键即可结束绘制，如图 9-4 和图 9-5 所示。

9.1.2　楼地面防水的绘制

楼地面工程量计算中会包含防水面积计算。防水除了水平防水之外还需要在与其相交的墙体、栏板底边缘上翻一定高度来处理立面防水。在广联达 GTJ2021 中设置防水上翻的操作如下。

① 在"楼地面二次编辑"栏中选择"设置防水卷边"，如图 9-6 所示。在快捷工具条处可选择生成方式，包括"指定图元"和"指定边"，如图 9-7 所示。

② 选择"指定图元"，选择需要生成立面防水的楼地面图元，点击右键确认，弹出"设置防水卷边"窗口，如图 9-8 所示。根据图纸设计输入防水高度值，点击"确定"，结果如图 9-9所示。

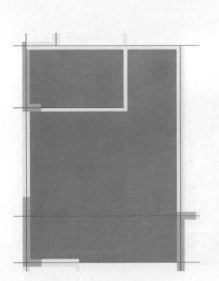

图 9-4 楼地面的绘制

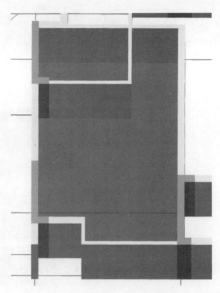

图 9-5 楼地面三维效果图

图 9-6 设置防水卷边

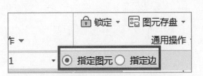

图 9-7 防水卷边快捷工具条

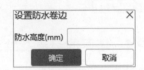

图 9-8 "设置防水卷边"窗口

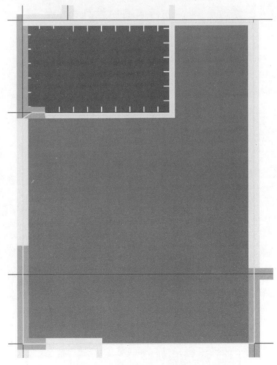

图 9-9 防水卷边的绘制

选择"指定边"时，鼠标左键点击需要设置防水的楼地面边线，被选中的边线显示为绿色，如图 9-10 所示，可以设置部分地面边线（而非全部）的防水上翻。

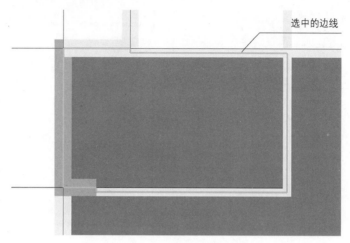

图 9-10　设置防水卷材指定边

9.2　墙面

墙面、墙裙的
新建及绘制

扫码观看视频

9.2.1　墙面的新建及绘制

（1）新建

在构件导航栏中点击"装修"，选择"墙面"，点击"新建"，选择"新建内墙面"或者"新建外墙面"，双击名称进行修改，然后进行墙面属性列表的完善。这里以"新建内墙面"为例，如图 9-11 所示。

图 9-11　内墙面属性列表

在这里需要注意以下属性项。

① 块料厚度（mm）：根据实际情况输入墙面块料的厚度，此项影响块料面积的计算。

② 所附墙材质：默认为空，绘制到墙上后会自动根据所依附的墙面变化，不用手工调整。

③ 内/外墙面标志：用来识别内外墙面图元的标志，内外墙面的计算规则不同。

（2）绘制

内墙面的绘制方式有点式绘制和线式绘制，如图 9-12 所示。

① 选择点式绘制：鼠标左键选择需要绘制的内墙边，选择后会出现带颜色的边线，选择完成后鼠标右键结束绘制。

② 选择线式绘制：鼠标左键根据提示指定第一点，接着指定下一点，两点确定一墙边（同样是带颜色的边线）。在指定点时，必须选择同一边上的两个点，否则会弹出提示，如图 9-13 所示。墙面的绘制如图 9-14 和图 9-15 所示。

图 9-12　内墙面绘图

图 9-13　线式绘制提示

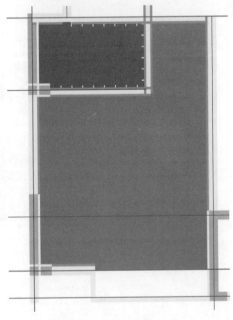

图 9-14　墙面的平面图

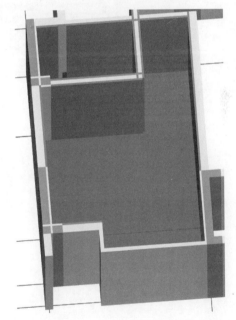

图 9-15　墙面的三维图

9.2.2　墙裙的新建及绘制

（1）新建

在构件导航栏中点击"装修"，选择"新建"，点击"新建内墙裙"或者"新建外墙裙"，双击墙裙名称进行修改，同时进行墙裙属性列表的完善，如图 9-16 所示。

在这里需要注意以下属性项。

① 高度（mm）：墙裙高度包括踢脚的高度。

② 块料厚度（mm）：根据实际情况输入墙裙块料的厚度，此项影响块料面积的计算。

③ 所附墙材质：默认为程序自动判断，绘制到墙上后会根据所依附的墙而自动变化，不用手工调整。也可以根据实际情况选择。

④ 内/外墙裙标志：用来识别内外墙裙图元的标志，内外墙裙的计算规则不同。

（2）绘制

内墙裙的绘制方式有点式绘制和线式绘制，与墙面的绘制方式一样，绘制颜色为黑色，如图 9-17 所示。

图 9-16　墙裙属性列表

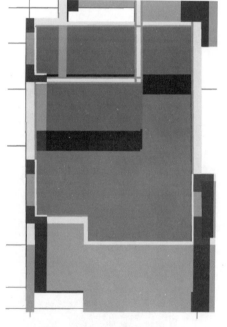

图 9-17　内墙裙三维效果图

天棚、吊顶的
新建及绘制

扫码观看视频

9.3　天棚

天棚用于处理在楼板底面直接喷浆、抹灰，或铺放装饰材料的装修，可以作为组合构件的一部分，也可以单独使用。天棚必须绘制在板上。

9.3.1　天棚的新建及绘制

（1）新建

在构件导航栏中点击"装修"，选择"天棚"，点击"新建"，选择"新建天棚"，双击天棚名称，依据图纸设计进行修改，同时进行天棚属性列表的完善，如图 9-18 所示。

（2）绘制

天棚绘制一般选择点式绘制，鼠标左键直接选择插入点，右键结束绘制。必须特别注意天棚必须画在楼板上，如图 9-19 所示。

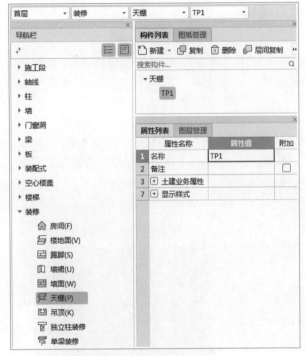

图 9-18 天棚属性列表

图 9-19 天棚的绘制

（3）二次编辑

当天棚需要下挂时，可以选择"天棚二次编辑"，点击"设置天棚下挂"，如图 9-20 所示；在弹出的"设置下挂高度"对话框中输入实际数值，点击"确定"，如图 9-21 所示。在设置好下挂高度后，需要查看或者修改下挂高度时，可以点击"查改天棚下挂"，选择需要查改的图元进行查看修改，如图 9-22 所示。

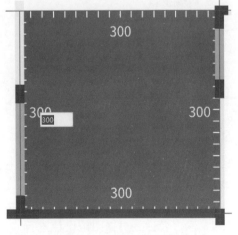

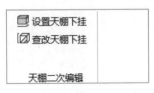

图 9-20 天棚二次编辑

图 9-21 天棚设置下挂高度

图 9-22 查改天棚下挂

图 9-23　天棚智能布置方式

（4）智能布置

天棚以及其它装修构件都可以进行"智能布置"，只是布置的方式有所不同，这里以天棚智能布置方式为例，如图 9-23 所示。

9.3.2　吊顶新建及绘制

（1）新建

在构件导航栏中点击"装修"，选择"吊顶"，点击"新建"，选择"新建吊顶"，双击吊顶名称，依据图纸设计进行修改，同时进行吊顶属性列表的完善，如图 9-24 所示。离地高度是指地面至吊顶的高度。

（2）绘制

吊顶的绘制一般选择线式绘制，根据提示鼠标左键点击指定第一点，然后点击指点下一点……直至绘制完成，右键结束绘制，如图 9-25 所示。也可以选择点式绘制，即整体式绘制。

图 9-24　吊顶属性列表

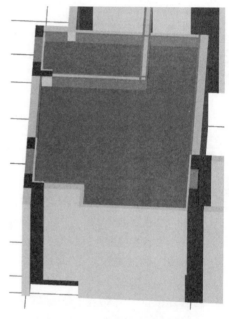

图 9-25　吊顶装修三维效果图

9.4　其它装修

9.4.1　独立柱装修

独立柱装修用于处理不依附于墙体的柱子上铺贴的柱面装饰。广联达 GTJ2021 独立柱装修操作步骤如下。

① 在导航栏中点击"装修"，选择"独立柱装修"，点击"新建"，选择"新建独立柱装修"，双击名称，根据图纸设计进行修改，同时完善构件属性列表，完成独立柱装修的新建。

② 独立柱装修属于点式构件，绘图方式只有点式绘制。选择点式绘制，根据图纸设计，

以鼠标左键拾取构件图元，进行独立柱装修的绘制，点击右键结束，如图 9-26 所示。

9.4.2 单梁装修

单梁简单来说是指只有两个支承的杆件，即梁由两端的墙或柱支承。单梁装修用于屋面花架梁及阳台挑梁等处，用于没有房间，但需要计算梁装修面积时。

单梁装修广联达 GTJ2021 操作步骤如下。

① 在导航栏中点击"装修"，选择"单梁装修"，点击"新建"，选择"新建单梁装修"，双击名称，根据图纸设计进行修改，同时完善构件属性列表，完成单梁装修的新建（图 9-27）。在这里需要注意的是，属性列表中的"块料厚度"会影响计价。

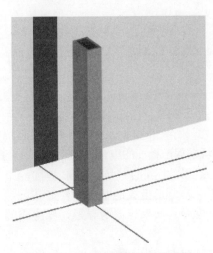

图 9-26 独立柱装修三维效果图

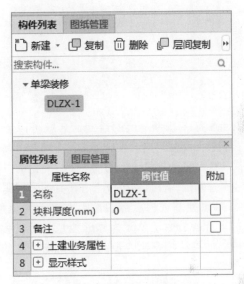

图 9-27 单梁装修属性列表

② 单梁装修绘图方式只有点式绘制。选择点式绘制，根据图纸设计鼠标左键拾取构件图元，进行单梁装修绘制，点击右键结束。

楼地面、墙面、墙裙、天棚、吊顶、独立柱装修、单梁装修等构件绘制完成后，可以双击建立好的房间，进入其依附构件，把已经建立好的楼地面、墙裙等构件添加到当前房间。当然，也可以根据工程的实际情况，先建立楼地面、墙面、墙裙、天棚、吊顶、独立柱装修、单梁装修等构件，再进行房间构件的建立。需要注意的是，在布置房间时，会遇到走廊、电梯井、电梯厅等导致空间非封闭的情况，这时候可以利用虚墙进行封闭处理。

第10章

土方

在完成了基础和垫层的绘制后，就可以处理土方了。桩基础是没有土方的。桩基只有打桩、接桩、破桩头及桩间挖土等项目。只有承台、独立基础、筏板基础、地梁等构件，布置垫层后可以在垫层构件上自动生成土方构件。土方开挖的方式多种多样，有大开挖土方、基槽土方、基坑土方等，还可选基础构件自动生成土方。具体采用哪种方式，可根据已批准的施工组织设计要求选择。

① 如果独基或桩承台的最底层单元为矩形独基单元，则生成的基坑为矩形基坑；如果独基或桩承台的最底层单元为异形独基单元或参数化独基单元，则生成的基坑为异形基坑。对于大开挖，如果筏板基础绘制为矩形，则生成的大开挖为矩形，如果绘制为异形，则生成的大开挖就为异形。

② 同一基础构件图元多次生成土方构件时，如果基础构件图元属性未做任何修改，只修改了生成界面中土方的相关属性，则不生成新的土方构件，只保留第一次生成的结果。

③ 如果筏板基础设置了边坡，用筏板基础自动生成土方时，软件会按筏板及边坡底面分别布置大开挖土方或大开挖灰土回填。

④ 如果筏板基础设置了边坡，又布置了面状垫层，用垫层自动生成土方时，软件会按照筏板边坡的垫层底面布置大开挖土方或者大开挖灰土回填。

10.1 土方生成

10.1.1 大开挖土方的生成

大开挖指的是将建筑物基础持力层以上的土方全部挖走，不做任何的护坡措施，完全采用根据土质情况进行放坡的措施来确保边坡稳定。相对而言，如果采取了边坡支护措施，那基坑的上口面积就要小得多，土方量相应的也就少得多，就不能称为真正意义上的基础大开挖。

遇到以下情况时，土方工程一般采用大开挖：建筑物带有地下室、半地下室；基坑基槽相邻紧密，土方施工时基本挖通或剩余极少，又妨碍施工；考虑施工方便，如方便雨季施工排水、提高放线测量的精确度等。

（1）大开挖土方的新建

点击"土方"下的"大开挖土方"，然后点击"新建"下的"新建大开挖土方"，接着进行属性完善，如图 10-1 所示，相关属性介绍如下。

① 土壤类别：大开挖土方所挖土方的类别，此实例为二类土。

② 深度：为大开挖土方的开挖深度，此处广联达软件系统会自动计算。

③ 放坡系数：土方放坡系数 m 是指土壁边坡坡度的底宽 b 与基础高 h 之比，即 $m=b/h$。如果不知道 b 与 h 的具体值，可直接根据所在省定额的放坡系数表计算。有放坡的话填写，没有的话可以不填，此实例的放坡系数为 0.33。

④ 工作面宽：工作面就是为进行施工所留的施工面，它的宽度可根据所在省定额确定，此处为筏板基础大开挖土方，所以工作面宽为 400mm。

⑤ 挖土方式：软件给的挖土方式是人工挖土及正反铲挖掘机挖土，所以此处可以不选择，在套定额组价时选择人工挖土或机械挖土。

（2）大开挖土方的绘制

大开挖土方的绘制方式如图 10-2 所示，分为普通绘图方式及智能布置。可以采用点、直线、圆形、矩形、两点一弧的画法，也可以直接采用智能布置的方式进行绘制，根据图纸信息，选择合适的绘图方式即可。如用矩形绘制大开挖土方，则大开挖土方的形状犹如倒梯形，如图 10-3 所示。

图 10-1　大开挖土方的新建

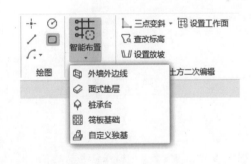

图 10-2　大开挖土方的绘制方式

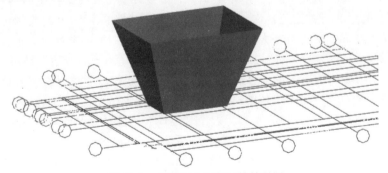

图 10-3　大开挖土方的三维效果图

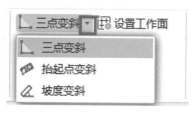

图 10-4　"三点变斜"选项框

（3）大开挖土方的二次编辑

大开挖土方的二次编辑是为了大开挖土方的实用性而设置的功能，相关介绍如下。

① 三点变斜。图 10-4 所示为"三点变斜"的选项框，在此处还可以切换为其它两个选项，分别是"抬起点变斜""坡度变斜"，根据工程需要选择合适的方式即可。"三点变斜"的操作说明如图 10-5 所示，具体操作步骤为：绘制大开挖土方之后，点击"建模"，在"大开挖土方二次编辑"分组中点击"三点变斜"；然后鼠标左键选择需变斜的图元，则显示出大开挖土方各顶点的底标高；最后输入对应的标高回车即可（需输入一个标高按一次回车）。

② 抬起点变斜。"抬起点变斜"的操作说明如图 10-6 所示。"抬起点变斜"的具体建模步骤：先点击"建模"，在"大开挖土方二次编辑"分组中点击"抬起点变斜"；然后鼠标左键选择需设置的大开挖土方，再鼠标左键选择一条边作为基准边，接着点击一个抬起点，则弹出"抬起点定义斜大开挖"窗口，如图 10-7 所示；最后输入抬起高度或者输入抬起点的底标高，点击"确定"按钮完成操作。

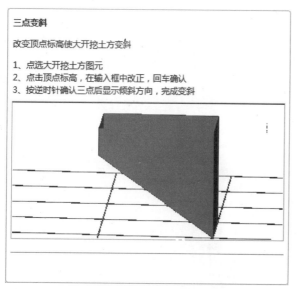

图 10-5　"三点变斜"的操作说明

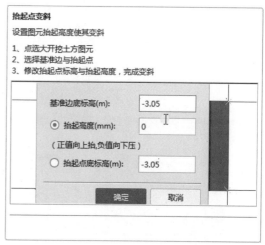

图 10-6　"抬起点变斜"的操作说明

③ 坡度变斜。"坡度变斜"的操作说明如图 10-8 所示。"坡度变斜"的具体建模步骤为：先点击"建模"，在"大开挖土方二次编辑"分组中点击"坡度变斜"；接着鼠标左键点击需要变斜的大开挖土方图元，然后选择大开挖土方基准边，弹出"坡度系数定义斜大开挖土方"窗口，如图 10-9 所示；最后输入基准边的底标高和坡度系数后点击"确定"即可。

④ 查改标高。"查改标高"的操作说明如图 10-10 所示，广联达只支持大开挖土方使用此功能，基槽土方和基坑土方是不支持的，它们只能通过选中图元，在"属性列表"里调整标高来进行处理。"查改标高"的具体步骤为：点击"建模"中的"查改标高"，则会在图元上显示图元标高，接着鼠标左键点击需修改的标高，最后输入对应的标高后，回车即可。需要注意的是，"查改标高"修改的是大开挖土方的底标高，若需要修改顶标高，需要在属性列表中调整。

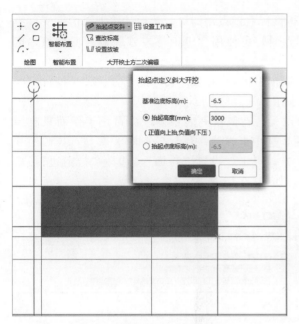

图 10-7　抬起点定义斜大开挖

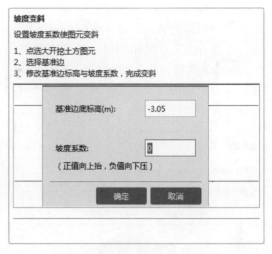

图 10-8　"坡度变斜"的操作说明

图 10-9　坡度系数定义斜大开挖土方

图 10-10　"查改标高"的操作说明

⑤ 设置放坡。"设置放坡"的操作说明如图 10-11 所示,大开挖土方、大开挖灰土回填的放坡系数设置方法一致,下面以大开挖为例介绍。

a. 所有边放坡一致时:

方法一,选中大开挖土方,在属性列表中直接输入放坡系数即可;

方法二,在大开挖土方的建模界面上方,点击"设置放坡"按钮,然后选择"指定图元",鼠标左键选择大开挖土方图元,输入放坡系数即可。

b. 某条边放坡系数与其它边不一致时:点击"设置放坡",选择"指定边",然后鼠标左键选中图元的某条边,输入放坡系数即可。

c. 一边有多个放坡系数时:鼠标左键选中土方,接着点击鼠标右键,然后设置夹点,在放坡系数不一致的位置用鼠标左键点一下，然后再鼠标右键点击即可，然后就按上面的方法一绘制即可。需要注意的是，当设置夹点捕捉不到点时，可使用"Shift＋左键"输入偏移值，然后鼠标左键在偏移方向点一下即可。

⑥ 设置工作面。"设置工作面"的操作说明如图 10-12 所示，大开挖土方、大开挖灰土回填的工作面设置方法一致，下面以大开挖为例介绍。

a.所有边工作面相同时：选中大开挖土方图元，在属性列表中修改即可，工作面只支持 0～3000 的数值，若≥3000 建议设置为 3000 后，选中土方偏移剩余部分即可。

b.每个边的工作面不一样：选中大开挖土方，点击"设置工作面"，选择"指定边"，然后选中要修改的边，输入工作面宽度数值即可，如图 10-13 所示。

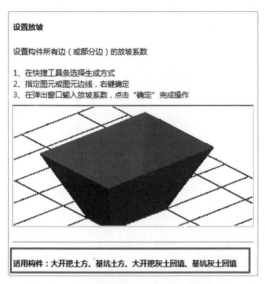
图 10-11　"设置放坡"的操作说明

图 10-12　"设置工作面"的操作说明

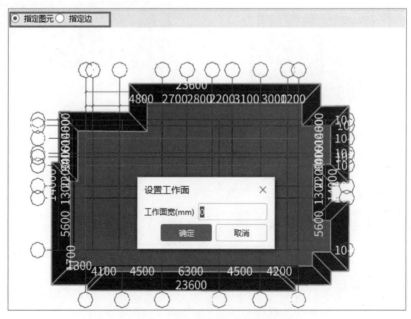
图 10-13　大开挖土方设置工作面

（4）筏板基础大开挖土方的自动生成

土方除了可以单独进行新建和绘制外，还可以直接按照给定的各种参数数值自动生成，处理效率非常高。下面以筏板基础为例，介绍如何自动生成大开挖土方。

① 在筏板基础或垫层二次编辑分组中点击"生成土方"，如图 10-14 所示。

图 10-14　筏板基础二次编辑

② 弹出"生成土方"窗口，如图 10-15 所示（根据垫层自动生成土方会弹出图示对话框，其它基础构件直接进入"生成方式及生成范围"窗口）。选择土方的生成方式和生成范围等信息，最后点击"确定"。相关信息介绍如下。

生成方式：包括"手动生成""自动生成"，默认为手动生成，此时需要鼠标左键选择要生成土方的垫层构件图元，右键确认；选择"自动生成"时，点击"确定"后，绘制的所有面式垫层都会自动生成土方构件。此处选择自动生成。

生成范围：包括"大开挖土方"和"灰土回填"，选择"大开挖土方"后就可以编辑大开挖土方的属性值了。

土方相关属性：要生成土方构件需要输入此项内容，工作面宽及放坡系数可根据所在省定额的放坡系数表计算。

同时还要注意大开挖土方的起始放坡位置，起始放坡位置指的是："垫层底"指土方从垫层底开始放坡；"垫层顶"指土方从垫层顶开始放坡，此时垫层和基础会分别生成土方图元，垫层处的土方不放坡，基础处的土方会放坡。

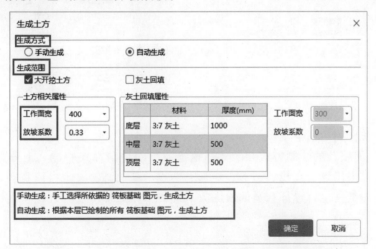

图 10-15　"生成土方"窗口

自动生成的大开挖土方如图 10-16 所示。

如果筏板基础设置了边坡，用筏板基础自动生成土方时，软件会按筏板及边坡底面分别布置大开挖土方或大开挖灰土回填；如果筏板基础既设置了边坡，又布置了面状垫层，用垫层自动生成土方时，软件会按照筏板边坡的垫层底面布置大开挖土方或者大开挖灰土回填。

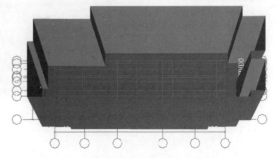

图 10-16　筏板基础自动生成大开挖土方

10.1.2 大开挖灰土回填

（1）大开挖灰土回填的新建

① 选择"土方"下的"大开挖灰土回填"。

② 点击"新建"下的"新建大开挖灰土回填"，出现"DKWHT-1"构件，如图 10-17 所示，然后修改相关属性信息。

③ 再次点击"新建"下的"新建大开挖回填土单元"，接着可以修改相关属性，如图 10-18 所示。

图 10-17 大开挖灰土回填属性列表

图 10-18 大开挖回填土单元属性列表

（2）大开挖灰土回填的绘制

"大开挖灰土回填"的绘制方式和"大开挖土方"的绘制方式一样，也分为普通绘图方式及智能布置。可以采用点、直线、圆形、矩形、两点一弧的画法，也可以直接采用智能布置的方式绘制，根据图纸信息，选择合适的绘图方式即可。用矩形绘制大开挖灰土回填，其三维图如图 10-19 所示。

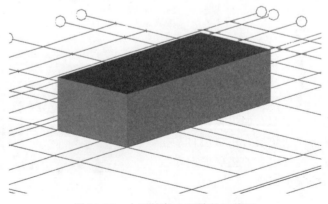

图 10-19 大开挖灰土回填的三维图

（3）大开挖灰土回填的自动生成

筏板基础大开挖灰土回填的自动生成方法和筏板基础大开挖土方的自动生成方法是一样的，只是窗口和个别的属性不一样，步骤如下。

① 在"筏板基础二次编辑"分组中点击"生成土方"。

② 弹出"生成土方"窗口，如图 10-20 所示，相关属性介绍如下。

生成方式：选择"自动生成"时，点击"确定"后，软件会根据绘制完成的筏板基础自动生成灰土回填。

生成范围：包括"大开挖土方"和"灰土回填"，选择"灰土回填"后就可以修改灰土回填的属性值了。

灰土回填属性：要生成灰土回填构件就需要输入此项内容，可以选择各层的材质并输入厚度，也可设置工作面宽度或放坡系数。工作面宽及放坡系数可根据所在省定额的放坡系数表计算。

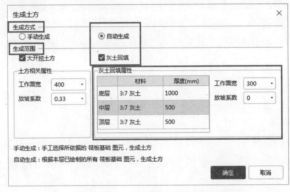

图 10-20 　"生成土方"窗口

如果已经绘制过大开挖灰土回填了，那么再用筏板基础自动生成大开挖土方或绘制回填时会出现重叠布置，就会弹出提示窗，如图 10-21 所示。所以两种方法在绘制时二选一即可。自动生成的筏板基础大开挖灰土回填如图 10-22 所示。一般情况下，采用筏板基础自动生成大开挖土方时也会直接勾选自动生成灰土回填，这样更省时省力。

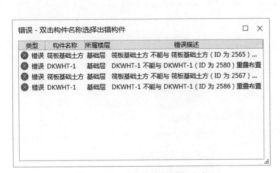

图 10-21 　重叠布置提示窗

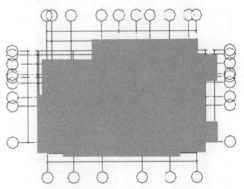

图 10-22 　筏板基础自动生成大开挖灰土回填

10.2　基槽土方及灰土回填

基槽是指坑底宽≤7m、底长＞3 倍底宽的基坑。条形基础或基础梁一般采用的是基槽土方。下面以条形基础为例介绍基槽土方及灰土回填。

10.2.1 基槽土方的生成

（1）基槽土方的新建

点击"土方"下的"基槽土方"，然后点击"新建"下的"新建基槽土方"，随后进行属性列表的完善，如图 10-23 所示，相关属性介绍如下。

① 土壤类别：所挖土方的类别，此工程为二类土。

② 槽底宽（mm）：基槽底部的宽度，在此处槽底宽设为 900mm。

③ 槽深（mm）：基槽土方的开挖深度，此处广联达软件系统会自动计算。

④ 左工作面宽（mm）：基槽左边预留的工作面宽度，如河南省定额设置为 400mm。

⑤ 右工作面宽（mm）：基槽右边预留的工作面宽度，如河南省定额设置为 400mm。

⑥ 左放坡系数：基槽左边的土方放坡系数，如河南省定额设置为 0.75。

⑦ 右放坡系数：基槽右边的土方放坡系数，如河南省定额设置为 0.75。

⑧ 轴线距基槽左边线距离（mm）：顺着图元绘制方向，左手边的边线是基槽的左边线，该边线距离基槽中心线（选中图元，图元端头两个点连成的边线）的尺寸就是轴线距基槽左边线的距离。

⑨ 挖土方式：分为人工和机械，基槽一般是采用反铲挖掘机。

⑩ 起、终点底标高：基槽起点与终点的底标高。

（2）基槽土方的绘制

基槽土方的绘制方式如图 10-24 所示，可以直接用智能布置的方式，也可以采用直线、矩形、两点一弧、圆形的方式绘制。下面以直线绘制的方式为例介绍基槽土方的绘制，绘制步骤如下。

图 10-23 基槽土方属性列表

图 10-24 基槽土方绘制方式

① 点击"绘图"分组下的"直线"按钮。

② 用鼠标点取第一点，再点取第二点，可以画出一道基槽土方，再点取第三点，就可以在第二点和第三点之间画出第二道基槽土方，连续绘制依次类推。点击鼠标右键即可中断连续绘制，重新选择起点。绘制的基槽土方的三维效果图如图 10-25 所示。

（3）基槽土方的自动生成

下面以条形基础为例介绍基槽土方的自动生成。

① 在条形基础或垫层的二次编辑分组中点击"生成土方"，如图 10-26 所示。

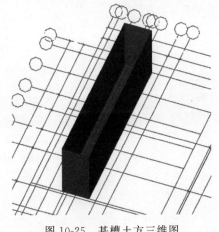

图 10-25　基槽土方三维图

图 10-26　条形基础二次编辑

② 弹出"生成土方"窗口，如图 10-27 所示（根据垫层自动生成土方也会弹出图示对话框，其它基础构件直接进入"生成方式及生成范围"窗口）。选择土方的生成方式和生成范围等信息，最后点击"确定"，生成土方的三维效果如图 10-28 所示。相关属性的介绍如下。

生成范围：包括"基槽土方"和"灰土回填"，选择"基槽土方"后就可以修改土方的属性值了。

土方相关属性：要生成土方构件需要输入此项内容，工作面宽及放坡系数可根据所在省定额的放坡系数表计算。

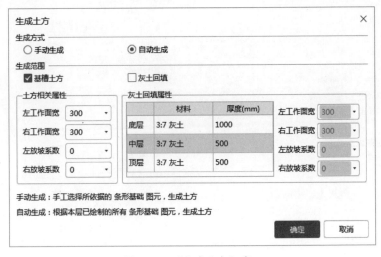

图 10-27　"生成土方"窗口

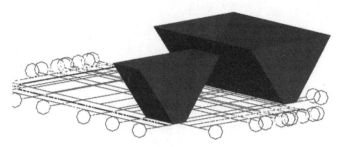

图 10-28　条形基础自动生成基槽土方三维图

10.2.2　基槽灰土回填

（1）基槽灰土回填的新建

① 选择"土方"下的"基槽灰土回填"。

② 点击"新建"下的"新建基槽灰土回填"，出现"JCHT-1"构件，如图 10-29 所示，然后修改相关属性信息。

③ 再次点击"新建"下的"新建基槽回填土单元"，如图 10-30 所示，接着就可以修改相关属性了。

图 10-29　基槽灰土回填的新建

图 10-30　基槽回填土单元属性列表

（2）基槽灰土回填的绘制

基槽灰土回填的绘制方式和基槽土方的绘制方式一样，也是分为普通绘图方式及智能布置。可以采用直线、圆形、矩形、两点一弧的画法，也可以直接采用智能布置的方式进行绘制，根据图纸信息，选择合适的绘图方式即可，如图 10-31 所示。

（3）基槽灰土回填的自动生成

下面以条形基础为例介绍基槽灰土回填的自动生成。

① 在"条形基础二次编辑"分组中点击"生成土方"。

② 弹出"生成土方"窗口，如图 10-32 所示，接着修改相关属性，然后点击"确定"即可。绘制完成的基槽灰土回填如图 10-33 所示。

图 10-31　基槽灰土回填的绘制

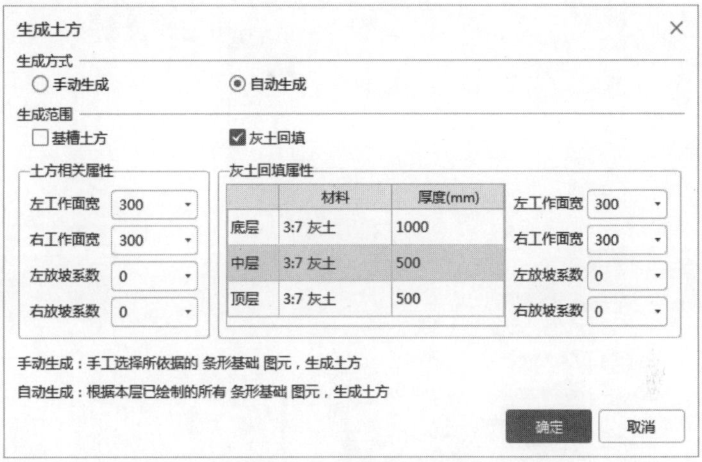

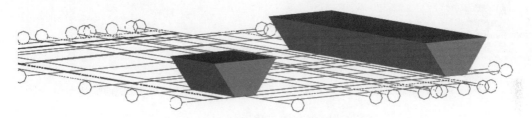

图 10-32　"生成土方"窗口

图 10-33　基槽灰土回填三维效果图

10.3　基坑土方及灰土回填

基坑通常底长≤3 倍底宽，底面积≤150m²。桩承台、独立基础一般采用的是基坑土方。下面以独立基础为例介绍基坑土方及灰土回填。

10.3.1　基坑土方的生成

（1）基坑土方的新建

① 点击"土方"下的"基坑土方"，然后点击"新建"下的"新建矩形基坑土方"。新建异形基坑土方的原理与新建其它的异形构件原理一样，直接绘制构件断面图即可。

② 新建完成后即可进行属性列表的完善，如图 10-34 所示，相关属性介绍如下。

坑底长（mm）：基坑底部的长度。

坑底宽（mm）：基坑底部的宽度。

工作面宽（mm）：以独立基础为例，河南省定额工作面宽为 400mm。

放坡系数：以独立基础为例，河南省定额放坡系数为 0.75。

（2）基坑土方的绘制

基坑土方的绘制方式和独立基础、桩承台的绘制方式差不多，可以点式绘制，也可以智能布置，如图 10-35 所示，根据需要选择即可。

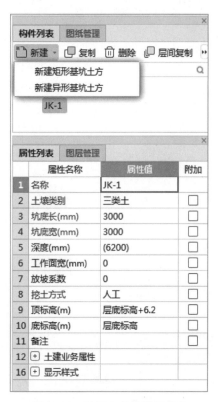

图 10-34　基坑土方的属性列表

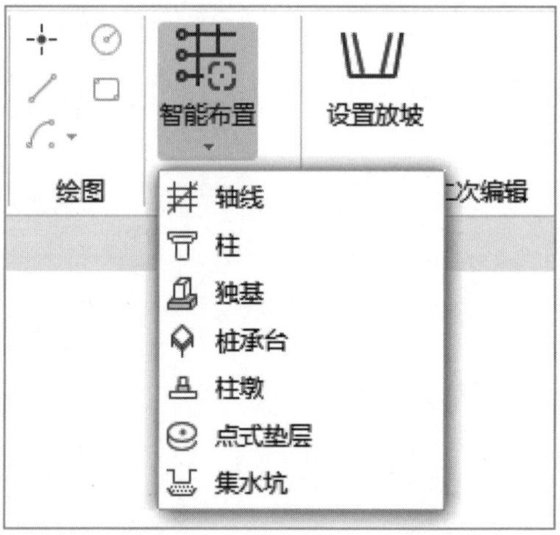

图 10-35　基坑土方的绘制

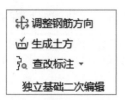

图 10-36　基坑土方二次编辑

（3）基坑土方的二次编辑

基坑土方的二次编辑栏如图 10-36 所示，只有一个"设置放坡"，具体操作步骤在"大开挖土方的二次编辑"中已经介绍过，如图 10-37 所示，直接输入放坡系数即可。

（4）基坑土方的自动生成

下面以独立基础为例，介绍基坑土方的自动生成。

① 在独立基础或垫层的二次编辑分组中点击"生成土方"，如图 10-38 所示。

图 10-37　基坑土方设置放坡

图 10-38　独立基础二次编辑

② 弹出"生成土方"窗口，如图 10-39 所示，选择要生成的土方类型、生成方式和生成范围等信息，最后点击"确定"。

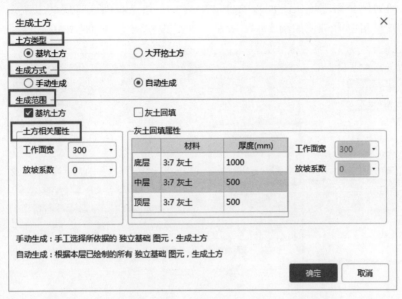

图 10-39　"生成土方"窗口

10.3.2　基坑灰土回填

（1）基坑灰土回填的新建及绘制

① 选择"土方"下的"基坑灰土回填"。

② 点击"新建"下的"新建矩形基坑灰土回填"，出现"JKHT-1"构件，如图 10-40 所示，然后修改相关属性信息即可。

图 10-40　基坑灰土回填的属性列表

③ 新建完成后，直接根据图纸点画到正确位置即可，或者进行智能布置。

（2）基坑灰土回填的自动生成

以独立基础为例介绍基坑灰土回填的自动生成。在独立基础或垫层的二次编辑栏下，点击"生成土方"，弹出相应窗口，如图 10-41 所示，然后设置灰土回填的相关信息即可。

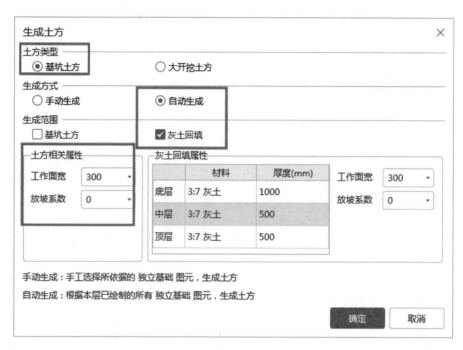

图 10-41　"生成土方"窗口

10.4　房心回填

素土回填为使用挖出来的天然土回填，灰土回填为使用掺有白灰的灰土（如 3：7、2：8 灰土）回填。房心回填为室外地坪到±0 的室内外高差回填土部分，室外地坪以下为基础回填土。

房心回填土的工程量计算公式为：主墙间的净面积×回填厚度，即按主墙之间的面积乘以回填土厚度计算。房心回填土也称室内回填土，在有地下室的情况下，房心回填厚度是指筏板顶部至建筑地面垫层底部的高度。通常情况下，房心回填是指基础以内各个房间内的土方回填，是由基础阻挡形成小方格的土方回填，机械不能展开，人工消耗量大，和一般的土方回填施工工艺不同，工艺较复杂，成本高，所以需单独做清单。而一般土方回填是指机械人工可正常展开的土方回填，清单里的土方回填是指基础回填，基础一般做到室外地坪。做好地基后填满基坑和基槽四周的空隙就是基础回填，即室内地坪与室外地坪的高差需要通过填土来达到图纸规定的高度要求。室内地坪一般要比室外地坪高 300mm。

（1）房心回填的新建

点击"土方"下的"房心回填"，然后点击"新建"下的"新建房心回填"，随后即可进行属性列表的完善，如图 10-42 所示，相关属性介绍如下。

① 厚度（mm）：正负零至室外地坪高差减去室内地面垫层及面层的厚度。

② 回填方式：回填方式分别为夯填和松填。松填是填筑材料，不进行碾压；夯填是将填筑好的材料用机械或人工进行夯实。

③ 顶标高（m）：房心回填的顶标高，软件默认为±0。

（2）房心回填的绘制

房心回填的绘制命令栏如图 10-43 所示，使用点、直线、矩形方式绘制或采用智能布置均可。需要注意的是，采用"点式绘制"时必须在墙或栏板围成的封闭区域内进行；智能布置时，必须先绘制房间单元。

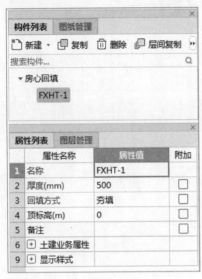

图 10-42　房心回填的属性列表

图 10-43　房心回填的绘制命令栏

第11章

其它构件

广联达 GTJ2021 导航栏中"其它"构件分为建筑面积、平整场地、散水、台阶、后浇带、挑檐、雨篷、阳台、屋面、保温层、栏板、压顶、栏杆扶手、脚手架，如图 11-1 所示。

11.1 散水、台阶

散水、台阶的
新建及绘制

扫码观看视频

（1）散水

散水是建筑物外围的构造，起到保护墙体和基础的作用。散水构件是按照外墙外边线布置的。散水构件的生成步骤如下。

① 新建。在导航栏"其它"选择"散水"，点击"新建"，双击名称，根据图纸设计进行名称修改，如图 11-2 所示。

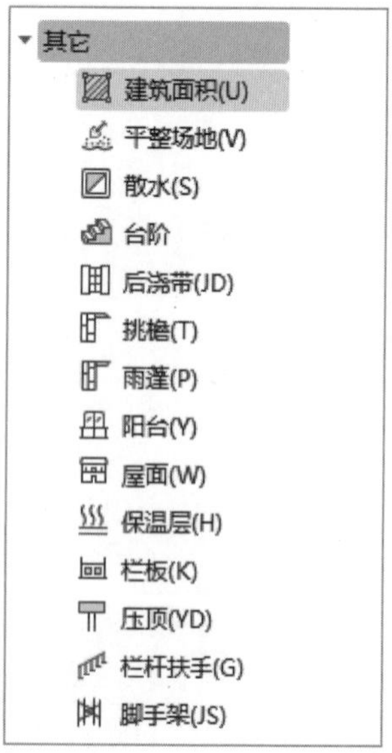

图 11-1 导航栏"其它"分类

图 11-2 散水的新建

根据图纸设计完成属性列表的完善，如图 11-3 所示，完成散水构件的新建。

在这里需要注意的是，"厚度（mm）"属性影响计价，需要根据图纸设计填写。

② 绘制。散水的绘制一般选择"智能布置"，也可以自己手动进行线式绘图。下面以"智能布置"方式为例介绍。特别要注意：散水绘制之前，需要把墙提前判断为内墙或外墙。点击"智能布置"，选择"外墙外边线"，如图 11-4 所示；鼠标左键选择图元或者直接框选范围，如图 11-5 所示；鼠标右键确定，在弹出的对话框中输入散水宽度，如图 11-6 所示；点击"确定"，布置完成，如图 11-7、图 11-8 所示。

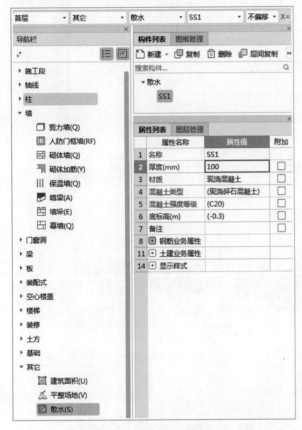

图 11-3　散水属性列表

图 11-4　智能布置栏

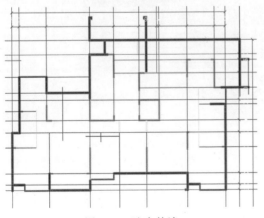

图 11-5　选中外墙

图 11-6　设置散水宽度

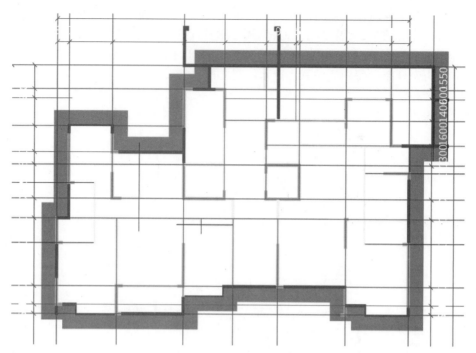

图 11-7　生成的散水

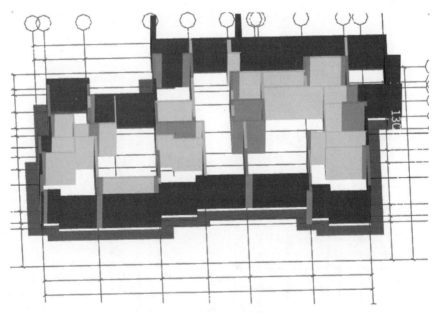

图 11-8　散水三维效果图

（2）台阶

台阶一般用于设置室外台阶，具体操作如下。

① 新建。在导航栏"其它"中选择"台阶"，点击"新建"，双击"名称"，根据图纸设计进行名称修改，如图 11-9 所示。

根据图纸设计完成属性列表的完善，如图 11-10 所示。这里需要注意是："台阶高度（mm）"影响计价，且与设置台阶个数相关，需要根据图纸设计填写。

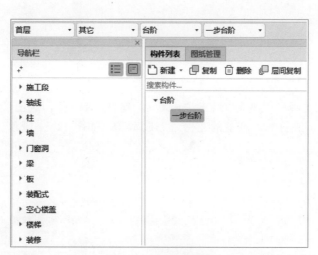

图 11-9　台阶的新建

图 11-10　台阶的属性列表

② 绘制。台阶绘制一般选择线式绘制，鼠标左键指定第一点，接着指定第二点……直到绘制完成，鼠标右键结束绘制，如图 11-11 所示。在绘制的过程中可以利用"正交偏移"快捷功能键。

③ 二次编辑。设置踏步边步骤如下：鼠标左键拾取踏步边，右键确定；在弹出的"设置踏步边"对话框中输入实际信息，注意踏步个数要为≥2 且≤100 的整数，如图 11-12 所示；输入完毕，点击"确定"，可以查看三维效果图。

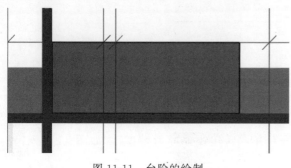

图 11-11　台阶的绘制

图 11-12　设置踏步边

11.2 阳台

（1）新建

在构件导航栏中选择"其它"，点击"阳台"，选择"新建"，点击"新建面式阳台"，如图 11-13 所示。随后，进行属性列表的完善，完成新建，如图 11-14 所示。

图 11-13　阳台的新建　　　　　　　　　图 11-14　阳台的属性列表

（2）绘制

阳台一般选择线式绘图。点击"绘图"分组中的"直线"；用鼠标左键指定第一点，再指定第二点……直到绘制完成，点击鼠标右键结束阳台的绘制，如图 11-15 所示。

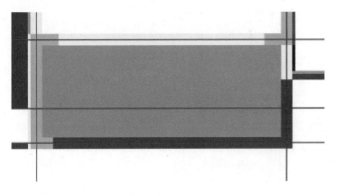

图 11-15　阳台的绘制

11.3 挑檐、雨篷

（1）挑檐

挑檐的"新建"分为"新建面式挑檐"和"新建线式异形挑檐"，如图 11-16 所示。接下来分别学习。

挑檐、雨篷的
新建及绘制

扫码观看视频

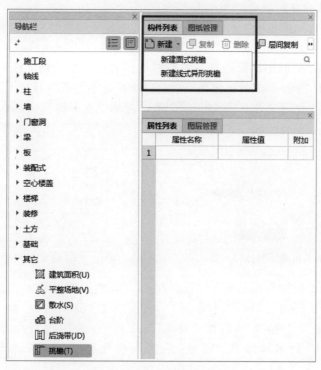

图 11-16　挑檐新建分类

① 新建及绘制面式挑檐的操作步骤如下。

a. 根据图纸设计定义挑檐名称。

b. 完善构件属性列表，在这里需要注意属性中"板厚"会影响计价，应根据图纸设计填写，如图 11-17 所示。

c. 面式挑檐一般采用线式绘制，根据提示指定第一点，然后指定下一点，依此类推进行布置绘图，在绘制时注意绘制的图形一定要封闭，否则会出现如图 11-18 所示的提示。也可以根据实际情况进行点式、面式绘制。

图 11-17　挑檐属性列表

② 新建及绘制线式异形挑檐的操作步骤如下。

a. 点击"新建线式异形挑檐"后，在弹出的"异形截面编辑器"对话框中，根据图纸设计进行绘制。

b. 选择线式绘图，根据图纸设计进行布置，鼠标右键结束绘制。线式异形挑檐的绘图与面式挑檐绘图的区别在于：绘制时指定两点就可以终止，不需要图形封闭。

c. 当绘制结束时，想要"查改标高"，可以在"挑檐二次编辑"栏中点击"查改标高"，选择需要修改的挑檐图元进行修改，如图 11-19 所示。"面式挑檐"二次编辑不能修改标高。

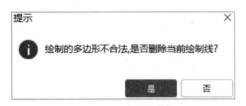

图 11-18　面式挑檐绘制错误时提示

图 11-19　挑檐二次编辑

当然这两种类型的挑檐都可以进行"智能布置"，在此提醒布置时需要确定外墙外边线。

（2）雨篷

① 新建。在导航栏"其它"中选择"雨篷"，点击"新建"，然后点击"新建雨篷"，双击名称，根据图纸设计进行名称修改。随后，完善属性列表，完成新建。应注意板厚，如图 11-20 所示。

② 绘制。选择线式绘图，注意需要绘制封闭图形。也可以根据实际操作选择其它绘图方式。

图 11-20　雨篷属性列表

11.4　栏板、压顶

（1）栏板

栏板，是建筑物中起到围护作用的一种构件，是在正常使用建筑物时防止人员坠落的防护措施，是一种板状护栏设施，封闭连续，一般用在阳台或屋面女儿墙部位。栏板在广联达GTJ2021 中分矩形栏板和异形栏板。栏板的生成步骤如下。

① 新建。在导航栏中点击“其它”，选择“栏板”，点击“新建”，选择“新建矩形栏板”，双击“名称”，根据实际图纸进行名称修改。随后，在属性列表中，输入栏板的实际图纸设计信息，要特别注意截面宽度、截面高度以及钢筋的信息，如图 11-21 所示。

	属性名称	属性值	附加
1	名称	LB1	
2	截面宽度(mm)	100	☐
3	截面高度(mm)	500	☐
4	轴线距左边线...	(50)	☐
5	水平钢筋	(2)⏀8@200	☐
6	垂直钢筋	(2)⏀8@200	☐
7	拉筋	ф6@600*600	☐
8	材质	现浇混凝土	☐
9	混凝土类型	(现浇碎石混凝土)	☐
10	混凝土强度等级	(C20)	☐
11	截面面积(m²)	0.05	☐
12	起点底标高(m)	层底标高	☐
13	终点底标高(m)	层底标高	☐
14	备注		☐
15	+ 钢筋业务属性		
25	+ 土建业务属性		
29	+ 显示样式		

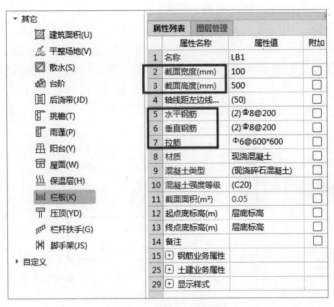

图 11-21　栏板属性列表

② 绘制。栏板一般选择线式绘图，鼠标左键“指定第一点”，然后“指定下一点”……鼠标右键结束绘制。也可以根据实际操作选择其它方式绘图。

“异形栏板”与“矩形栏板”唯一的区别就是，在建立时需要在“异形截面编辑器”中按照图纸设计进行栏板截面的绘制，点击“确定”后，进行属性列表的完善，如果想要改变“异形栏板”的截面尺寸，可以点击属性列表中的“截面形状”后面的属性值，重新设置尺寸，如图 11-22 所示。“异形栏板”与“矩形栏板”的绘图方式基本一致。

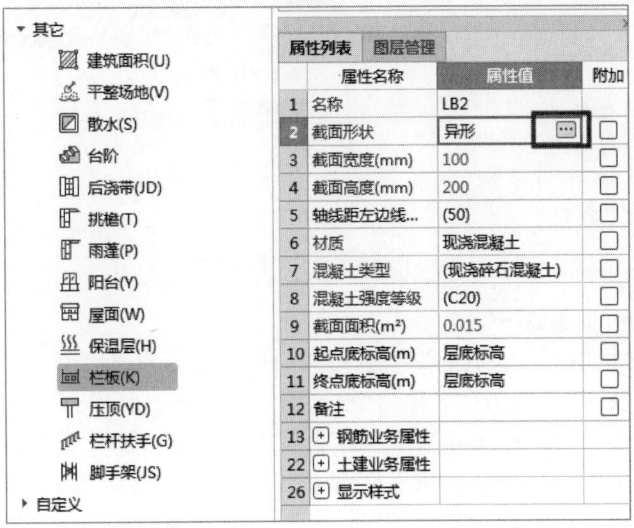

	属性名称	属性值	附加
1	名称	LB2	
2	截面形状	异形 ···	☐
3	截面宽度(mm)	100	☐
4	截面高度(mm)	200	☐
5	轴线距左边线...	(50)	☐
6	材质	现浇混凝土	☐
7	混凝土类型	(现浇碎石混凝土)	☐
8	混凝土强度等级	(C20)	☐
9	截面面积(m²)	0.015	☐
10	起点底标高(m)	层底标高	☐
11	终点底标高(m)	层底标高	☐
12	备注		☐
13	+ 钢筋业务属性		
22	+ 土建业务属性		
26	+ 显示样式		

图 11-22　异形栏板属性列表

③ 栏板二次编辑。如果想要查改标高，可以在"栏板二次编辑"栏中选择"查改标高"，如图 11-23 所示。

（2）压顶

压顶是露天的墙顶上用砖、瓦、石料、混凝土、钢筋混凝土、镀锌铁皮等筑成的覆盖层，最典型的为女儿墙压顶。在广联达 GTJ2021 中压顶新建分为"新建矩形压顶"和"新建异形压顶"。

压顶的新建、绘制与栏板的新建、绘制方式一样，操作步骤可以参考栏板的绘制操作。二次编辑也一致，唯一的区别就是，压顶能够进行"智能布置"，在布置时记得选择布置方式，分为"墙中心线""栏板中心线"，但是一般情况下选择"墙中心线"进行智能绘制，如图 11-24 所示。

图 11-23 栏板二次编辑

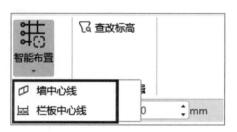

图 11-24 压顶智能布置方式

栏杆扶手的新建及绘制

扫码观看视频

11.5 栏杆扶手

栏杆扶手是指设在梯段及平台边缘的安全保护构件。扶手一般附设于栏杆顶部，供作倚靠、抓扶用。扶手也可附设于墙上，称为靠墙扶手。在广联达 GTJ2021 栏杆扶手新建中，分为"新建栏杆扶手"和"新建靠墙扶手"两种，如图 11-25 所示。

图 11-25 栏杆扶手的新建

栏杆扶手生成操作步骤如下。

① 新建。在导航栏中点击"其它"，选择"栏杆扶手"，点击"新建"，选择"新建栏杆扶手"或者"新建靠墙扶手"，双击"名称"，根据图纸设计修改名称。

随后，在属性列表中，根据实际图纸设计输入相关信息，如图 11-26 或图 11-27 所示。

② 绘制。"栏杆扶手"与"靠墙扶手"都是线式绘图，根据图纸设计进行绘图布置，如图 11-28 与图 11-29 所示。也可以进行"智能布置"，在选择布置时，需要选择布置方式，如图 11-30 所示。

图 11-26　栏杆扶手属性列表

图 11-27　靠墙扶手属性列表

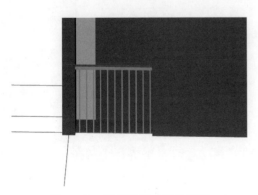

图 11-28　栏杆扶手三维效果图

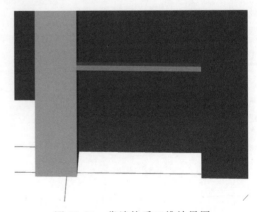

图 11-29　靠墙扶手三维效果图

③ 栏杆扶手二次编辑。如果想要查改"栏杆扶手"或者"靠墙扶手"的标高，可以在"栏杆扶手二次编辑"栏中点击"查改标高"，对相关图元进行查改，如图 11-31 所示。

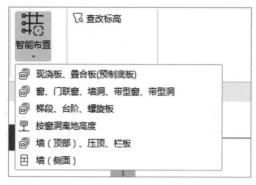

图 11-30　栏杆扶手智能布置方式

图 11-31　栏杆扶手二次编辑

11.6　脚手架

脚手架是施工现场为便于工人操作并满足垂直和水平运输需求而搭设的一种临时性建筑工具。其主要用在外墙、内部装修或层高较高无法直接施工的地方。

（1）新建

在广联达 GTJ2021 中，脚手架的新建分为"新建立面脚手架"和"新建平面脚手架"两种类型，如图 11-32 所示。

在导航栏中点击"其它"，选择"脚手架"，点击"新建"，选择"新建立面脚手架"或者"新建平面脚手架"，双击"名称"，根据图纸设计修改名称，如图 11-33 所示。

图 11-32　脚手架新建分类

图 11-33　脚手架的新建

在属性列表中，根据实际图纸设计输入相关信息，如图 11-34 和图 11-35 所示。在这里需要注意属性中的"类别"和"内/外脚手架标志"，根据实际选择。

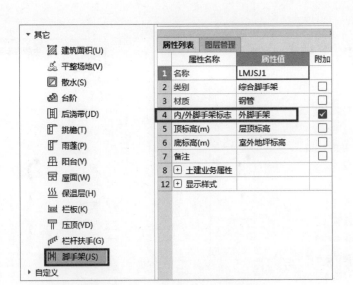

图 11-34　立面脚手架属性列表

图 11-35　平面脚手架属性列表

（2）绘制

"立面脚手架"一般选择点式绘图，鼠标左键选择需要搭建脚手架的图元，右键结束。"平面脚手架"一般选择线式绘图，鼠标左键"指定第一点"，然后"指定下一点"，依此类推直到绘图完成，右键结束。在绘图时注意，需要绘成封闭图形，否则会出现"绘制的多边形不合法"的提示。也可以根据实际情况选择其它绘图方式绘制脚手架。

（3）智能布置

除了从"绘图"栏中选择绘制脚手架的方式，也可以进行"智能布置"。在选择"智能布置"的方式时，一定要选择好布置的方式，如图 11-36 与图 11-37 所示。

（4）脚手架二次编辑

当绘制好的脚手架需要修改"顶标高""生成位置"时，可以在"脚手架二次编辑"栏中选择"生成脚手架"，如图 11-38 所示；在弹出的"生成脚手架"对话框中进行修改，如图 11-39 所示。

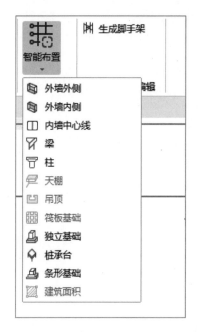

图 11-36　立面脚手架智能布置方式

图 11-37　平面脚手架智能布置方式

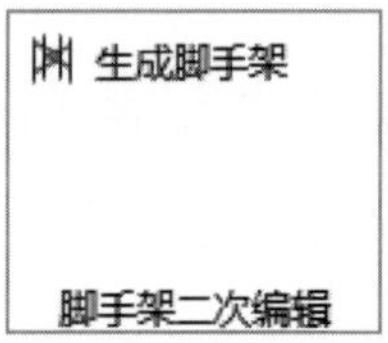

图 11-38　脚手架二次编辑

图 11-39　生成脚手架

第12章

GTJ软件其它功能

12.1 修改工具栏

在进行建模绘图的过程中，会用到一些快捷工具。"修改"工具栏可以对图形中的对象执行编辑操作，例如删除、移动和修剪等。在广联达GTJ2021建模工具栏中"修改"工具栏包括"删除""旋转""修剪""偏移""复制""镜像""对齐""合并""移动""延伸""打断""分割"这12类修改工具，如图12-1所示。

修改工具栏

扫码观看视频

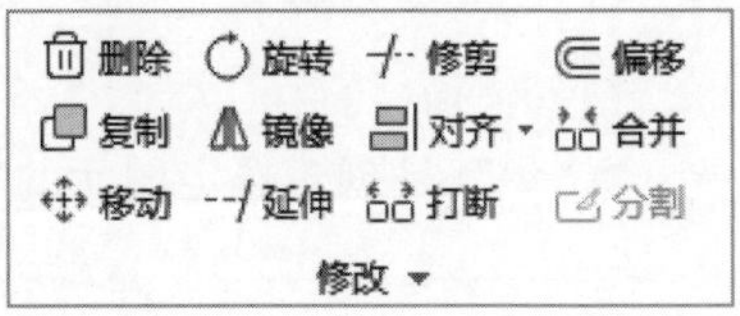

图12-1 "修改"工具栏

12.1.1 复制、移动

（1）复制

"复制"是将图元以一个点为基准复制到指定方向上的指定距离处，其操作步骤如下。

① 单击"复制"命令或者在命令窗口输入"CO"启动命令。

② 选择要复制的图元，右键确认。

③ 选择一个点作为基准，复制图元到指定位置，右键完成。

在执行"复制"命令的过程中，状态显示栏依次显示"选择要复制的图元，右键确认""鼠标左键指定参考点""鼠标左键指定插入点"，可以根据状态栏提示进行操作。

（2）移动

"移动"是将图元以一个点为基准在指定方向上移动指定距离，其操作步骤如下。

① 单击"移动"命令或者在命令窗口输入"MV"启动命令。

② 选择要移动的图元，右键确认。

③ 选择一个点作为基准，移动图元到指定位置。

在执行"移动"命令的过程中，状态显示栏依次显示"选择要移动的图元，右键确认""鼠标左键指定参考点""鼠标左键指定插入点"，可以根据状态栏提示进行操作。

12.1.2 延伸、修剪

（1）延伸

"延伸"是将一个或多个图元向指定边线延伸，其操作步骤如下。

① 单击"延伸"命令或者在命令窗口输入"EX"启动命令。

② 选择一条目标线，然后选择要延伸的图元。

"延伸"工具适用于线式构件。在执行"延伸"命令的过程中，状态显示栏依次显示"鼠标左键点选一个图元作为延伸边界，按右键终止或 ESC 取消""鼠标左键选择要延伸的图元，右键中止或 ESC 取消"。

（2）修剪

"修剪"是以指定边线修剪其它图元的边，其操作步骤如下。

① 单击"修剪"命令或者在命令窗口输入"TR"启动命令。

② 选择一条或多条修剪边线，右键确认。

③ 选择要修剪的图元。

在执行"修剪"命令的过程中，状态显示栏依次显示"鼠标左键选择一条或者多条修剪边界线，按右键确定或 ESC 取消""鼠标左键选择要修剪的构件图元，右键中止或 ESC 取消"。"修剪"工具适用于线式构件。

12.1.3 镜像、偏移

（1）镜像

"镜像"是创建选定图元的镜像副本，其操作步骤如下。

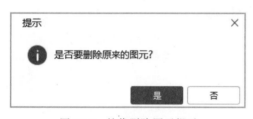

图 12-2 镜像删除图元提示

① 单击"镜像"命令或者在命令窗口输入"MD"启动命令。

② 选择需要镜像的图元。

③ 绘制镜像轴，选择是否需要删除原来图元，根据实际选择"是"或"否"，如图 12-2 所示。

在执行"镜像"命令的过程中，状态显示栏依次显示"选择要镜像的图元，右键确定""绘制镜像轴进行镜像"。

（2）偏移

"偏移"是将线式图元和面式图元在指定方向偏移指定距离，其操作步骤如下。

① 单击"偏移"命令，偏移没有快捷键。

② 选择要偏移的图元，右键确认。

③ 指定偏移距离或者输入偏移距离，"Enter"确认。

在执行"偏移"命令的过程中，状态显示栏依次显示"选择要偏移的图元""确认偏移的距离"。"偏移"工具适用于线式构件、面式构件。

12.1.4 合并、打断

（1）合并

"合并"是合并相似图元以形成一个完整图元，其操作步骤如下。

① 单击"合并"命令，或者在命令窗口输入"JO"启动命令。

② 选择需要合并的且相接的图元，右键完成。在选择图元构件的时候，记得选择同一平

面的，否则会出现合并失败提示，如图 12-3 所示。

在执行"合并"命令的过程中，状态显示栏显示"鼠标左键选择图元，或拉框选择，右键确定或 ESC 取消"。"合并"工具适用于线式构件、面式构件。

（2）打断

"打断"是在指定点处打断选定图元，其操作步骤如下。

① 单击"打断"命令或者在命令窗口输入"BR"启动命令。

② 选择要打断的图元，右键确认。

③ 选择打断点，右键完成。使用"Shift＋左键"打断时，需要注意打断点必须选在图元内部，如图 12-4 所示。

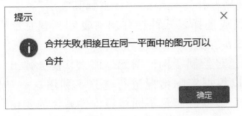
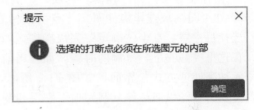

图 12-3　合并失败提示　　　　　　　　图 12-4　打断点的选择提示

在执行"打断"命令的过程中，状态显示栏依次显示"鼠标左键选择图元，或拉框选择，按鼠标右键确认或 ESC 取消""按鼠标左键选择打断点或 Shift＋左键指定打断点，支持多选，按右键确认选择"。"打断"工具适用于线式构件。

12.1.5　分割、对齐

（1）分割

"分割"是将面式图元按绘制的线段分割，其操作步骤如下。

① 单击"分割"命令或者在命令窗口输入"FG"启动命令。

② 选择要分割的图元，右键确认。

③ 绘制分割线，右键完成。

在执行"分割"命令的过程中，状态显示栏依次显示"按鼠标左键选择图元，或拉框选择，按右键确认或 ESC 取消""指定第一点""指定下一点"。"分割"工具适用于面式构件。

（2）对齐

"对齐"是将单个图元的边界与选定的目标线对齐，其操作步骤如下。

① 单击"对齐"命令或者在命令窗口输入"DQ"启动命令。

② 选择对齐目标线。

③ 选择图元要对齐的边线，右键终止。

在执行"对齐"命令的过程中，状态显示栏显示"指定对齐目标线或 ESC 键取消命令"。

12.2　通用操作工具栏

通用操作工具栏

在进行建模的过程中，为了更方便更快速地绘制图元，我们会运用到一些"通用操作"工具，"通用操作"工具包括"定义""复制到其它层""两点辅助""云检查""自动平齐顶板""标注""锁定""图元存取""转换图元"九类。

扫码观看视频

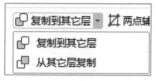

图 12-5 复制到其它层分类

12.2.1 复制到其它层

在"通用操作"栏中"复制到其它层"包括"复制到其它层"和"从其它层复制"，如图 12-5 所示。

如果当前楼层的墙、梁、板、门窗、楼梯、内外装修都已经布置完成后，根据工程特点，很多情况下不同楼层之间的构件布置是较为相似的，尤其是在有标准层的情况下，连续多个楼层都按照同一种方式进行处理，这时就可以将已经绘制好的构件复制到其它楼层，提高绘制效率。"复制到其它层"是将选定图元复制到其它层的工具，快捷命令是"FC"。"复制到其它层"操作步骤如下。

① 鼠标左键切换到"建模"选项卡，点击"通用操作"栏中的"复制到其它层"。

② 在绘图区域选择构件图元，点击鼠标右键完成选择，软件会弹出"复制到其它层"界面，选择目标层，点击"确定"完成操作，如图 12-6 所示。

在这里提醒一下，复制的时候，如果当前楼层已经绘制了构件图元，那么软件会弹出"复制图元冲突处理方式"界面，如图 12-7 所示，可以根据实际情况进行选择。利用这一功能，可以将柱、墙等纵向构件复制到地下室层和基础层，以同时满足不同楼层构件属性的变化。

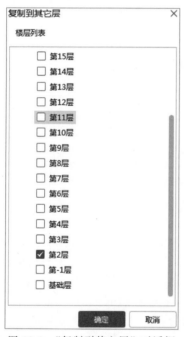

图 12-6 "复制到其它层"对话框

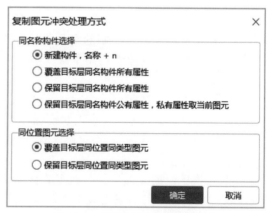

图 12-7 复制图元冲突处理方式

12.2.2 从其它层复制

"从其它层复制"是将其它楼层的指定图元复制到指定楼层，快捷命令是"CF""从其它层复制"操作步骤如下。

① 鼠标左键切换到"建模"选项卡，点击"通用操作"栏中的"复制到其它层"，选择"从其它层复制"。

② 在弹出的"从其它层复制"界面选择需要复制到其它图层中的图层图元，点击"确定"。"源楼层选择"的意思就是选择从这一层复制构件；"图元选择"就是选择需要复制的图元；"目标楼层选择"就是选择要进行绘图的楼层，如图 12-8 所示。图元选择完毕点击"确定"就可以了。

图 12-8　"从其它层复制"对话框

12.2.3　标注

"标注"包括"长度标注""对齐标注""角度标注""弧长标注""拉伸标注""删除标注"六类，如图 12-9 所示。

（1）长度标注

"长度标注"是标注两点之间的垂直或水平距离。

① 单击"长度标注"命令。

② 依次指定要标注长度的两个端点。

③ 拖动鼠标，左键确认标注放置的位置，右键结束。

（2）对齐标注

"对齐标注"是标注两点之间的直线距离。

① 单击"对齐标注"命令。

② 依次指定要标注长度的两个端点。

③ 拖动鼠标，左键确认标注放置的位置，右键结束。

（3）角度标注

"角度标注"是标注两条线之间的夹角。

① 单击"角度标注"命令。

② 依次指定需要标注角度的两条边线。

③ 拖动鼠标，左键确认角度及标注放置的位置，右键结束。

（4）弧长标注

"弧长标注"是标注弧形图元的弧长。

图 12-9　标注
功能类别

① 单击"弧长标注"命令。

② 选择需要标注的弧形图元，并依次指定两个端点。

③ 拖动鼠标，左键确认标注放置的位置，右键结束。

"弧长标注"工具适用于弧形图元。

（5）拉伸标注

"拉伸标注"是拉伸选定标注的位置。

① 单击"拉伸标注"命令。

② 选择需要拉伸位置的标注，鼠标拖动，左键确认其最终位置，右键结束。

（6）删除标注

"删除标注"是删除选定标注。

① 单击"删除标注"命令。

② 选择要删除的标注，右键确认删除。

图 12-10　图元
存取功能

12.2.4　图元存取

"图元提取"是提取之前保存的图元到当前工程。"图元提取"位置在"通用操作"栏的"图元存盘"选项中，如图 12-10 所示。

在"图元提取"之前，需要进行"图元存盘"。在建模过程中，遇见不同楼栋的相同构件时，为避免重复绘制，提高工作效率，可以使用"图元存盘""图元提取"工具。为了更好地理解，这里可以简单地举个例子：1 楼栋 5 层的梁与 2 楼栋 6 层的梁一致，就可以直接"图元存盘"1 楼栋 5 层的梁，在绘制 2 楼栋 6 层梁的时候，"图元提取"到 2 楼栋 6 层，这样就避免了相同梁图元的重复绘制。接下来详细介绍一下这两个快捷功能。

（1）图元存盘

"图元存盘"是将图元保存以便重复使用。

① 先选择构件再存盘的步骤如下。

a.在构件导航栏选择需要存盘的构件，鼠标左键框选整个"绘图截面"，相对应的图元会凸显出来。

b.点击"图元存盘"，鼠标左键指定基准点，基准点一般选择轴线。

c.在弹出的"图元存盘"对话框中选择保存路径，并且命名，文件格式为"GTY 文件"，保存完成，如图 12-11 所示。

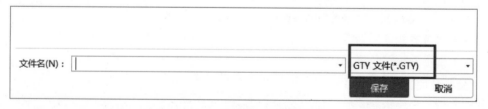

图 12-11　文件保存与文件格式

② 当然也可以先点击"图元存盘"，再选取需要存盘的图元，其操作如下。

a.在"通用操作"栏目中点击"图元存盘"。

b.鼠标左键点选需要存盘的图元或者框选，鼠标右键确定。

c.鼠标左键指定基准点，基准点一般选择轴线。

d. 在弹出的"图元存盘"对话框中选择保存路径，并且命名，文件格式为"GTY 文件"，保存完成。

注意，在"图元存盘"操作时开启"跨图层选择"，就可以选择不同构件类型的图元一并保存。

（2）图元提取

"图元提取"是提取之前保存的图元到当前工程。

① 在"通用操作"栏中点击"图元提取"。

② 在弹出的"图元提取"对话框中，找到"图元存盘"操作时所存盘的文件，点击"打开"，如图 12-12 所示。

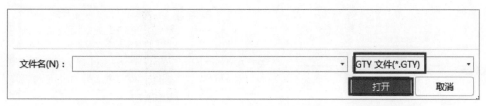

图 12-12　文件打开与文件格式

③ 图元打开之后会显示出来，鼠标左键指定基准点，插入到当前工程中，鼠标右键结束。这样图元就提取完成了。

这里提醒一下，"图元存盘"与"图元提取"所选择的基准点应是一致的。

12.3　视图模块

建模的过程中，如果想要查看构件的三维视图，就可以使用"视图"模块中的工具。"视图"模块包括三个工具栏，分别为"视图""操作"以及"用户界面"，如图 12-13 所示，每个工具栏包含多个功能。

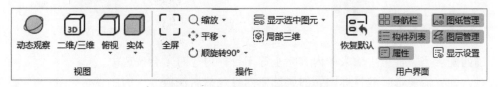

图 12-13　"视图"模块工具栏

12.3.1　批量选择

"批量选择"可以对当前楼层中的多种构件类型的图元进行批量操作，例如，选中当前层中的墙、梁构件图元，复制到其它楼层，或者选中所有的梁、墙图元后进行删除等操作。

"批量选择"的操作对象是图元或 CAD 线，快捷键是 F3，可以通过楼层、构件类型和构件筛选要批量选择的图元，操作步骤如下。

① 在"选择"栏中点击"批量选择"。

② 在弹出的"批量选择"对话框中根据实际选择，窗体下方可控制楼层、构件类型和构件的显示和隐藏，如图 12-14 所示。

③ 点击"确定"，绘图界面就会凸显出所选的构件，然后即可进行实际复制、删除等操作。

12.3.2 按属性选择

"按属性选择"是选择图元或 CAD 线的工具，其操作步骤如下。

① 在"选择"栏中点击"按属性选择"。

② 在弹出的对话框中选择构件类型。

③ 勾选要使用的属性名称，并填写属性值，确定完成，如图 12-15 所示。

图 12-14　批量选择　　　　　　　　图 12-15　按属性选择

精确匹配：当属性值中输入的内容完全等于目标内容时才会被选中。

模糊匹配：需要选择的目标图元的属性值内容包括属性值输入的内容。

查找时英文不区分大小写。

图 12-16　"视图"栏

12.3.3 三维观察

当我们绘制完构件后，想要看构件的三维图形是什么样式或者想要检查一下构件的设计和图纸设计是否一致时，可以在"视图"选项卡下的"视图"栏，通过"动态观察""二维/三维""俯视""实体"功能来进行查看，如图 12-16 所示，其操作步骤如下。

① 在"视图"栏中，选择"二维/三维"功能，这时绘图界面就会显示出当前构件的三维图形；或者直接使用快捷键"Ctrl＋2"进行观看。

② 想要恢复到平面状态（二维）时，再次点击"二维/三维"功能就可以了。

在"视图"界面右侧有个快捷栏，一般绘制完构件图元，可以直接点击三维模式进行查看。

12.3.4　动态观察

如果想要观看工程或者构件的整体空间状态，可以选择"动态观察"功能。

① 在"视图"栏中，选择"动态观察"功能，这时绘图界面就会显示出当前工程的三维图形，按鼠标左键进行方向转变；或者直接用"视图"快捷键"Ctrl＋3"进行观看。

② 点击"二维/三维"返回二维状态。

12.3.5　显示设置

为了方便进行工程的建模、构件属性的查看、绘图界面构件和图层的选择，一般会把"导航栏""图纸管理""构件列表""图层管理""属性""显示设置"设置在绘图窗口界面。有时为了看图方便，也会把这些隐藏起来，只要在"用户界面"中重新选择就可以了，如图 12-17 所示。

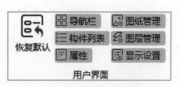

图 12-17　用户界面

"显示设置"是为了隐藏和显示所绘制的构件和楼层，包括图元显示和楼层显示。和导航栏的性质一样，每个构件下面包括不同的分类，点击构件前面的"＋"可以进行展开；点击构件后面的"显示图元"，就能隐藏或者查看构件，如图 12-18 所示。

图 12-18　"显示设置"对话框

12.4 工具模块

在建模时，如果想要插入尺寸，或者测量构件的距离、面积等，可以运用"工具"模块中的相关工具。"工具"模块包含四个工具栏，分别为"通用操作""测量""辅助工具""钢筋维护"，可以根据建模需要自由选择，如图 12-19 所示。

图 12-19 "工具"模块工具栏

图 12-20 "选项"功能

12.4.1 选项设置

"选项"设置在"工具"选项卡中，包括软件的基础设置和高级设置，如图 12-20 所示。点击"选项"可以看到很多设置项，接下来一一进行介绍。

（1）文件

"文件"设置包括文件来源设置、安全设置、备份设置、存储设置等。一般为默认设置，也可以根据自身情况进行设置，如图 12-21 所示。

图 12-21 "文件"设置

（2）图元样式

"图元样式"就是绘制构件图形时，构件所显示的填充颜色等。这个可以根据实际自由设置，如图 12-22 所示，一般选择默认设置即可。

图 12-22　"图元样式"设置

（3）构件显示

"构件显示"与"显示设置"类似，主要功能是隐藏与显示构件，如图 12-23 所示。

图 12-23　"构件显示"设置

（4）编制信息

"编制信息"可以完善和显示该工程与工程项目相关的单位、编制审核人员的相关信息，如图 12-24 所示。

图 12-24　"编制信息"设置

（5）绘图设置

"绘图设置"可以调整绘图效果以及绘图时的构件设置与信息显示，包括图像品质、拾取框大小、绘图区字体大小、绘图背景显示颜色以及其它对构件进行处理的设置，如图 12-25 所示。

图 12-25　绘图设置

（6）对象捕捉

"对象捕捉"功能是绘图中使用最频繁的功能，因为在工作绘图中，经常要对各种图形实体的特征点进行定位，以帮助设计者找到特征点。因此捕捉功能的性能和准确性直接决定了操作的效率，可根据实际需要设置，如图 12-26 所示。

图 12-26　"对象捕捉"设置

（7）快捷键定义

"快捷键定义"是介绍和定义绘图功能命令快捷键的设置，如图 12-27 所示。

图 12-27　"快捷键定义"设置

（8）自定义选项卡

"自定义选项卡"可以自主添加和删除选项卡显示，比如"建模"选项卡、"工程量"选项卡、"视图"选项卡等，如图 12-28 所示。

图 12-28 "自定义选项卡"设置

12.4.2 通用操作

在"工具"模块中"通用操作"栏包括"插入批注""设置原点""多边形管理""国际单位管理""显示图元方向""调整方向""记事本.txt""隐藏批注""检查未封闭区域"，如图12-29 所示。

（1）插入批注

① 鼠标左键点击"插入批注"，在绘图界面需要批注的地方，根据状态显示栏提示"指定第一点"，再"指定下一点"，依次绘制封闭框边线（绘制线条呈白色）。如果图形不封闭，则会提示如图 12-30 所示提示窗口。

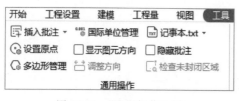

图 12-29 "通用操作"栏

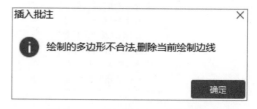

图 12-30 "插入批注"绘制提示

② 绘制封闭图形完毕后，鼠标右键确定，在弹出的"批注"对话框中输入批注内容，同时会出现定位小旗，如图 12-31 所示。

③ 当"批注"对话框显示后，"插入批注"里的"批注管理""导出批注""删除批注"三项操作功能将能够被运用。前后对比如图 12-32 所示。

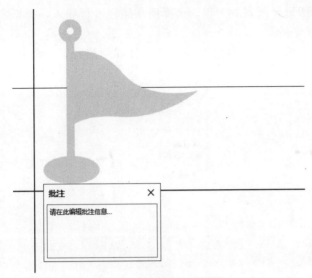

图 12-31　"批注"对话框

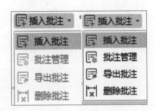

图 12-32　"插入批注"前后对比

（2）设置原点

导入 CAD 图纸后，如果忘记定位图纸，可能会导致不同楼层的轴网、构件位置不对应，此时，可以使用"设置原点"功能使所有楼层构件上下对应。

鼠标点击"工具"模块下的"通用操作"栏，选择"设置原点"，在绘图区域内选择一点作为坐标原点。

当各层均设置相同水平位置为原点，即可使上下层对应。

（3）多边形管理

① 点击"工具"模块下的"通用操作"栏，选择"多边形管理"。

② 在弹出的"多边形管理"对话框中，依次"新建类别""新建多边形"；在弹出的"异形截面编辑器"对话框里进行设置、绘图（和前面章节所讲的"异形截面编辑器"一致），点击确定；接下来可以根据需要进行"复制多边形""修改多边形""删除""导入多边形""导出多边形库"，如图 12-33 所示。

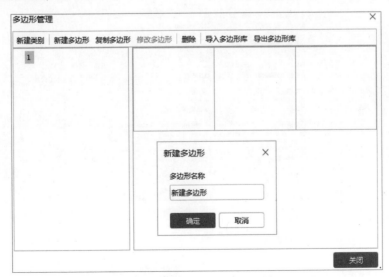

图 12-33　"多边形管理"对话框

③"导入多边形"是把已存在的图形导入到本工程。选择所在路径进行导入，根据实际情况进行"覆盖"或"追加"，如图 12-34 所示。

④"导出多边形"是将由①、②步骤新建的多边形导出，选择保存路径，"确定"完成，如图 12-35 所示。

图 12-34 "导入多边形"对话框

图 12-35 "导出多边形"对话框

（4）国际单位管理

"国际单位管理"用于规定在工程建模过程中各个构件属性所运用的单位，如图 12-36 所示。

图 12-36 "国际单位管理"设置

（5）显示图元方向

点击"显示图元方向"，绘制的图元上会显示图元的绘制方向。或者按快捷键"～"，也可以显示图元方向。

（6）记事本.txt

"记事本.txt"可以进行工程建模进度记录，也可以进行日常记录，如图 12-37 所示。

图 12-37　"记事本.txt"对话框

（7）隐藏批注

为了方便工程的相关构件的查看，有时会把插入的批注隐藏起来。

12.4.3　测量工具

"测量"工具可让用户更方便更快速地了解轴线与构件的信息。它包括"测量距离""测量面积""测量弧长""查看长度""查看属性""查看错误信息"，如图 12-38 所示。

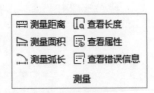

图 12-38　"测量"栏

① 测量距离。测量构件和轴线的长度，鼠标左键点击"指定第一点""指定下一点"，右键结束。

② 测量面积。鼠标左键点击"指定第一点"，然后点击"指定下一点"……绘制封闭图形，右键取消。

③ 测量弧长。鼠标左键选择一条弧线，接着左键选择测量的起点，然后左键选择测量的终点，右键返回。

④ 查看长度。鼠标指针指向图元以显示长度信息。

⑤ 查看属性。鼠标指针指向图元以显示属性信息。

⑥ 查看错误信息。鼠标指针指向图元以显示错误信息。

12.5　施工段的设置与提量

12.5.1　施工段设置

图 12-39　施工段设置

施工段设置是为了更准确、更快速地进行施工段提量，包括"结构类型设置""施工段钢筋设置""施工段顺序设置"，如图 12-39 所示。

① 结构类型设置。按施工分部分项准确设置构件结构类型，修改构件结构类型归属。常规情况下，软件默认把墙、梁、板、柱归为主体结构，把圈梁、构造柱、过梁归类为二次结构。特殊情况下可以根据具体需求作相应修改，如图 12-40 所示。

图 12-40　结构类型设置

② 施工段钢筋设置。准确设置施工段钢筋平法接头百分率和甩筋长度。

施工段钢筋设置可以设置构件钢筋在施工段分界位置是否进行钢筋甩筋的计算，分为不设置、按 25% 错开、50% 错开、100% 错开。不同的甩筋批次可以设置甩筋长度，如图 12-41 所示。

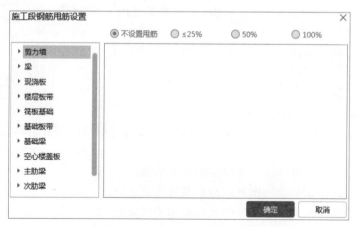

图 12-41　施工段钢筋甩筋设置

③ 施工段顺序设置。设置施工先后顺序，先施工的钢筋甩入后施工区段计算。

可以在窗体中调整各个施工段顺序，也可以在施工段构件的属性列表中调整顺序，效果一致。施工段顺序会影响钢筋甩筋的生成方向（顺序靠前的往顺序靠后的甩），如图 12-42 所示。

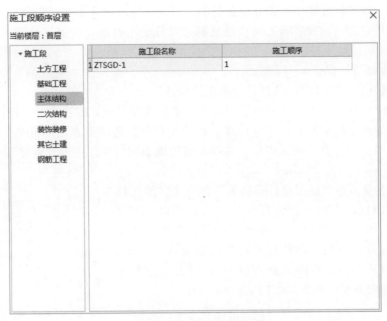

图 12-42　施工段顺序设置

12.5.2　施工段提量

施工段提量时，只需要按提量范围绘制出施工段，汇总计算后就可以提取工程量，无须打断、分割模型，快速、高效。施工段提量分为设置、绘制、查量。在导航栏中，"施工段"分为"土方工程""基础工程""主体结构""二次结构""装饰装修""其它土建""钢筋工程"七项，如图 12-43 所示。

（1）施工段绘制工具

施工段绘制的常用工具如图 12-44 所示。

图 12-43　"施工段"分类

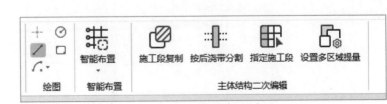

图 12-44　施工段绘制工具

① 绘图。有直线、矩形、弧形等多种画法，支持任意范围绘图。

② 智能布置。框选绘制范围，按外轮廓自动布置施工段；再进行施工标段的分割，减少手工描图的操作。

③ 施工段复制。绘制一种类型的施工段后，如果其它结构类型范围大小相同，可以通过施工段复制转换成其它结构类型，无须再次绘制。

④ 按后浇带分割。按后浇带位置快速分割公共段，提高分割效率。

⑤ 指定施工段。设置施工段临界位置的图元归属、修改图元土建结构类型归属。

⑥ 复制到其它层。标准层施工段快速复制，提升绘图效率；标准层绘制一次施工段范围后，可以用层间复制到其它标准层，减少绘图操作。

（2）施工段提量操作

① 点击导航栏"施工段"，选择任意施工段构件。

② 运用直线、矩形、弧形等多种绘图方式，绘制提量范围，或者进行"智能布置"。

③ 施工段范围绘制完成后，汇总计算。在"工程量"选项卡点击"汇总"选择"汇总计算"，在弹出的"汇总计算"对话框中，选择相应的施工段构件，点击"确定"；汇总完毕会进行提示。

④ 施工段提量。在"施工段计算结果"栏点击"施工段提量"，选择绘制的施工段，快速提取施工段范围内的土建和钢筋常用量，如图 12-45 所示。在弹出的"查看施工段工程量"对话框进行相应施工段构件工程量的查看或者导出。也可以选择"报表"栏，点击"查看报表"，进行土建和钢筋施工段报表量的查看和导出，如图 12-46 所示。

图 12-45 "施工段计算结果"栏

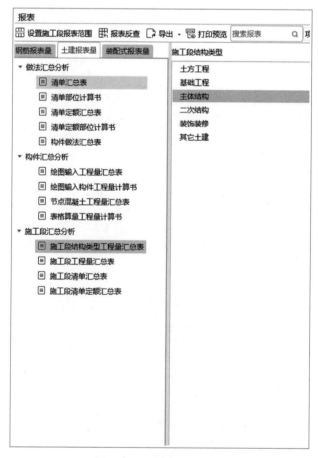

图 12-46 "报表"对话框

（3）施工段提量的相关功能介绍

① 施工段提量。一键快速查看一个或多个施工段图元内的钢筋、土建量。

② 施工段多区域提量。可实现在多个区域绘制的图元，共同提取并汇总。多区域提量应先设置，后提量。

③ 施工端查看计算式、查看工程量、查看钢筋量。原有的查看计算式界面可以按施工段展现计算式明细。查看工程量、查看钢筋量的界面可以按施工段划分工程量。

④ 施工段报表。查看整个项目工程量、钢筋相关报表、土建相关报表。也可以设置施工段报表展示范围、设置施工段报表分类条件。

⑤ 报表反查。点击"反查"按钮后，双击"定位"，软件会自动切换到工程量所在楼层，并自动选中要检查的构件，同时显示被选中构件的工程量表达式。

⑥ 施工段已适配并支持量价一体功能。带有施工段工程量的 GTJ 文件，可以通过"量价一体化"功能导入广联达云计价平台实现施工段工程量价一体。

第13章

工程量模块

图 13-1　"汇总"栏

汇总

扫码观看视频

13.1　汇总

　　不管是在工程的绘制过程中还是绘制结束后，都可以进行汇总计算并查看对应的钢筋与土建工程量。"汇总"栏包括"云汇总""汇总计算""汇总选中图元"三项功能，如图 13-1 所示。

（1）汇总计算

完成工程建模，需要查看构件工程量时，或是修改了某个构件属性、图元信息，需要看修改后的图元工程量时都可以进行汇总计算。

① 在"工程量"模块选择"汇总计算"，弹出"汇总计算"对话框，如图 13-2 所示。

② 选择需要汇总的楼层、构件、汇总项，点击"确定"。

③ 汇总结束后弹出计算汇总成功提示，如图 13-3 所示。

图 13-2　"汇总计算"对话框

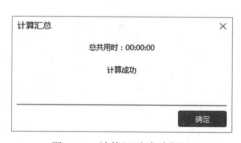

图 13-3　计算汇总成功提示

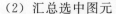

（2）汇总选中图元

有的时候需进行单个构件的计算而非整个工程，这时可以利用"汇总选中图元"功能。

① 在"工程量"模块中选择"汇总"栏，点击"汇总选中图元"。

② 在绘图界面点选或拉框选中需要汇总的图元，鼠标右键确认，即可进行汇总计算。

③ 汇总成功后点击"确定"，对应构件的计算结果就得出了。

13.2　工程量查看

有时针对单个构件，需要查看所选构件图元的工程量计算式，进行计算过程及结果正确性的检查校对以及查看三维构件图元的三维扣减关系，从而了解构件的计算过程。这时可以利用"查看计算式"功能。针对多个构件查看总量时，可以利用"查看工程量""查看钢筋量"功能。软件可以方便地提取多个构件的整体量进行查看比较。同样，也可以利用"编辑钢筋"和"钢筋三维"进行工程量的细节查看。下面我们来介绍如何操作。

13.2.1　土建计算结果

（1）查看计算式

① 在"工程量"模块中选择"土建计算结果"，点击"查看计算式"。

② 鼠标左键选择需要查看计算式的图元，弹出"查看工程量计算式"界面，如图 13-4 所示。

③ 点击"查看三维扣减图"，出现三维扣减图。

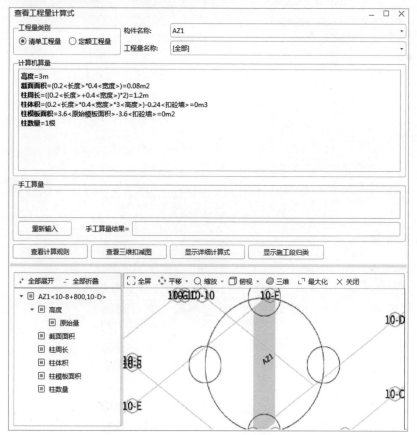

图 13-4　查看工程量计算式

扫码观看视频

（2）查看工程量

利用"查看工程量""查看钢筋量"的功能，可以方便地提取多个构件的整体量进行查看比较。

① 在"工程量"模块选择"土建计算结果"，点击"查看工程量"，在绘图界面点选或拉框选择需要查看工程量的图元。

② 点击"查看构件图元工程量"，选择"设置分类及工程量"，根据实际工程所需，可自行勾选分类条件，如图 13-5 所示。

通过这些操作，可以很清晰地看到具体构件工程量的计算结果。

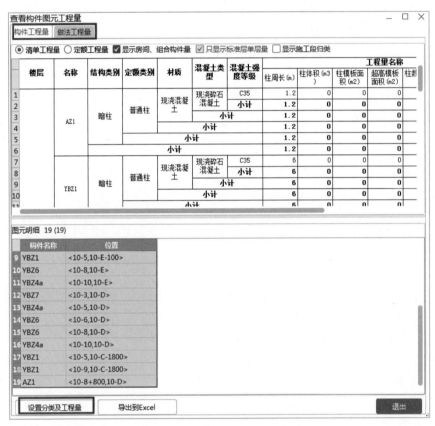

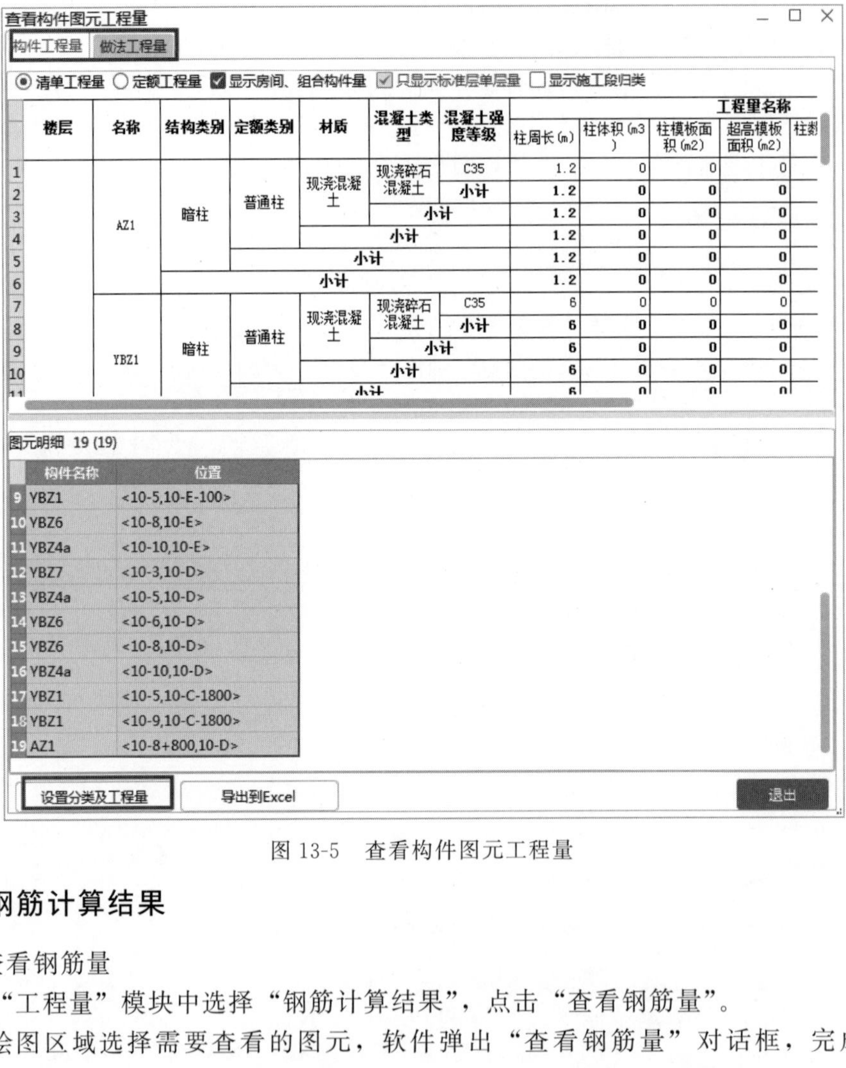

图 13-5　查看构件图元工程量

13.2.2　钢筋计算结果

（1）查看钢筋量

① 在"工程量"模块中选择"钢筋计算结果"，点击"查看钢筋量"。

② 在绘图区域选择需要查看的图元，软件弹出"查看钢筋量"对话框，完成操作，如图 13-6 所示。

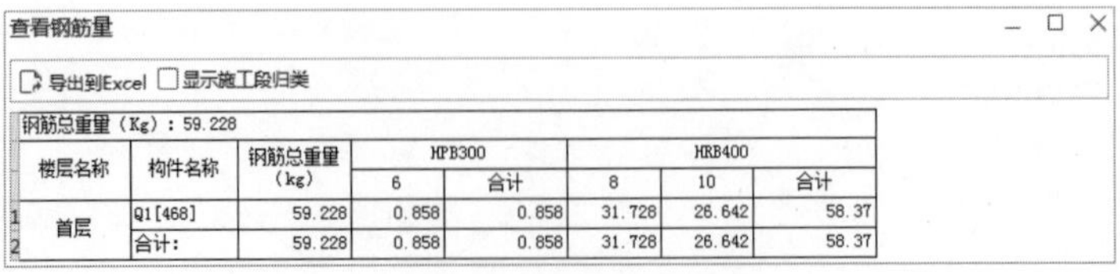

图 13-6　"查看钢筋量"对话框

（2）编辑钢筋与钢筋三维

① 在"工程量"模块选择"钢筋计算结果"，点击"编辑钢筋"。

② 鼠标左键在绘图界面点击需要查看的构件即可。这里可以看到当前构件的钢筋总量、钢筋的计算明细，包含钢筋的直径、级别、图形、计算公式、公式描述、长度、根数、单重、总重。

③ 点击"钢筋三维"，就可以看到钢筋三维显示效果。可以结合绘图区域右侧的动态观察等功能，全方位查看当前构件的三维显示效果。

④ 点击某根钢筋，可以查看这根钢筋的长度公式。

⑤ 配合"编辑钢筋"功能，可以查看三维显示下具体的钢筋详细计算内容，如图 13-7 所示。

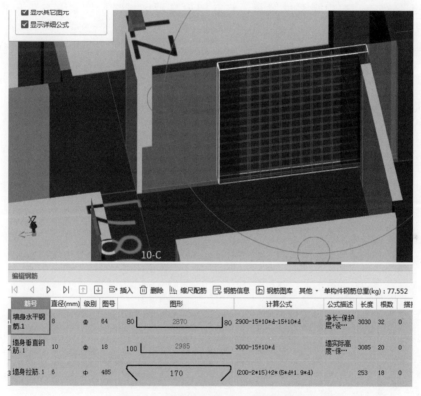

图 13-7　"编辑钢筋"与"钢筋三维"

在这里需要注意，当发现当前构件工程量有问题，需要核对修改时，可双击"图元明细"下对应的构件名称，软件会定位到当前所选构件图元的具体位置，再结合动态观察、属性信息、查改关联图元等操作步骤查找问题即可。

若需要将整层楼的构件进行分类汇总，可以切换到报表，在"绘图输入工程量汇总表"里边设置分类条件。

"查看钢筋量"可以实现按照钢筋级别、直径统计钢筋量，可以按照构件名称统计钢筋单重及钢筋总重量，还可以导出到 Excel 表格中，方便统计整理。

"钢筋三维"可以按照实际的长度和形态在构件中排列和显示钢筋的计算结果，并标注各段的计算长度，供人们直观查看计算结果和进行钢筋对量；同时能够直观真实地反映当前所选择图元的内部钢筋骨架，清楚地显示钢筋骨架中每根钢筋与编辑钢筋中的对应关系。

13.3 表格输入

13.3.1 钢筋构件

"表格输入"是算量软件中辅助算量的一个工具，对于预算中的一些零星工程量、参数化的图集（楼梯、灌注桩等工程量）可以在表格输入中计算。

① 在"工程量"模块中点击"表格算量"，弹出"表格算量"窗口，如图 13-8 所示。

② 在"钢筋"下点击添加"构件"，将构件名称修改为相对应的构件名称。

③ 点击"参数输入"显示图集列表。

④ 点开图集列表，选中需要的图集，将在图形显示区域显示图集参数，根据图集标注，修改对应的参数数值。

⑤ 修改参数完成后，点击"计算保存"，就能计算出结果，显示于编辑钢筋表中。

图 13-8 表格算量——钢筋

这里需要注意，工程量计算规则选的是清单规则和定额规则时，表格输入中土建套做法必须先添加清单，方可添加定额，否则无法直接添加定额。

工程量计算规则选的只有定额规则时，表格输入中土建套做法可以直接添加定额。

工程量计算规则选的只有清单规则时，表格输入中土建套做法只能添加清单，无法添加定额。

13.3.2　土建构件

土建表格算量操作步骤如下。

① 在"工程量"模块中点击"表格算量"，弹出"表格算量"窗口。

② 在"土建"下点击添加"构件"，将构件名称修改为相对应的构件名称。

③ 点击"添加清单"，在"查询清单库"根据图纸设计双击选择相应的清单，编辑相应的"项目特征""工程量计算式"，如图 13-9 所示。

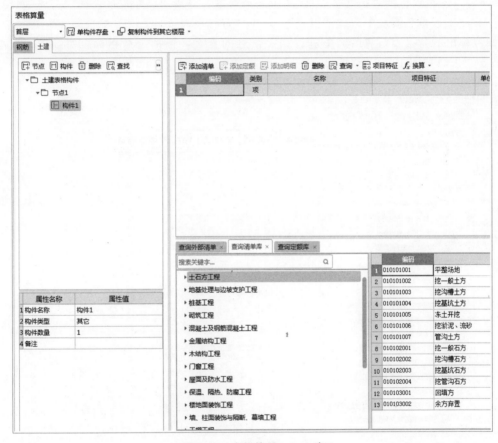

图 13-9　表格算量——土建

④ 点击"添加定额"，在"查询定额库"根据实际双击选择与清单相对应的定额子目，编辑相应的"项目特征""工程量计算式"。

⑤ 点击"查询"，依次选择"查询措施""查询人材机"，双击选择对应的措施、人材机。

⑥ 进行"换算"，在换算区域点击"执行选项"，选择需要换算的方式。"换算"包括"标准换算""取消换算""查看换算信息"。"执行选项"分为"清除原有换算""在原有换算上叠加"，如图 13-10 所示。

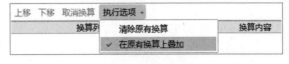

图 13-10　执行选项

图 13-11　合法性检查成功提示

13.4　合法性检查

① 在"工程量"模块中选择"检查"，点击"合法性检查"。

② 检查完毕，进行提示，如图 13-11 所示。

报表查看

扫码观看视频

13.5　报表查看

当需要整体查看整个工程的工程量时，需要进入"报表"界面进行查看。

报表包括"钢筋报表量""土建报表量"以及"装配式报表量"三种。

① 在"工程量"模块中选择"报表"，点击"查看报表"。

② 在弹出的"报表"对话框中进行相关信息的查看，包括定额指标、明细表、汇总表、施工段汇总表，如图 13-12 所示。

图 13-12　"报表"对话框

13.5.1　设置报表范围

通过"设置报表范围"可以自由选择报表呈现的工程量包含哪些内容。在报表中点击"设置施工段报表范围"，在弹出的对话框中进行设置。

（1）钢筋报表量

在钢筋报表量中"设置报表范围"，可统一选择设置需要查看报表的楼层和构件，包括"绘图输入""表格算量"两部分；可以选择钢筋的类型，包括直筋、箍筋、措施筋，点击"确定"，则所有报表数据根据所选构件范围同步刷新，如图 13-13 所示。

（2）土建报表量

在土建报表量中"设置施工段报表范围"，可进行楼层范围选择与构件选择，如图 13-14 所示。

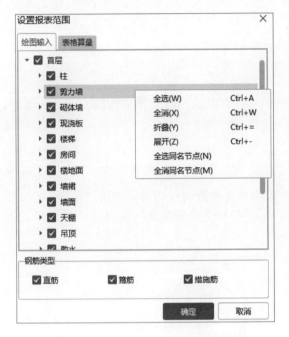

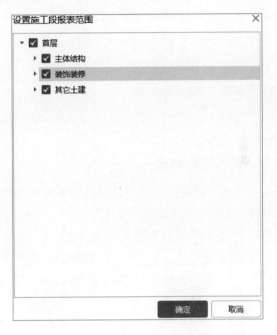

图 13-13　钢筋"设置报表范围"对话框	图 13-14　土建"设置施工段报表范围"对话框

广联达 GTJ2021 中提供了多种多样的报表形式与汇总方案，可以在钢筋报表与土建报表中自由切换，选择不同的报表就可以满足实际工作中提量汇总的各种要求。

13.5.2　报表预览

报表预览是"打印预览"，可以根据需要选择构件汇总表的类别，如图 13-15 所示。表中包含表头、工程名称以及工程计量方式。预览结束时点击"退出预览"。

13.5.3　报表反查

在用报表进行对量时，可能发现某一工程量对不上或者异常，那么我们可以执行报表反查功能，查出此工程量来源。这样可以方便对量、查量及修改。

报表反查操作方法为：鼠标左键选择需要反查的构件，点击"报表反查"，就会自动进行反查，反查结束，会有反查结果的提示，如图 13-16 所示。

图 13-15　打印预览——
构件汇总表类别

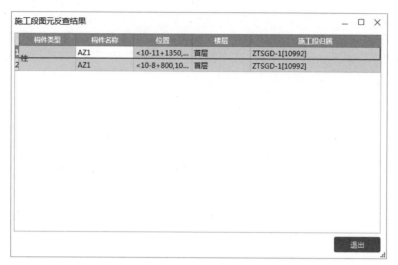

图 13-16 "施工段图元反查结果"对话框

13.5.4 报表导出

点击"报表"中的"设置批量导出"，根据实际需要进行构件选择，单击"确定"，如图 13-17 所示。在弹出的"导出到 Excel 文件"对话框中进行文件的命名与保存路径的选择，点击"保存"，注意文件格式，如图 13-18 所示。

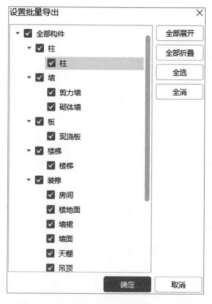

图 13-17 "设置批量导出"对话框

图 13-18 "报表导出"文件名与文件格式

第14章

CAD图纸识别

14.1 CAD 图纸识别概述

CAD图纸识别

扫码观看视频

CAD 图纸识别从本质上来说，是利用软件识别图纸上的图线与数据，将其转化为对应的软件信息并布置到正确位置上的过程，可以节约用户自身的时间与精力。随着软件技术水平的提升，CAD 图纸识别越来越智能，越来越精准，广大用户也在自身的工作过程中越来越多地使用这一功能。

首先 CAD 图纸识别的处理思路与手工绘图没有区别，只不过是将人工新建、绘制构件模型的过程改变为软件识图而已。

CAD 图纸识别的一般流程为新建工程、图纸管理、符号转化、识别构件、构件校核。可识别构件包括轴网、柱（柱表、柱大样、柱平面图）、墙、梁、板（板钢筋）、基础。

CAD 图纸识别相关功能的按钮均在相应构件类型下的"建模"选项卡中，以独立的识别分栏显示。在后续学习过程中，我们学习各个构件时将会同时介绍手工处理和自动CAD 图纸识别的方法。

同时软件提供了完善的图纸管理功能，能够将原电子图进行有效管理，并随工程统一保存，提高做工程的效率。图纸管理流程如图 14-1 所示。

根据以上流程，下面分别介绍添加图纸、分割图纸、定位图纸这几项常用功能，这些操作在"图纸管理"页签中进行，默认与"构件列表""属性列表"并列显示，如图 14-2 所示。

（1）添加图纸

此功能主要用于将电子图纸导入到软件中，支持的电子图 纸 格 式 为 "＊.dwg" "＊.dxf" "＊.pdf" "＊.cadi2" "＊.gad"。"＊.dwg" "＊.dxf" 是 CAD 软件保存的格式，"＊.pdf" 属于 pdf 格式，"＊.cadi2" "＊.gad" 属于广联达算量分割后的保存格式，如图 14-3 所示。

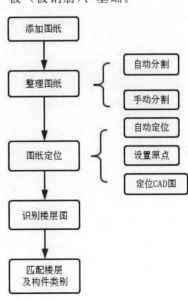

图 14-1　图纸管理流程

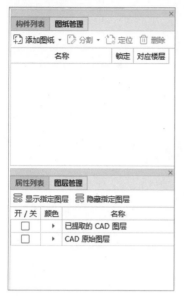

图 14-2 "图纸管理"界面

图 14-3 添加图纸格式

添加图纸操作步骤如下。

① 点击"图纸管理"页签下的"添加图纸"，选择电子图纸所在的文件夹，并选择需要导入的电子图，点击"打开"即可导入。

② 在"图纸管理"界面显示导入图纸后，可以修改名称，如图 14-4 所示。双击添加的图纸，在绘图区域显示导入的图纸文件内容。另外，可以在"建模"模块下的"图纸操作"栏中对图纸进行比例设置、查找替换等操作。

（2）分割图纸

若一个工程的多个楼层、多种构件类型放在一个电子 CAD 文件中，为了方便识别，需要把各个楼房图纸单独拆分出来，这时就可以用此功能，逐个分割图纸，再在相应的楼层分别选择这些图纸进行识别操作，如图 14-5 所示。

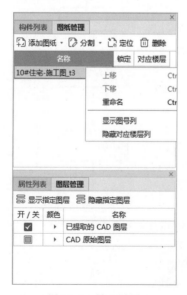

图 14-4 导入图纸

图 14-5 分割分类

① 点击"图纸管理",选择"分割",点击选择"自动分割",软件会自动按照图纸边框线和图纸名称分割图纸,若找不到合适名称会自动命名。

② 在一些特殊情况下,自动分割可能无法准确区分不同的图纸,此时可以手动进行分割处理。点击"图纸管理",选择"分割",点击选择"手动分割",然后在绘图区域拉框选择要分割的图纸,按软件下方的状态栏提示操作。

(3) 定位图纸

在分割图纸后,需要定位 CAD 图纸,使构件之间以及上下层的构件位置重合。在软件无法自动定位的情况下,可以手动进行定位操作。

点击"定位",在 CAD 图纸上选中定位基准点,再选择定位目标点,或打开动态输入,输入坐标原点 (0,0) 完成定位,快速完成所有图纸中构件的对应位置关系。

① 选中需要的楼层构件,点击"分割",打开对象捕捉"正交""2D 捕捉""交点"。

② 鼠标左键点击第一条参考线,右键终止或 Esc 取消。

③ 鼠标左键点击第二条参考线,右键终止或 Esc 取消。

④ 鼠标左键确定定位点,或按"Shift＋左键"输入偏移值。

⑤ 在"建模"模块中,点击识别相关构件。

这样,电子版的图纸已经导入软件中了,接下来学习各种构件在软件中是如何手动处理,又是如何通过 CAD 识别图纸快速完成的。

14.2　新建工程及识别楼层表

新建工程在前面我们已经详细地讲解过,在使用广联达 GTJ2021 建模时可以手动新建楼层信息,也可以根据图纸给出的楼层表来识别楼层信息,在这里直接介绍楼层表的识别。

① 在"建模"模块中,任意构件下,在"图纸管理"标签下,单击"添加图纸",选择具有"楼层表"的图纸文件打开。本工程实例"10＃住宅"没有"楼层表",可以利用结构施工图中的结构楼层。

② 在导入的图纸中,找到"楼层表"。在这里我们选择结构施工图中的结构层高图,如图 14-6 所示。

③ 在"图纸操作"工具栏中,选择"识别楼层表"功能,如图 14-7 所示。

④ 鼠标左键框选结施图中结构层高图,鼠标右键点击"确定"。

⑤ 在弹出的"识别楼层表"对话框中进行检查、手动修改,或者运用"删除列""删除行""插入行"等功能键修改和整理楼层表,如图 14-8 所示。

⑥ 点击"工程设置"模块,点击"楼层设置",如图 14-9 所示。在楼层设置窗口可以看到楼层表已经识别完成了。

层号	标高(m)	层高(m)
顶	51.000	
17	48.000	3.000
16	45.000	3.000
15	42.000	3.000
14	39.000	3.000
13	36.000	3.000
12	33.000	3.000
11	30.000	3.000
10	27.000	3.000
9	24.000	3.000
8	21.000	3.000
7	18.000	3.000
6	15.000	3.000
5	12.000	3.000
4	9.000	3.000
3	6.000	3.000
2	3.000	3.000
1	±0.000	3.000
-1	-5.500	5.500

结构层楼面标高

结 构 层 高

图 14-6　结构层高图

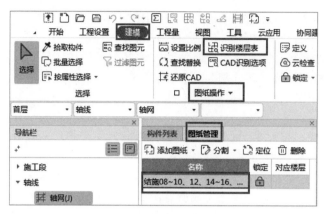

图 14-7　"识别楼层表" 功能

识别楼层表

编码	底标高	层高
屋面底部…	51.000	3.000
17	48.000	3.000
16	45.000	3.000
15	42.000	3.000
14	39.000	3.000
13	36.000	3.000
12	33.000	3.000
11	30.000	3.000
10	27.000	3.000
9	24.000	3.000
8	21.000	3.000
7	18.000	3.000
6	15.000	3.000
5	12.000	3.000
4	9.000	3.000
3	6.000	3.000
2	3.000	3.000
1	0.000	3.000
-1	-5.500	5.500
层号	标高(m)	层高(m)

图 14-8　"识别楼层表" 对话框

图 14-9　"楼层设置" 功能

识别轴网

扫码观看视频

14.3　识别轴网

　　根据软件处理的流程，在建立工程、导入 CAD 图纸之后。第一个要处理的构件就是轴网，作为定位其它构件的基本参考，轴网的作用是非常大的。

识别轴网主要用到"提取轴线""提取标注""自动识别"等命令，其操作步骤如下。

① 在"图纸管理"标签下，单击"添加图纸"，选择图纸"10♯住宅-施工图"进行添加、分割，选择"二次平面图"进行定位，识别轴网。

② 在构件导航栏中选择"轴网"，点击"识别轴网"。

③ 在弹出的对话框中，依次进行"提取轴线""提取标注"。每进行一项提取时，一定要记得按右键确认后再进行下一项提取，如图 14-10 所示。

④ 右键确认选择，则选择的 CAD 图元自动消失，并存放在"已提取的 CAD 图层"中；被提取的轴线会变成深蓝色。

⑤ 完成提取轴线、提取标注操作后，点击"自动识别"，则提取的轴网轴线和轴网标注被自动识别为软件的轴网。

⑥ 识别后，如果想进行修改，可以运用"轴网二次编辑"功能进行修改，如图 14-11 所示。

这样利用 CAD 图纸识别功能可以轻松处理图纸中的轴网，从而大幅度提高工作效率。

图 14-10　"识别轴网"对话框

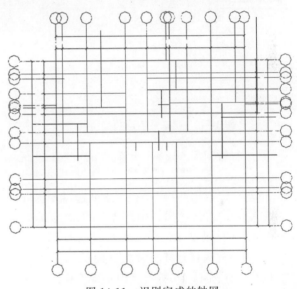

图 14-11　识别完成的轴网

14.4　识别柱

（1）识别柱大样

暗柱的截面形状和钢筋布置较为复杂，一般采用柱大样图的形式呈现，所以 CAD 识别暗柱的第一步就是识别柱大样。

① 在"图纸管理"标签下，单击"添加图纸"，选择 CAD 图纸"10♯结施楼墙柱、梁板、节点"，框选柱大样 CAD 图纸到软件绘图区域中。

② 在"柱构件"界面，"识别柱"功能区，点击"识别柱大样图"。

③ 单击"提取边线"，点选或框选需要提取的柱大样边线 CAD 图元，如图 14-12 所示。

④ 鼠标右键确认选择，则选择的 CAD 图元自动消失，并存放在"已提取的 CAD 图层"中。

⑤ 单击"提取标注"，用同样的思路点选或框选需要提取的柱大样标注，如图 14-13 所示。注意在提取标注时，应将表格线一并提取。

识别柱

扫码观看视频

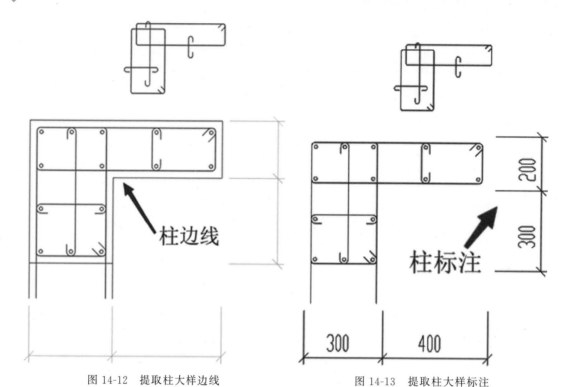

图 14-12　提取柱大样边线

图 14-13　提取柱大样标注

⑥ 鼠标右键确认选择，则选择的 CAD 图元自动消失，并存放在"已提取的 CAD 图层"中。

⑦ 单击"提取钢筋线"，点选或框选需要提取的柱大样边线 CAD 图元，如图 14-14 所示。

⑧ 鼠标右键确认选择，则选择 CAD 图元自动消失，并存放在"已提取的 CAD 图层"中。

⑨ 完成提取柱大样边线、提取柱大样标注、提取柱大样钢筋线操作后，点击"自动识别"，则提取的柱大样边线、柱大样标识、柱大样钢筋线被识别为软件的柱构件，并弹出识别成功的提示，如图 14-15 所示。识别柱大样图完成后，就相当于软件完成了各种柱子的新建。

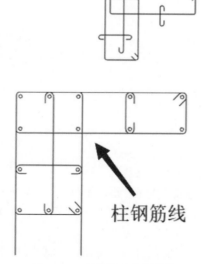

图 14-14　提取柱大样钢筋线

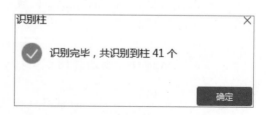

图 14-15　识别柱完毕提示

（2）识别柱

识别柱的操作，相当于软件中的绘图步骤，也就是根据图纸的标注以及 CAD 线，将已经识别的柱布置在图纸对应的位置上。

① 在"图纸管理"标签下，单击"添加图纸"功能，在"图纸管理"中添加 CAD 图纸"10#结施楼墙柱、梁板、节点"，手动分割"结施08"，定位。

② 在柱构件界面，"识别柱"功能区，点击"识别柱"，打开识别柱的功能。

③ 点击"提取柱边线"，点选或框选需要提取的柱边线，如图 14-16 所示。

④ 点击鼠标右键，确认选择，则选择的 CAD 图元自动消失，并存放在"已提取的 CAD 图层"中。

⑤ 单击"提取柱标注"，点选或框选需要提取的柱标注，如图 14-17 所示。

⑥ 点击鼠标右键，确认选择，则选择的 CAD 图元自动消失，并存放在"已提取的 CAD 图层"中，如图 14-18 所示。

⑦ 点击"自动识别"，则提取的柱边线和柱标识被识别为软件的柱构件，并弹出识别成功的提示。

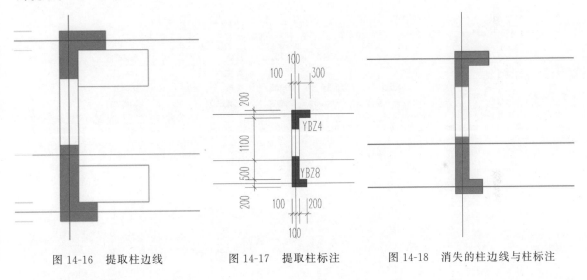

图 14-16　提取柱边线　　　　图 14-17　提取柱标注　　　　图 14-18　消失的柱边线与柱标注

（3）识别柱表

以上学习的是识别暗柱的方法，用同样的思路也可以识别框架柱，例如截面标注的框架柱就同样可以采用识别柱大样的方式进行识别，快速建立对应的框架柱构件。对于柱表标识的框架柱，可以采用识别柱表的方式来处理。

① 在"图纸管理"页签下，单击"添加图纸"功能，选择一张包含柱表的 CAD 图纸到软件绘图区域中。

② 单击选项卡"建模"，选择"识别柱表"，拉框选择柱表中的数据，按右键确认选择。

③ 弹出"识别柱表"对话框，使用窗口上的"查找替换""删除行"等功能对柱表信息进行调改。

④ 确认信息准确无误后，点击"识别"即可，软件会根据窗体中调改的柱表信息生成柱构件。

经过识别柱大样、识别柱和识别柱表，软件自动帮我们完成了柱的新建、绘图操作。

识别剪力墙

扫码观看视频

14.5　识别剪力墙

（1）识别剪力墙表

现在很多图纸中剪力墙的配筋是采用剪力墙表的形式给出的，如果可以直接识别剪力墙表，就可以自动完成墙的新建操作，用户将会节省很多时间。

① 在"图纸管理"页签下，单击"添加图纸"功能，选择可以用于识别剪力墙表的图纸。

② 点击"建模"模块，点击"识别剪力墙表"。

③ 拉框选择剪力墙表中的数据，右键确认。

④ 弹出"识别剪力墙表"对话框，识别时可自动匹配表头，减少用户手动操作，提高易用性和效率。黄色区域代表自动匹配项，如果识别对应的列有错误，在第一行的黄色行中点击鼠标，从下拉框内选择列对应关系，如图 14-19 所示。

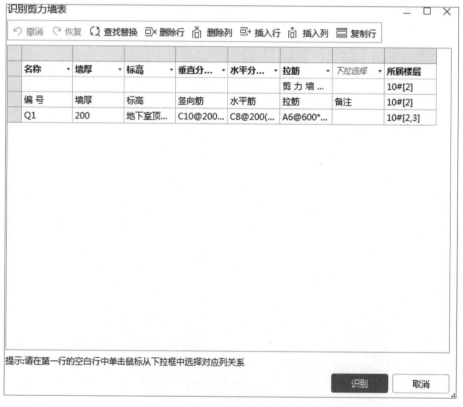

图 14-19　"识别剪力墙表"对话框

⑤ 点击"识别"，即可将"选择对应列"窗口中的剪力墙信息识别到软件的剪力墙表中并给出提示。点击"确定"，完成剪力墙表识别。

对于空白的行与列，不用进行删除，点击"确定"时，软件会自动进行清除。

（2）识别墙

"识别墙"用于识别 CAD 图中的剪力墙或砌体墙，原理就是根据图纸中的墙线与标识，自动将对应的墙体布置在图纸的对应位置上。

① 在"图纸管理"页签下，单击"添加图纸"功能，选择可以用于识别剪力墙的图纸。

② 点击"建模"模块，点击"识别剪力墙"。

③ 点击"提取剪力墙边线"，选中需要提取的混凝土墙边线 CAD 图元，见图 14-20，点击鼠标右键确认提取，则选择的墙边线 CAD 图元自动消失，并暂时存放在"已提取的 CAD 图层"中。注意这里只选择混凝土墙边线，对于砌体墙，用"提取砌体墙边线"功能来提取，这样识别出来的墙才能分开材质类别。

④ 点击"提取墙标注"，选中需要提取的剪力墙标注图元，鼠标右键确认，选中的墙标注 CAD 图元自动消失，并存到"已提取的 CAD 图层"中。这里需要注意，当墙与柱结构布置在一张图纸上时，提取柱标注时，直接连带提取了墙的标注。这时可以不进行墙标注提取，因为已经存在了。

⑤ 完成提取墙边线和墙标注操作，点击"识别剪力墙"，选择"自动识别"，软件会弹出提示，说明识别墙之前，应先把柱识别完成，软件将墙端头自动延伸到柱内，墙与柱构件自动进行正确的相交扣减。点击"是"完成，如图 14-21 所示。

⑥ 点击"校核墙图元"会进行提示，如图 14-22 所示。

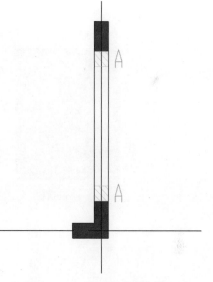

图 14-20　提取剪力墙边线

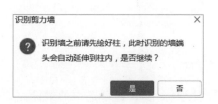

图 14-21　"识别剪力墙"提示

图 14-22　校核墙图元

14.6　识别梁

识别梁

扫码观看视频

（1）识别梁

"识别梁"功能，可以把 CAD 图中的梁识别为对应梁构件并布置在图纸的对应位置，从而达到快速绘制梁构件的目的，在这里强调一下，识别梁之前，应先完成柱、墙等图元的创建，这样识别出来的梁会自动延伸到现有的柱、墙中，计算结果更准确。

① 在"图纸管理"中添加 CAD 图纸"10♯结施楼墙柱、梁板、节点"，手动分割"结施14"，定位。

② 点击"建模"模块，点击"识别梁"，弹出"识别梁"选项框，如图 14-23 所示。

③ 点击"提取边线"，提取选中的梁边线 CAD 图元，鼠标右键确认提取，则选择的 CAD 图元自动消失，并存放在"已提取的 CAD 图层"中，如图 14-24 与图 14-25 所示。

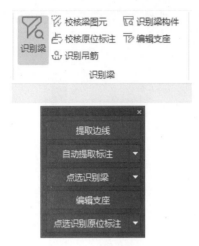

图 14-23 "识别梁"选项框

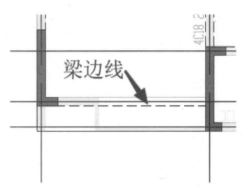

图 14-24 提取梁边线

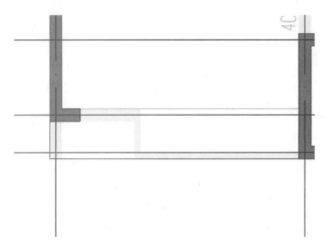

图 14-25 消失的梁边线

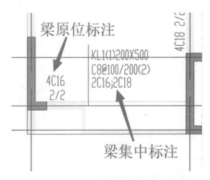

图 14-26 自动提取梁标注

④ 点击"自动提取标注"，提取选中的梁标注 CAD 图元，如图 14-26 所示。鼠标右键确认提取，则选择的 CAD 图元自动消失，并存放在"已提取的 CAD 图层"中。提取完成后，提取成功的集中标注变为黄色，原位标注变为粉色。

⑤ 完成提取梁边线和提取梁标注操作后，就可以进行梁构件的识别了。为了提高效率，在实际工作中一般采用"自动识别梁"功能。点击"识别梁"面板"点选识别梁"的倒三角，在下拉选项中点击"自动识别梁"，软件弹出对话框。

识别梁完成后，软件自动启用"校核梁图元"功能，如识别的梁跨与标注的梁跨数量不符，则弹出提示，并且梁会以红色显示。显示红色的梁一般是跨数问题，可以通过"设置支座"功能解决，如图 14-27 所示，梁支座呈黄色，如图 14-28 所示。如果没有可识别的梁边线，根据图纸重新新建、绘制梁图元就可以解决。

⑥ 对于图纸有瑕疵，部分梁无法自动识别的情况，可以使用"点选识别"功能，对有问题的梁逐一进行处理。

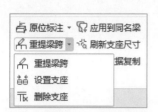

梁支座

图 14-27　"设置支座"功能　　　　　　　图 14-28　梁支座

a.完成提取梁边线和提取梁标注操作后，点击识别梁面板"点选识别梁"，则弹出"点选识别梁"对话框。点击需要识别的梁集中标注，则会自动识别梁集中标注信息。

b.点击"确定"，在图形中选择符合该集中标注的梁边线，被选择的梁边线以高亮显示，梁跨以蓝色显示于图上。

c.点击右键确认，此时所选梁边线则被识别为梁图元。

⑦ 完成识别梁操作后，就可以进一步识别原位标注了。为了提高效率，这里同样采用自动识别的方法处理原位标注。点击"识别梁"面板"点选识别原位标注"的倒三角，下拉选择"自动识别原位标注"，软件自动对已经提取的全部原位标注进行识别。识别完成后，弹出提示。注意使用识别原位标注功能之后，识别成功的原位标注变色显示，未识别的保持粉色。

⑧ 对于图纸有瑕疵不能自动识别的原位标注也可以利用"点选识别"的功能进行处理：点击"识别梁"面板，点选"识别原位标注"，选择需要识别的梁图元，此时构件处于选择状态。点击鼠标选择 CAD 图中的原位标注信息，软件自动寻找最近的梁支座位置并进行关联。如果软件自动寻找的梁支座位置出错，还可以通过按"Ctrl＋左键"选择其它的标注框进行关联。点击右键，则选择的 CAD 图元被识别为所选梁支座的钢筋信息。

（2）识别吊筋

CAD 图中，如果绘制有吊筋、次梁加筋线和相关标注，可用"识别吊筋"功能进行提取。

① 点击"建模"模块，选择"识别梁"栏，点击"识别吊筋"，弹出"识别吊筋"选项框，如图 14-29 所示。

② 在"识别吊筋"选项框中，点击"提取钢筋和标注"功能，根据提示，选中吊筋和次梁加筋的钢筋线及相关标注（如无标注则不选），右键确定，完成提取。

③ 点击"识别吊筋"面板"点选识别"后面的倒三角，在下拉中选择"自动识别"。如提取的吊筋和次梁加筋存在没有标注的情况，则弹出对话框，直接在对话框中输入钢筋信息。

④ 修改完成后，点击"确定"。

软件自动识别所有提取的吊筋和次梁加筋，识别完成，弹出对话框。图中存在标注的，则按提取的钢筋信息进行识别；图中无标注信息，则按输入的钢筋信息进行识别。

识别成功的钢筋线，自动变色显示，同时吊筋信息在梁图元上同步显示。

这里需要注意：所有的识别吊筋功能需要主次梁都已经变成绿色才能使用；识别后，已经识别的 CAD 图线变为蓝色，未识别的保持原来的颜色；图上有钢筋线的才识别，没有钢筋线的，不会自动生成；重复识别时会覆盖上次识别的内容。

（3）识别连梁

识别连梁的操作步骤与"识别梁"类似，选择"识别梁"，识别时，选择"连梁"构件类别即可识别为连梁。与框架梁不同的是，往往设计图纸会列出当前层的相关连梁表，此时就可以使用软件提供的"识别连梁表"功能对 CAD 图纸中的连梁表进行识别。

① 在"图纸管理"中添加 CAD 图，CAD 图中需包括可以用于识别的连梁表（如果已经

导入了 CAD 图则此步可省略）。

② 在构件列表选择"连梁"，点击"建模"模块，选择"识别连梁"栏，点击"识别连梁表"，如图 14-30 所示。

图 14-29 "识别吊筋"选项框

图 14-30 "识别连梁"栏

③ 拉框选择连梁表中的数据，右键确认。

④ 在弹出的"识别连梁表"对话框选择对应列，使用"删除行"和"删除列"功能删除无用的行和列，在第一行的表头中点击鼠标，从下拉框内选择列对应关系，如图 14-31 所示。

图 14-31 "识别连梁表"对话框

⑤ 点击"识别"，即可将窗口中的连梁信息识别到软件中并给出提示。

识别完梁之后，记得在"梁二次编辑"栏中选择"原位标注"，在绘图区域选择需要进行原位标注的梁图元，这时梁图元的颜色由粉色变为绿色，如图 14-32 所示。

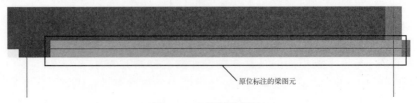

图 14-32 梁原位标注

14.7　识别板、板筋

识别板、板筋

扫码观看视频

（1）识别板

① 在"图纸管理"中添加 CAD 图纸"10♯结施楼墙柱、梁板、节点"，手动分割"结施 13"，定位。

② 点击"建模"模块，点击构件栏中的"板"构件选择"现浇板"，选择"识别现浇板"栏，点击"识别板"，弹出识别选项框，如图 14-33 所示。

③ 点击"提取板标识"，提取选中的板，识别 CAD 图元，鼠标右键确认提取，则选择的 CAD 图元自动消失，并存放在"已提取的 CAD 图层"中，如图 14-34 所示。

④ 点击"提取板洞线"，提取选中的板洞线 CAD 图元，见图 14-35，鼠标右键确认提取，则选择的 CAD 图元自动消失，并存放在"已提取的 CAD 图层"中。

图 14-33　"识别现浇板"选项框

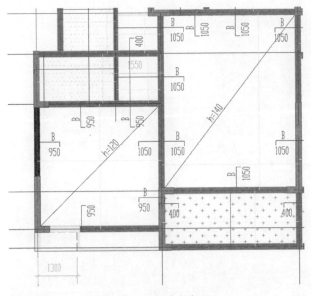

图 14-34　提取板标识

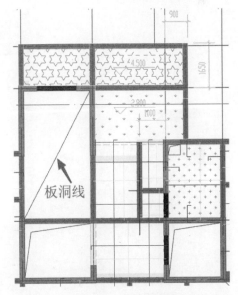

图 14-35　提取板洞线

⑤ 完成提取板标识和提取板洞线操作后，就可以进行板构件的识别了。为了提高效率，在实际工作中一般采用"自动识别板"功能。点击"自动识别板"，在弹出的"识别板选项"对话框中进行"板支座选项"的选择，根据实际情况进行勾选，点击"确定"。如图 14-36 所示。这里提示一下，识别板前，请确认柱、墙、梁图元已生成。确定完毕后，在弹出的"构件信息"中，进行板厚的确认以及修改，一般需要着重注意"无标注板"信息，根据图纸信息进行填写，如图 14-37 所示，本工程二层结构平面图无标注板、未注明板板厚为 100mm。点击"确定"，绘图区域自动生成板构件，如图 14-38 所示。

（2）识别板筋

板筋分为板受力筋和板负筋，识别板受力筋与识别板负筋的操作是一样的，在这里以识别板受力筋进行实际操作讲解。

图 14-36 "识别板选项"对话框

图 14-37 构件信息

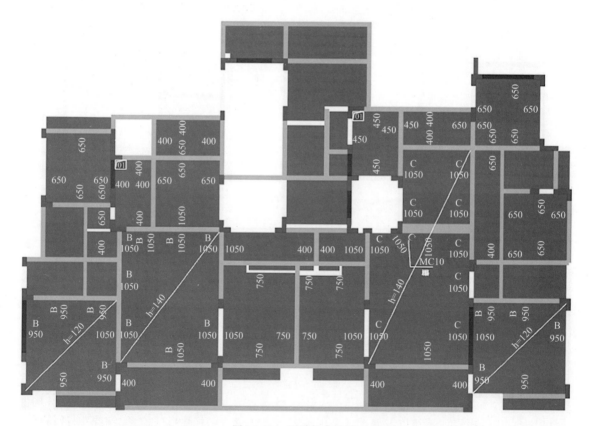

图 14-38 识别完成的板

在进行板的识别时，已经在"图纸管理"中添加 CAD 图纸"10♯结施楼墙柱、梁板、节点"，并进行了手动分割"结施13"定位，故下面直接利用该实例来识别板受力筋。

① 点击"建模"模块，点击构件栏中的"板"构件，选择"板受力筋"，选择"识别板受力筋"栏，点击"识别受力筋"，弹出识别选项框，如图 14-39 所示。

②点击"提取板筋线",提取选中的板筋线 CAD 图元,鼠标右键确认提取,则选择的 CAD 图元自动消失,并存放在"已提取的 CAD 图层"中。

③点击"提取板筋标注",提取选中的板筋标注 CAD 图元,鼠标右键确认提取,则选择的 CAD 图元自动消失,并存放在"已提取的 CAD 图层"中。

④完成提取板筋线和提取板筋标注操作后,就可以进行板受力筋的识别了。为了提高效率,一般采用"自动识别板筋"功能。点击"自动识别板筋",在弹出的"识别板筋选项"对话框进行相关信息的核对与修改,如图 14-40 所示。点击"确定"完成板受力筋的识别,如图 14-41 所示。

图 14-39　"识别受力筋"选项框

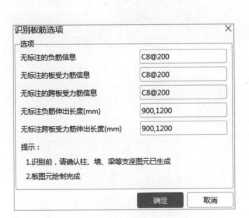

图 14-40　"识别板筋选项"对话框

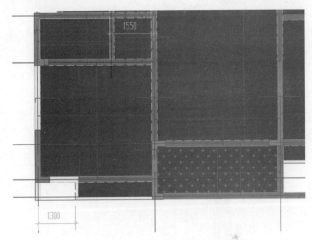

图 14-41　识别完成的板受力筋

14.8　识别基础梁

在进行基础梁的识别前,首先在"图层管理"中添加相关基础梁 CAD 图纸,然后进行分割、定位。完成这些之后,开始进行基础梁的识别操作。

点击"建模"模块,点击构件栏中的"基础"构件,选择"基础梁",选择"识别基础梁"栏,点击"识别梁",弹出识别选项框,如图 14-42 所示。由图 14-42 所显示的,可看出识别基础梁与识别梁时的操作一样,在这里不再进行阐述。

14.9　识别砌体墙

砌体墙的识别相对"识别剪力墙"来说较简单,直接在 CAD 施工平面图上进行相关构件的提取,也不用识别墙表。在识别砌体墙之前,应先确认好柱构件绘制已完成,否则在最后进行识别砌体墙时,会弹出提示,如图 14-43 所示。

识别砌体墙的操作步骤如下。

识别砌体墙

扫码观看视频

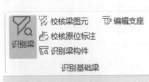

图 14-42　"识别基础梁"选项框

① 在"图纸管理"中添加 CAD 图纸"10♯住宅施工图"，手动分割"二层平面图"，定位。

② 点击"建模"模块，点击构件栏中的"墙"构件，选择"识别砌体墙"栏，点击"识别砌体墙"，弹出识别选项框，如图 14-44 所示。

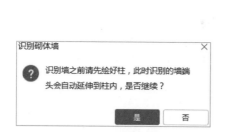

图 14-43 "识别砌体墙"提示   图 14-44 "识别砌体墙"选项框

③ 点击"提取砌体墙边线"，提取选中的砌体墙边线 CAD 图元，鼠标右键确认提取，则选择的 CAD 图元自动消失，并存放在"已提取的 CAD 图层"中。被选中的砌体墙边线颜色会变为深蓝色，如图 14-45 所示。

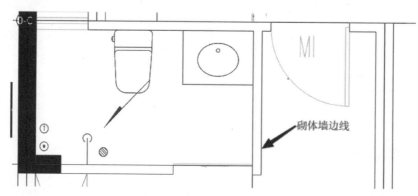

图 14-45 提取砌体墙边线

④ 点击"提取墙标识"，提取选中的墙标识 CAD 图元，鼠标右键确认提取，则选择的 CAD 图元自动消失，并存放在"已提取的 CAD 图层"中，如图 14-46 所示。

⑤ 完成提取砌体墙边线和提取墙标识操作后，按照提取栏顺序，应进行"提取门窗线"了，但这里建议直接进行下一步操作"识别砌体墙"，因为在这里"提取门窗线"，会造成绘图显示的混乱，看起来很不整齐。

点击"识别砌体墙"，在弹出的"识别砌体墙"对话框中，核对砌体墙的相关信息或进行修改，选择要选的识别方式。实际工作中为了提高工作效率，一般选择"自动识别"，如图 14-47 所示。

⑥ 点击"确定"，完成"识别砌体墙"，这时软件会进行自动核对，如图 14-48 所示，根据提示，进行相关问题的解决，点击所需要解决的问题，绘图界面会直接显示问题的所在位置，未识别的墙边线可以根据图纸信息直接绘制。点击刷新，进行问题处理结果的核对，如果"校核墙图元"对话框消失了，证明校对完成；如果对话框依然存在，继续进行问题处理。

完成以上操作，砌体墙的识别就完成了，砌体墙的默认图元颜色为黄色，如图 14-49 所示。

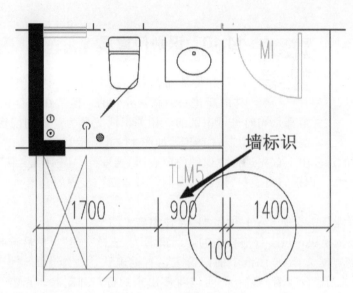

图 14-46　提取砌体墙标识

图 14-47　"识别砌体墙"对话框

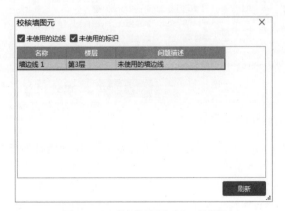

图 14-48　"校核墙图元"对话框

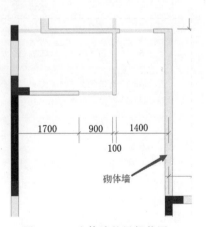

图 14-49　砌体墙的局部截图

图 14-50 "识别门"栏

识别门窗洞

扫码观看视频

14.10 识别门窗洞

在构件列表中，"门窗洞"中"门"构件与"窗"构件的新建、绘制是分开的，但是在进行识别门窗洞时，门窗都是同时进行识别的，相关识别工具为"识别门窗表""识别门窗洞"以及"校核门窗"，如图 14-50 所示。

在识别门窗洞的过程中，首先进行"识别门窗表"，再进行"识别门窗洞"，最后进行"校核门窗"，接下来进行"识别门窗表""识别门窗洞"具体操作步骤的介绍。

（1）识别门窗表

① 在"图纸管理"中添加 CAD 图纸"10♯住宅施工图"。

② 点击"建模"模块，点击导航栏中的"门窗洞"，选择"门"，然后选择"识别门"栏，点击"识别门窗表"，框选 CAD 图纸中的门窗表；右键确认，在弹出的"识别门窗表"对话框中，进行门窗相关信息的查看与确认，可以将多出来的行与列删除，点击"识别"，完成识别门窗表，如图 14-51 所示。

下拉选择	名称	宽度	高度	下拉选择	下拉选择	下拉选择	类型
序 号SERI...	名 称TITLE	门洞宽WI...	门洞高HE...	数量AMO...	采用标准...	附 注NOTE	门
1	TC1	1900	1800	16	详见门窗...	断热铝合...	窗
2	TC2	2400	1800	34	详见门窗...	断热铝合...	窗
3	TC3a	1600	1800	17	详见门窗...	断热铝合...	窗
4	TC4	2100	1800	17	详见门窗...	断热铝合...	窗
5	TC5	1800	1800	17	详见门窗...	断热铝合...	窗
6	C1	5500	1400	17	详见门窗...	断热铝合...	窗
7	C1a	5500	1400	16	详见门窗...	断热铝合...	窗
8	C2a	900	1450	17	详见门窗...	断热铝合...	窗
9	C3	1500	1450	51	详见门窗...	断热铝合...	窗
10	C4	2600	1400	16	详见门窗...	断热铝合...	窗
11	C5	1000	1450	34	详见门窗...	断热铝合...	窗
12	C6	1500	2400	16	详见门窗...	断热铝合...	窗
13	C7	4000	1400	16	详见门窗...	断热铝合...	窗
14	C8	600	1450	34	详见门窗...	断热铝合...	窗
15	C9	1600	1500	1	详见门窗...	断热铝合...	窗
16	C12	1200	1450	2	详见门窗...	断热铝合...	窗

提示:请在第一行的空白行中单击鼠标从下拉框中选择对应列关系

图 14-51 "识别门窗表"对话框

识别门窗表相当于对门窗的新建，识别后可以看到门窗的"构件列表"和"属性列表"的相关信息已经存在，如图 14-52 所示。

（2）识别门窗洞

① 在"识别门"栏中点击"识别门窗洞"，会看到相关识别选项框的弹出，如图 14-53 所示。

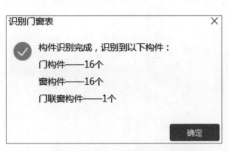

图 14-52 识别门窗表完成提示

图 14-53 "识别门窗洞"选项框

② 点击"提取门窗线",提取选中的门窗线 CAD 图元,鼠标右键确认提取,则选择的 CAD 图元自动消失,并存放在"已提取的 CAD 图层"中。被选中的门窗线颜色会变为深蓝色,如图 14-54 所示。

③ 点击"提取门窗洞标识",提取选中的门窗洞标识 CAD 图元,鼠标右键确认提取,则选择的 CAD 图元自动消失,并存放在"已提取的 CAD 图层"中。被选中的门窗洞标识颜色会变为深蓝色,如图 14-55 所示。

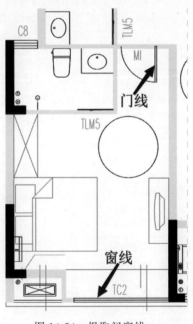

图 14-54 提取门窗线

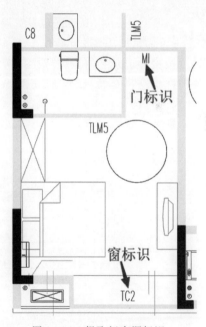

图 14-55 提取门窗洞标识

④ 完成提取门窗线和提取门窗洞操作后,就可以进行门窗洞的识别了。为了提高效率,在实际工作中一般采用"自动识别"功能。点击"自动识别",完成门窗洞的识别,如图 14-56 所示。也可以进行三维状态下的查看,如图 14-57 所示。

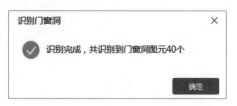

图 14-56 识别门窗洞完成提示

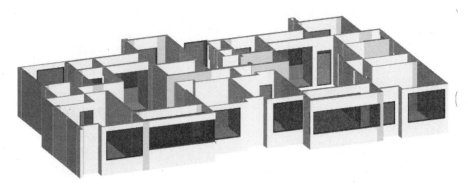

图 14-57　识别门窗洞三维示意图

14.11　识别装修表构件

按构件识别装修表

按房间识别装修表

识别Excel装修表

识别房间

图 14-58　"识别房间"栏

在用图形算量做装修的时候，有时候房间很多，如果每个房间的做法都不一样，这样定义起来就很困难。这时我们可以运用广联达识别装修表构件的功能，来完成装修构件的绘制。广联达 GTJ2021 中，识别装修表构件有三种方式，分别为"按构件识别装修表""按房间识别装修表"以及"识别 Excel 装修表"，如图 14-58 所示。下面分别进行操作步骤的介绍。

（1）"按构件识别装修表"或"按房间识别装修表"

"按构件识别装修表"或"按房间识别装修表"这两种方式的操作步骤是一样，需要根据图纸设计来进行选择，本工程实例的装修表是按构件进行分类的，如图 14-59 所示，所以选择"按构件识别装修表"的方式。

	建 筑 用 料 明 细 表			
项目	做法部位	具体类别	图集编号	备 注
屋面	平屋面	缸块材平屋面	见本页做法	具体位置见平面
楼面	客厅、卧室、餐厅、厨房	水泥砂浆地面	12YJ1楼101	无防水要求
	卫生间	水泥砂浆地面	12YJ1楼101(F)	有防水要求
	楼梯间、电梯机房	水泥砂浆地面	12YJ1楼101	
	电梯厅、大堂、公共过道	陶瓷地砖地面	12YJ1楼201	大堂或详二次装修设计
	阳台楼面	水泥砂浆地面	见本页做法	
外墙	南、北、东、西主体立面	外墙外保温面砖墙面	见本页做法	具体颜色、位置见立面
		外墙外保温涂料面	见本页做法	具体颜色、位置见立面
内墙	客厅、卧室、餐厅	混合砂浆墙面	12YJ1内墙3	留毛面(面层用户自理)
	卫生间、厨房	水泥砂浆墙面	12YJ1内墙1	留净面(面层用户自理)
	电梯机房	水泥砂浆墙面	12YJ1内墙1	
	楼梯间、公共过道	刮腻子墙面	12YJ1内墙5	面罩白色内墙涂料
	电梯厅、大堂	面砖墙面	12YJ1内墙8	大堂或详二次装修设计
顶棚	客厅、卧室、餐厅	水泥砂浆顶棚	12YJ1顶6	留净面(面层用户自理)
	卫生间、厨房	水泥砂浆顶棚	12YJ1顶6	留净面(面层用户自理)
	电梯机房	刮腻子顶棚	12YJ1顶2	面罩白色内墙涂料
	楼梯间、公共过道	刮腻子顶棚	12YJ1顶2	面罩白色内墙涂料
	电梯厅、大堂	刮腻子顶棚	12YJ1顶2	面罩白色内墙涂料
涂料	金属面油漆	调和漆	12YJ1涂101	
	木材面油漆	调和漆	12YJ1涂104	

注1、本工程装修标准以最终建设单位交房标准要求为准。本施工图中材料做法及详图材料仅为业主进行二次装修提供参考，不作为交房依据。

图 14-59　图纸设计装修表

① 在 "图纸管理" 中添加 CAD 图纸 "10♯住宅施工图"。

② 点击 "建模" 模块，点击导航栏中的 "装修" 构件，选择 "房间"，然后选择 "识别房间" 栏，点击 "按构件识别装修表"，鼠标左键框选 CAD 图纸中的门窗装修表，右键确认。

③ 在弹出的 "按构件识别装修表" 对话框（图 14-60）中进行装修相关信息的查看与确认，可以将多出来的行与列删除。点击 "识别"，完成识别装修表，如图 14-61 所示。在这里注意一下，识别的表格中，对应关系需要包括 "名称"，否则无法进行，如图 14-62 所示。

按构件识别装修表

ↄ 撤消　ↄ 恢复　↻ 查找替换　☱× 删除行　⋔ 删除列　☱→ 插入行　⋔ 插入列　☰ 复制行

名称	下拉选框	下拉选框	下拉选框	备注	下拉选框	类型	所属楼层
					建筑用...	楼地面	10#[2]
项目	做法部位	具体类别	图集编号	备注		楼地面	10#[2]
屋面	平屋面	铺块材平...	见本页做法	具体位置...		屋面	10#[2]
楼面	客厅、卧...	水泥砂浆...	12YJ1楼101	无防水要求		楼地面	10#[2]
	卫生间...	水泥砂浆...	12YJ1楼1...	有防水要求		楼地面	10#[2]
	楼梯间、...	水泥砂浆...	12YJ1楼101			楼地面	10#[2]
	电梯厅、	陶瓷地砖...	12YJ1楼201	大堂或详...		楼地面	10#[2]
	阳台楼面	水泥砂浆...	见本页做法			楼地面	10#[2]
外墙	南、北、...	外墙外保...	见本页做法	具体颜色...		外墙面	10#[2]
		外墙外保...	见本页做法	具体颜色...		楼地面	10#[2]
内墙	客厅、卧...	混合砂浆...	12YJ1内墙3	留毛面(面...		内墙面	10#[2]
	卫生间、	水泥砂浆...	12YJ1内墙1	留净面(面...		楼地面	10#[2]
	电梯机房	水泥砂浆...	12YJ1内墙1			楼地面	10#[2]
	楼梯间、...	刮腻子墙面	12YJ1内墙5	面罩白色...		楼地面	10#[2]
	电梯厅、...	面砖墙面	12YJ1内墙8	大堂或详...		楼地面	10#[2]
顶棚	客厅、卧...	水泥砂浆...	12YJ1顶6	留净面(面...		天棚	10#[2]
	卫生间、	水泥砂浆...	12YJ1顶6	留净面(面...		楼地面	10#[2]
	电梯机房	刮腻子顶棚	12YJ1顶2	面罩白色...		楼地面	10#[2]

提示:请在第一行的空白行中单击鼠标从下拉框中选择对应列关系

识别　　取消

图 14-60　"按构件识别装修表" 对话框

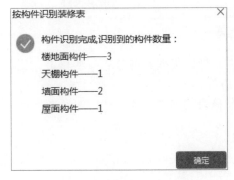

按构件识别装修表

✓ 构件识别完成 识别到的构件数量：

楼地面构件——3

天棚构件——1

墙面构件——2

屋面构件——1

确定

图 14-61　装修表识别完成提示

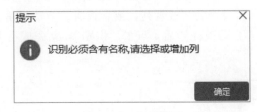

提示

ⓘ 识别必须含有名称,请选择或增加列

确定

图 14-62　识别提示

（2）识别 Excel 装修表

在做实际工程时，通常会给出带有房间做法明细的 Excel 表，表中注明房间的名称、位置以及房间内各种地面、墙面、踢脚、天棚、吊顶、墙裙的一系列做法名称。通过 "识别 Excel 装修表" 的功能能够快速地建立房间及房间内的各种装修构件。

① 在 "建模" 选项卡中，点击导航栏中的 "装修" 构件，选择 "房间"，然后选择 "识别房间" 栏，点击 "识别 Excel 装修表"。

② 在弹出的"识别 Excel 装修表"对话框中，导入已有的 Excel 表，根据装修表分类，选择相应的识别方式，如图 14-63 所示。文件的格式为"＊.xls""＊.xlsx"，如图 14-64 所示。

图 14-63　"识别 Excel 装修表"对话框

图 14-64　文件格式

③ 选择"打开"以后，就会导入相对应的装修表，可以根据实际进行一些修改。比如删除一些没用的行或者列，或者查看一下楼层是否相对应等。

④ 修改完毕后，点击"识别"，就完成了 Excel 装修表的识别，可以在构件列表查看。

第15章

工程计价分类

广联达"计量"已经学习完毕，接下来进行"计价"的学习，计价的学习我们需要运用广联达计价软件——广联达云计价平台 GCCP6.0，软件有以下特点。

① 量价一体。支持算量构件直接导入计价工程，实现快速提量、数据实时刷新、核量精准反查，提量速度翻倍。

② 全业务一体化。国标企标统一入口，实现概、预、结、审之间数据的一键转化，用户中心提供内容服务。

③ 单位工程快速新建，全费用与非全费用一键转换，定额换算一目了然，计算准确，操作便捷，容易上手。

广联达云计价平台 GCCP6.0 工程计价分为概算项目、预算项目、结算项目、审核项目四大类，如图 15-1 所示。

图 15-1　GCCP6.0 计价分类

15.1　工程概算项目

（1）工程概算

概算造价是指在初步设计阶段，根据设计意图，通过编制工程概算文件预先测算和限定的工程造价。概算造价的层次性十分明显，分建设项目概算总造价、各个单项工程概算综合造价、各单位工程概算造价。

建设工程周期长、规模大、造价高，因此，按建设程序要分阶段进行，相应地也要在不同阶段多次计价，以保证工程造价计算的准确性和控制的有效性。多次性计价是个逐步深化、逐步细化和逐步接近实际造价的过程。概算造价较投资估算造价准确性有所提高，但它受估算造价的控制。

工程概算一般用于设计过程中作为工程初步设计及技术设计时的参考，误差通常为 5%～10%。

（2）新建概算

鼠标左键点击"新建概算"，可以看到图 15-2 所示的界面。

① 项目名称：顾名思义就是需要概算的工程名称。

图 15-2 "新建概算"界面

② 项目编码：采用十二位阿拉伯数字表示（补充项目以十一位数字表示）。一至九位为统一编码，其中，一、二位为工程分类顺序码（计价规范称附录顺序码），三、四位为专业工程顺序码，五、六位为分部工程顺序码，七、八、九位为分项工程顺序码，十、十一、十二位为清单项目名称顺序码。

③ 定额标准：根据实际情况选择定额标准，一般为本省、本直辖市、本自治区最新定额标准，如图 15-3 所示。

④ 价格文件：信息价，如图 15-4 所示。

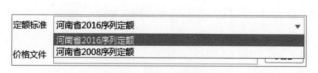

图 15-3 定额标准选项

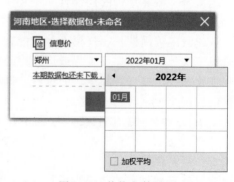

图 15-4 价格文件界面

⑤ 计税方式：一般默认为增值税。

完善以上信息后，就可以点击"立即新建"来进行新建。

15.2　工程预算项目

（1）工程预算

工程预算是对工程项目在未来一定时期内的收入和支出情况所做的计划。它可以通过货币形式来对工程项目的投入进行评价并反映工程的经济效果。它是加强企业管理、实行经济核算、考核工程成本、编制施工计划的依据，也是工程招投标报价和确定工程造价的主要依据。

预算编制在施工图设计阶段进行，依据现行建设工程工程量清单计价规范及各省市消耗量定额、取费标准及人材机市场价，以建筑安装施工图为对象进行编制，其项目较详细。一般不编制总预算，只编制单位工程预算和综合预算书，它不包括准备阶段的费用（如勘察、征地、生产职工培训费用等），误差率一般为 2%~5%。

（2）新建预算

鼠标左键点击"新建预算"，就能看到"新建预算"界面，包括"招标项目""投标项目""定额项目""单位工程/清单""单位工程/定额"五个模块，如图 15-5 所示，接下来分别介绍。

图 15-5　"新建预算"界面

① 招标项目。如图 15-6 所示，"招标项目"新建界面包括"项目名称""项目编码""地区标准""定额标准""价格文件""计税方式"六项。在这里需要注意的是"地区标准"与"定额标准"是要根据地区选择的。

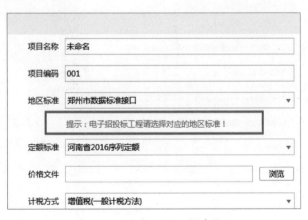

图 15-6　"招标项目"新建界面

② 投标项目。"投标项目"与"招标项目"相比而言，多了一项"电子招标书"，如图 15-7所示。"电子招标书"是 GBQ6 中新增的电子标功能，点击"电子招标书"后面的"浏览"，添加电子招标书，选择时请注意格式。图 15-8 所示的 "*.YDBX" 是河南标准数据格式。

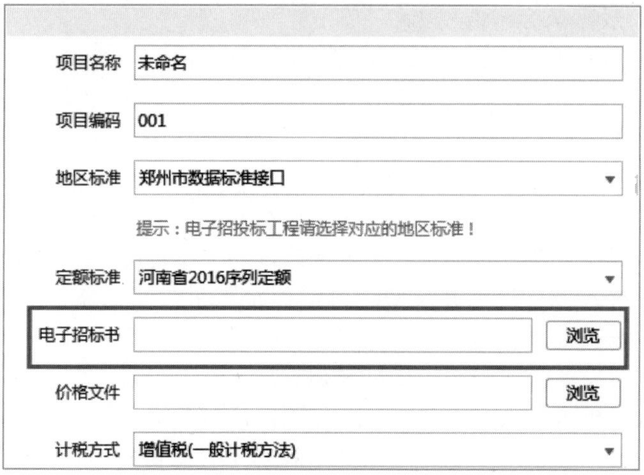

图 15-7 "投标项目"新建界面

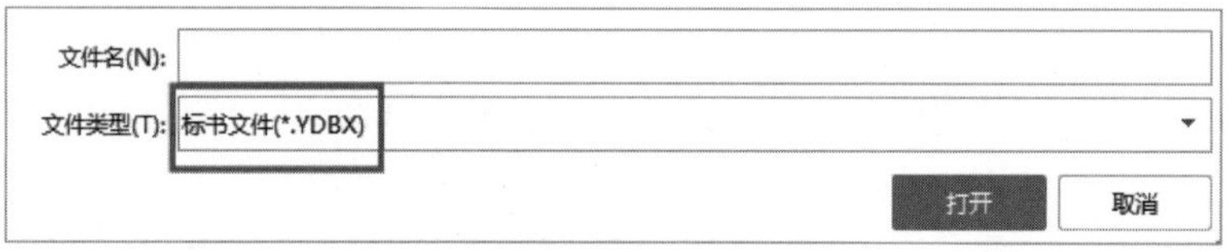

图 15-8 电子招标书文件类型

③ 定额项目。这里的定额项目新建信息与图 15-2 中包含的信息项是一致的。

④ 单位工程/清单。单位工程是指竣工后不可以独立发挥生产能力或效益，但具有独立设计，能够独立组织施工的工程。比如，某小区中的 1♯楼正在进行土方挖填，其中，某小区为项目，1♯楼为单项工程，而土方挖填是属于建筑工程中的一个分部分项内容，那么这个建筑工程就是一个单位工程。

"单位工程/清单"新建界面包括"工程名称""清单库""清单专业""定额库""定额专业""价格文件""计税方式"七项，如图 15-9 所示。

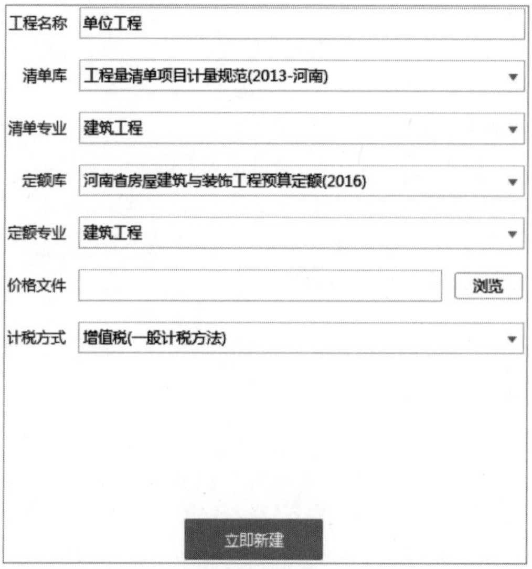

图 15-9 "单位工程/清单"新建界面

a.工程名称：输入单位工程名称。

b.清单库：为省份最新清单。

c.清单专业：在广联达云计价 GCCP6.0 中，清单专业分为建筑工程、仿古建筑工程、安装工程、市政工程、园林绿化工程、城市轨道交通工程，如图 15-10 所示。根据实际情况选择清单专业。

d.定额库：在广联达云计价 GCCP6.0 中，应按项目所在省份选择。本例项目位于河南，则定额库包括《河南省房屋建筑与装饰工程预算定额（2016）》《河南省装配式建筑工程预算定额（2019）》《河南省绿色建筑工程预算定额（2019）》《河南省建筑工程工程量清单综合单价（2008）》《河南省装饰工程工程量清单综合单价（2008）》，如图 15-11 所示。

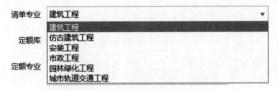

图 15-10　清单专业类型 　　　　　　　　　图 15-11　定额库类型

e.定额专业：定额专业分为建筑工程与装饰工程，如图 15-12 所示。

根据实际情况完善结束后，就可以点击"立即新建"，进行新建。

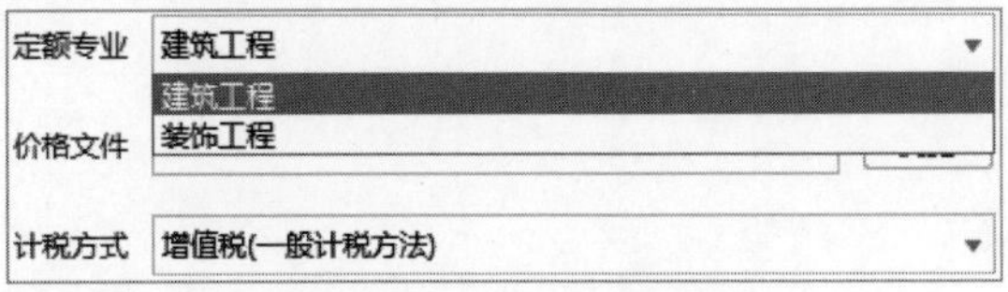

⑤ 单位工程/定额。"单位工程/定额"新建信息定额计价模式分为"工料法"和"仿清单法"两种，一般使用"仿清单法"。

图 15-12　定额专业类型

a.工料法：先计算直接费，然后再综合取费，最后计算工程总造价。

b.仿清单法：每条子目计算综合单价（计取管理费、利润），然后再依据计价程序计取措施费、规费、税金，最后得出工程总造价。"仿清单法"新建信息包括"工程名称""定额库""定额专业""价格文件""计税方式"五项信息，如图 15-13 所示。完善后，就可以进行新建。

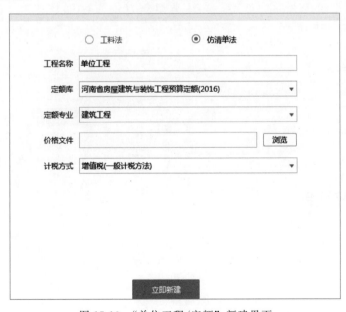

图 15-13　"单位工程/定额"新建界面

15.3 工程结算项目

（1）工程结算

工程竣工结算是指施工企业按照合同规定的内容全部完成所承包的工程，经验收质量合格，并符合合同要求之后，向发包单位进行的最终工程款结算。

结算一般由工程承包商（施工单位）提交，以招标文件选定的计价方式，依据施工合同、实施过程中的变更签证等，按照合同规定、建设项目结算规程以及清单计价规范，进行施工过程价款结算与竣工最后结清。同时，要汇总、编制建筑安装工程实际工程造价竣工结算文件。

（2）新建结算

"新建结算"包括"验工计价"和"结算计价"两个模块。建立的过程中需要把结算计价的文件导入到云计价中，如图 15-14 所示。

图 15-14 "新建结算"界面

① 验工计价：验工计价是指对施工建设过程中已完合格工程数量或工作进行验收、计量，核对验收、计量的工程数量或工作进行计价活动的总称。验工计价是办理结算价款的依据。

② 结算计价：竣工后编制结算书。

添加文件时，要注意文件的类型，文件类型分为"＊.GBQ6""＊.GBQ5""＊.GZB4""＊.GTB4"，如图 15-15 所示。

图 15-15 "新建结算"导入文件类型

15.4 工程审核项目

（1）工程审核

当整个工程竣工后，由施工方对整个项目做竣工结算（包含人工费、材料费、机械费、管理费、利润、风险费、措施费、其他费、规费和税金等），建设方自己或聘请有造价资质的公司对竣工结算进行审核，以最终确定工程的造价。

工程审核主要以工程量是否正确、单价的套用是否合理、费用的计取是否准确三方面为重点，在施工图的基础上结合合同、招投标书、协议、会议纪要以及地质勘察资料、工程变更签证、材料设备价格签证、隐蔽工程验收记录等竣工资料，按照有关的文件规定进行计算核实。

（2）新建审核

"新建审核"需要完善的信息包括"送审文件""审定文件""工程名称""审核阶段"。软件支持两种审核方式，如图 15-16 所示。其中"送审文件""工程名称""审核阶段"这三项为必填选项，如图 15-17 所示。

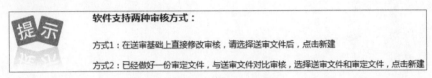

图 15-16　审核方式类型

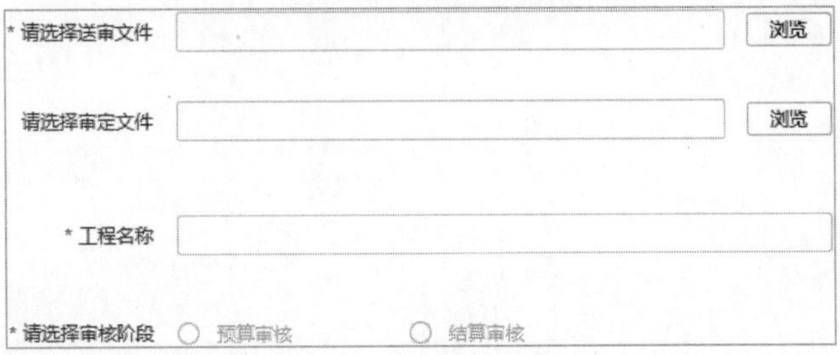

图 15-17　"新建审核"界面

①"请选择送审文件"：直接点击"浏览"把送审文件导入其中，点击"打开"，就完成了送审文件的导入，选择文件时，请注意文件类型，文件类型主要为"＊.GBQ6""＊.GBQ5""＊.GBQ4""＊.GZB4""＊.GTB4""＊.GBG9""＊.GPB9""＊.GSC6""＊.GSC5"九类，如图 15-18 所示。

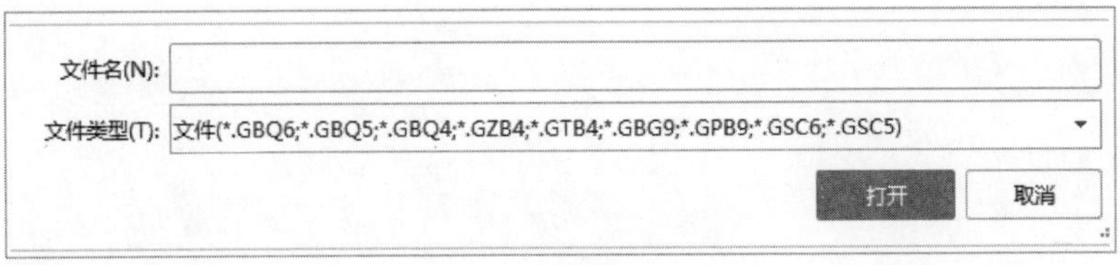

图 15-18　送审文件类型

GBQ6 是 GCCP6.0 做的预算项目计价工程。

GBQ5 是云计价平台 5.0 的文件，需要用云计价平台 GCCP5.0 软件打开。这里只是解释一下文件类型代表的含义，一般高版本软件可以打开低版本的文件。其余文件类型同理。

GBQ4 是云计价的清单计价单位工程文件。

GBG9 是定额计价单位工程文件。

GZB4 是招标项目文件。

GTB4 是投标项目文件。

GPB9 是预算定额项目文件。

GPE9 是概算定额项目文件。

GSC6 是云计价的结算计价文件。

GSH6 是云计价的审核计价文件。

②"请选择审定文件"：与"请选择送审文件"操作一样，在这里不再讲述。

③"工程名称"：输入需要进行的工程名称即可。

④"请选择审核阶段"：审核阶段分为"预算审核""结算审核"。根据实际所审核的文件阶段进行选择。

第16章

组价工具栏

组价就是在给出的工程量清单的基础上，根据清单的项目特征，正确套上清单下所包括的项目定额，然后用施工图计算出来的工程量乘以定额单价，计算出合价，再把清单下所有的项目计算出来的合价加起来，除以清单工程量，组成清单工程量的单价，然后再进行取费，形成工程量清单的综合单价。

清单项目组价的概念：一般将清单项目综合单价的形成过程称为清单项目组价。它是按照工程量清单计价规范的规定，结合工程量清单及其"项目特征与工程内容"等，利用清单计价定额，通过计算形成清单项目的综合单价的过程。

清单项目组价的目的：在确定清单项目的综合单价后，包括分部分项工程量清单项目综合单价、措施项目综合单价和其他项目综合单价等，再按照工程量清单计价程序计算工程造价（包括标底价、拦标价或控制价、投标报价、合同价、竣工结算价等）。

清单项目组价的内容：分析和确定清单项目可组合的工程内容，以此确定可组合的定额子目；按照消耗量定额或企业定额的工程量计算规则计算每个定额子目的工程数量，也称综合单价分析工程量，或计价工程量，或组价工程量，投标人有时称施工工程量；参照市场价格信息或其他价格信息，计算各定额子目的人工费、材料费、机械费；再按规定或企业实际情况确定各定额子目的管理费、利润并考虑风险因素等；汇总计算清单项目综合单价。

组价相关工具功能包含于"新建预算"项目中的"单位工程/清单"与"单位工程/定额"两个板块中，通过新建进入就能看到。

16.1 查询指引

图 16-1　查询工具

在工具栏中，点击"查询"，会看到查询工具包含"查询清单指引""查询清单""查询定额""查询人材机""查询我的数据"，如图 16-1 所示。

（1）查询清单指引

鼠标左键点击"查询清单指引"，在弹出的"查询"窗口中，也同样包含图 16-1 所含有的功能，如图 16-2 所示。"查询清单指引"的作用是快速找到清单和相应的定额。它可以把清单和匹配的定额显示在同一界面上，然后清单定额一起套取。

图 16-2 "查询清单指引"窗口

（2）查询清单

"查询清单"是查询清单子目的工具，用于编制工程量清单，如图 16-3 所示。可以顺序浏览清单，也可以通过输入查询。

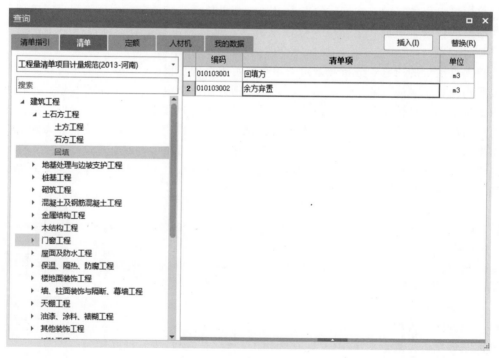

图 16-3 "查询清单"窗口

（3）查询定额

"查询定额"是查询定额子目和工作内容的工具。"查询清单"用于查询清单子目；清单子目没有单价，只是查询清单编号。清单的综合单价需要输入定额子目和工程量，才会有组价，才会组成综合单价。这也是"查询定额"与"查询清单"的关系，"查询清单指引"是两者的结合。"查询定额"窗口如图 16-4 所示。

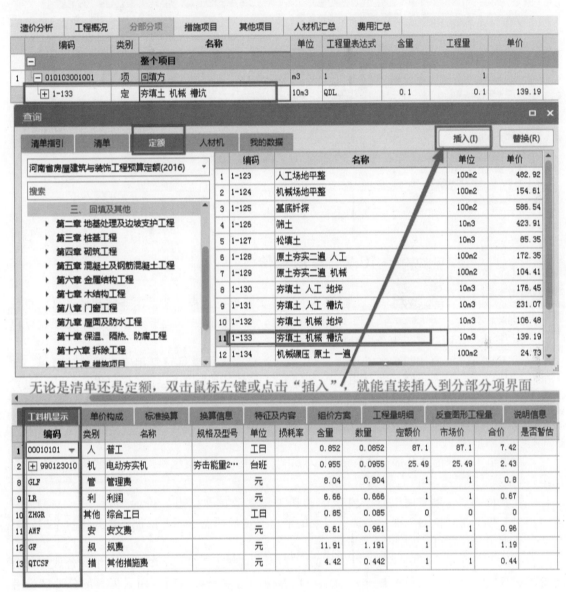

图 16-4　"查询定额"窗口

（4）查询人材机

通过"查询人材机"功能可以查找到定额子目的人工、材料、机械等项目，在价格不符的情况下可以修改，如图 16-5 所示。单击"插入"或者双击相应项就可插入对应子目。

图 16-5 "查询人材机"窗口

图 16-6 "复用组价"工具

复用组价

扫码观看视频

16.2 复用组价

假如单位工程 1 和单位工程 2 清单项非常相似，已经组好工程 1 的组价内容，如何快速给工程 2 组价呢？这时候就可以运用"复用组价"功能。

复用组价的功能是自动/手动将已完成的组价重复用于未组价的清单，即把一个单位工程的组价方案复用到其他单位工程中去。"复用组价"功能包含"自动复用组价""提取已有组价"，如图 16-6 所示。

① 自动复用组价：自动复用组价是将已组完的组价，自动批量复用至其他未组价清单中去，操作步骤如下。

a. 在未组价工程的"分部分项"界面，点击工具栏的"复用组价"，一般默认为"自动复用组价"。

b. 在弹出的"自动复用组价"窗口中选择工程来源，即已组好价的工程——"本工程"或"历史工程"组好价的工程，勾选所需要的清单与定额，点击匹配条件，选择组价范围，最后点"自动组价"即可，如图 16-7 所示。

在这里需要注意：复用本工程组价的话，需要本工程已经有一个单位工程组完价或者部分组价了；只能逐个单位工程地操作；措施项目界面的清单也可以用复用数据；部分地区没有 12 位编码自动复制组价，可以根据需求选择匹配条件，进行自动复用组价。

② 提取已有组价：提取已有组价是指在整个项目中过滤已组价相似清单，手动逐条复用。

a. 点击"提取已有组价"，软件会根据当前所在清单和默认过滤条件，快速过滤出整个项目中的相似清单，单位工程归属列可查看当前清单所在的单位工程。

b. 根据工程实际情况修改过滤条件，支持名称或项目特征关键字过滤。

c. 选择可复用的组价，使用"添加组价""替换组价"，或在清单子目上双击，均可执行复用组价。

图 16-7　"自动复用组价"窗口

　　d.若有多条未组价清单,可不关闭"提取已有组价"窗口,直接点击下一条清单,窗口会根据所选清单,实时过滤出相似清单,再查找复用即可。

　　若是历史工程复用,先点击左上角选择历史工程即可,其余步骤相同。

16.3　清单锁定

　　在投标中是不可以随便修改清单的各个数据的,否则会引起废标。软件默认在投标状态下,通过"清单锁定"功能,限制清单的修改。但如果甲方给出了变更,需要修改清单项,需要在"页面设置"中调出"清单锁定",在页面中将需要修改的清单行去掉对钩,进行修改。建议修改之后继续把"清单锁定"对钩打上。

　　清单锁定/解除清单锁定不能批量在项目上设置,只针对于"单位工程"。锁定后清单不能进行修改,防止在套价时误操作导致清单的变更。

　　点击工具栏上的"锁定清单"按钮,将锁定清单项的内容;再次点击将解锁。分部分项界面/措施界面如果显示"锁定清单",说明处于解锁状态,可以编辑清单。分部分项界面/措施界面如果显示"解除清单锁定",说明处于锁定状态,清单就编辑不了。解锁时会进行提示,如图 16-8 所示。

图 16-8　清单锁定解除提示

16.4　砂浆换算

　　在实际工程中,由于城市环保要求,避免灰尘等原因,施工方在实施砌筑工程时经常考虑购买商品砂浆取代现浇砂浆来施工,因此,需要对定额中的现浇砂浆进行换算。

在工具栏点击"砂浆换算"，在弹出的"干混预拌砂浆换算"窗口选择需要换算的方式——"现拌"或"湿拌"，点击"确定"，完成操作，如图 16-9 所示。换算过后，分部分项界面会有显示，如图 16-10 所示。

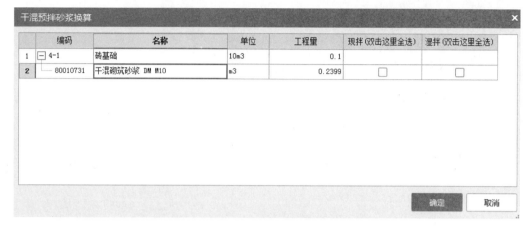

图 16-9　干混预拌砂浆换算

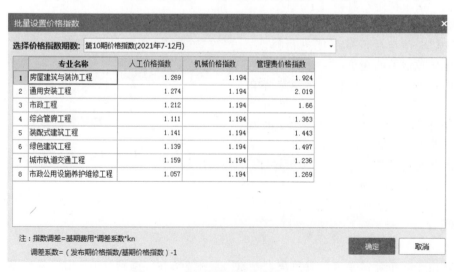

图 16-10　砂浆换算完成界面

16.5　价格指数

在工具栏选择"价格指数"功能，将弹出的"批量设置价格指数"窗口。价格指数包括"人工价格指数""机械价格指数""管理费价格指数"，如图 16-11 所示。

图 16-11　"批量设置价格指数"窗口

图 16-12　颜色功能

价格指数高低说明市场价格的波动情况。计价软件的"价格指数"不可以随意调整，应该按照造价相关部门颁布的价格指数进行调整。

16.6　颜色标注

随着插入的清单越来越多，有时候为了方便区分清单与定额，或者为了快速找到某项定额子目或清单，可以给单行标注其他颜色。或者为了区分清单，可以进行多行标注。又或者在对预算或者对某条套取的清单、定额存在疑义时，可以暂且将其用不同的颜色标记一下，以提醒用户此条清单子目有问题。

在分部分项界面，选择需要标注的单行或多行子目，在工具栏点击"颜色"工具，如图 16-12 所示，选择需要的颜色，进行标注。

16.7　清单展开

负责清单展开的工具是"展开到"功能。这个功能就是使插入到分部分项界面的清单和定额子目等，按照"展开所有""清单""子目""主材设备"等形式在分部分项界面显示，如图 16-13 所示。比如选择"清单"形式，分部分项界面只显示清单，如图 16-14 所示。

图 16-13　清单展开工具

造价分析	工程概况	分部分项	措施项目	其他项目	人材机汇总	费用汇总				
编码	类别	名称		工程量表达式	含量	工程量	单价	合价	综合单价	
		整个项目								
1	010103001001	项	回填方	1		1			20.66	
2	010401001001	项	砖基础	1		1			422.89	

图 16-14　"清单"形式

16.8　过滤

组价时会对编制过程中存在问题的项进行批注或标记，包括清单、子目，标注后的项后期需要过滤出来，统一进行更改。在核查工程时，希望能够快速过滤出重点标记的项目，比如主要清单、有颜色标记的项、有批注内容的项等。

"过滤"功能是把之前标注的或者批注的清单、定额项单独筛选出来，以便调整。

（1）分部分项界面过滤

分部分项界面"过滤"选项包括"只显示主要清单""只显示批注项目""按颜色过滤"，如图 16-15 所示，根据实际情况进行选择。

使用技巧：已经执行过"过滤"的窗口，该功能名称会变为红色字体，表示当前页面显示的内容已经过滤过，不是全部组价内容。

（2）人材机界面过滤

为方便材料管理，有时需要查看部分人材机，人材机界面"过滤"选项如图 16-16 所示，根据实际情况勾选。

图 16-15　分部分项界面"过滤"选项

图 16-16　人材机界面"过滤"选项

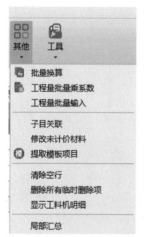

图 16-17　其他工具

16.9　其他工具

"其他"包括"批量换算""工程量批量乘系数""工程量批量输入""子目关联""修改未计价材料""提取模板项目""清除空行""删除所有临时删除项""显示工料机明细"以及"局部汇总"十项功能，如图 16-17 所示。

① 批量换算：对工程中的数据进行批量修改，步骤如下。

a. 在弹出的"批量换算"窗口可以进行"替换人材机"或者"删除人材机"，如图 16-18 所示。

b. 点击"替换人材机"，在弹出的"查询/替换人材机"窗口，根据实际进行操作替换，如图 16-19 所示。

	编码	类别	名称	规格型号	单位	调整系数前数量	调整系数后数量	预算价	市场价	供货方式	是否暂估
1	00010103	人	高级技工		工日	0.1075	0.1075	201	201	自行采购	
2	00010101	人	普工		工日	0.2309	0.2309	87.1	87.1	自行采购	
3	00010102	人	一般技工		工日	0.7366	0.7366	134	134	自行采购	
4	34110117	材	水		m3	0.105	0.105	5.13	5.13	自行采购	☐
5	04130141	材	烧结煤矸石普通砖	240*115*53	千块	0.5262	0.5262	287.5	287.5	自行采购	☐
6	XB80010731	材	砌筑砂浆	M10	m3	0.2399	0.2399	180	180	自行采购	☐
7	990610010	机	灰浆搅拌机	拌筒容量200L	台班	0.0048	0.0048	153.74	153.74	自行采购	
8	50000	机	折旧费		元	0.0143	0.0143	0.85	0.85	自行采购	
9	50010	机	检修费		元	0.0018	0.0018	0.85	0.85	自行采购	
10	50020	机	维护费		元	0.0073	0.0073	0.85	0.85	自行采购	
11	50030	机	安拆费及场外运费		元	0.051	0.051	0.9	0.9	自行采购	
12	00010100	机	机械人工		工日	0.0048	0.0048	134	134	自行采购	
13	34110103-1	机	电		kw·h	0.0413	0.0413	0.7	0.7	自行采购	
14	GLF	管	管理费		元	23.459	23.459	1	1	自行采购	
16	ZHGR	其他	综合工日		工日	1.007	1.007	0	0	自行采购	

图 16-18　"批量换算"窗口

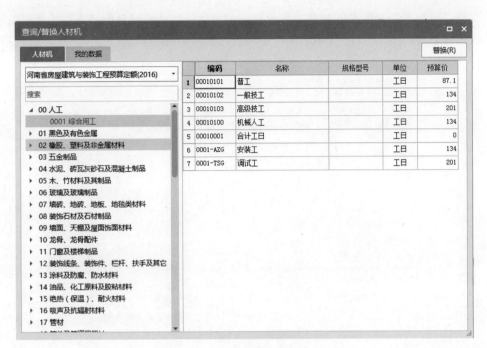

图 16-19　"查询/替换人材机"窗口

　　c.点击"高级"会弹出"工料机系数换算选项"窗口，根据实际进行选择，如图 16-20 所示。

　　② 工程量批量乘系数：对选定子目的工程量进行调整，如图 16-21 所示。

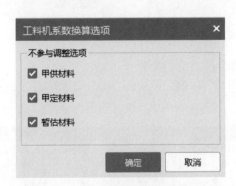

图 16-20　"工料机系数换算选项"窗口

图 16-21　"工程量批量乘系数"窗口

　　③ 工程量批量输入：需要修改调整多条清单中的工程量时，逐条修改费时费力。当清单或者定额子目数值相同时，可以选用"工程量批量输入"功能，在弹出的"工程量批量输入"窗口进行工程量的输入，同时勾选需要批量输入的清单或者定额子目，如图 16-22 所示。

　　④ 子目关联：不是所有的子目都有关联的定额子目，子目关联主要是指的混凝土工程的模板和钢筋。

　　⑤ 修改未计价材料：未计价材料是定额中只规定

图 16-22　"工程量批量输入"窗口

了它的名称、规格和消耗数量的材料，其价格由定额执行地区的信息价格或市场价格决定。点击"修改未计价材料"，界面会弹出"未计价材料"窗口，选择最新信息价，点击"应用"，如图 16-23 所示。

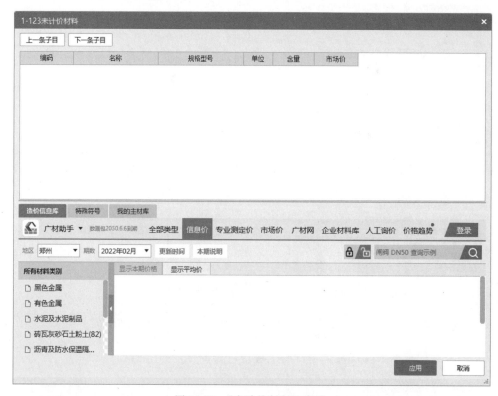

图 16-23 "未计价材料"窗口

⑥ 提取模板项目：根据混凝土定额快速筛选套取对应的模板子目。

当需要提取模板项目时，我们可以使用"提取模板项目"这个功能，提取的时候注意"提取位置"，根据具体情况选择，如图 16-24 所示。

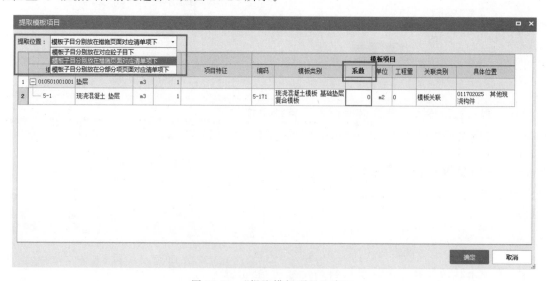

图 16-24 "提取模板项目"窗口

根据混凝土子目在"模板类别"栏下拉选择所需要的模板子目,软件会根据选择的模板类别在"具体位置"列自动识别模板清单。

功能面板中的系数,依据混凝土模板与支撑工程的定额章节说明中的"现浇钢筋混凝土构件模板含量参考表"自动关联。

⑦ 清除空行:在"其他"功能中,点击"清除空行",在弹出的"清除空行"窗口,根据实际工作选择"是"与"否",如图 16-25 所示。

⑧ 删除所有临时删除项:在工程最后完成的时候,进行过临时删除的项必须取消或永久删除,否则无法上传电子标。这时就需要用到"删除所有临时删除项"功能。

在"其他"功能中,点击"删除所有临时删除项",在弹出的"删除所有临时删除项"窗口,根据实际工作选择"是"与"否",如图 16-26 所示。

图 16-25 "清除空行"窗口

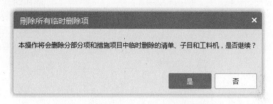

图 16-26 "删除所有临时删除项"窗口

⑨ 显示工料机明细:当定额子目需要显示工料机明细时,可以运用"显示工料机明细"这个功能,如图 16-27 所示,"显示工料机明细"前会有个"√",就可以了。

⑩ 局部汇总:进度结算时,需要汇总部分清单或子目的造价。

在"其他"功能中,点击"局部汇总",在弹出的"局部汇总"窗口中,分为"分部分项""措施项目""其他项目",根据实际工作点选需要局部汇总的项,如图 16-28 所示。点击"预览"可以查看汇总结果,如图 16-29 所示,包括"费用汇总"和"人材机汇总"。点击"生成"可以把局部汇总的内容保存为一个单独的工程。

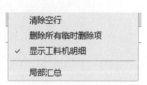

图 16-27 点选"显示工料机明细"

局部汇总							? ×
分部分项	措施项目	其他项目					
局部汇总		编码	名称	项目特征	单位	工程量	综合单价
☑			整个项目				
☑	010103001001	回填方		m3	1	1(	
☑	010401001001	砖基础		m3	1	36(	
☑	010401012001	零星砌砖		m3	1	50(	
☑	010501001001	垫层		m3	1	26(	

提示:请选择要汇总的项,点击"预览"可以查看汇总的结果,点击"生成"可以把局部汇总的内容保存为一个单独的工程

预览　生成

图 16-28 "局部汇总"窗口

局部汇总

费用汇总 | 人材机汇总

	序号	费用代号	名称	计算基数	基数说明	费率(%)	金额	费用类别	
1	1	A	分部分项工程	FBFXHJ	分部分项合计		1,152.91	分部分项工程费	
2	2	B	措施项目	CSXMHJ	措施项目合计		55.84	措施项目费	
3	2.1	B1	其中：安全文明施工费	AQWMSGF	安全文明施工费		38.24	安全文明施工费	
4	2.2	B2	其他措施费（费率类）	QTCSF + QTF	其他措施费+其他（费率类）		17.60	其他措施费	
5	2.3	B3	单价措施费	DJCSHJ	单价措施合计		0.00	单价措施费	
6	3	C	其他项目	C1 + C2 + C3 + C4 + C5	其中：1）暂列金额+2）专业工程暂估价+3）计日工+4）总承包服务费+5）其他		0.00	其他项目费	
7	3.1	C1	其中：1）暂列金额	ZLJE	暂列金额		0.00	暂列金额	
8	3.2	C2	2）专业工程暂估价	ZYGCZGJ	专业工程暂估价		0.00	专业工程暂估价	
9	3.3	C3	3）计日工	JRG	计日工		0.00	计日工	
10	3.4	C4	4）总承包服务费	ZCBFWF	总承包服务费		0.00	总包服务费	
11	3.5	C5	5）其他				0.00		
12	4	D	规费	D1 + D2 + D3	定额规费+工程排污费+其他		47.43	规费	不可竞争费
13	4.1	D1	定额规费	FBFX_GF + DJCS_GF	分部分项规费+单价措施规费		47.43	定额规费	
14	4.2	D2	工程排污费				0.00	工程排污费	据实计取
15	4.3	D3	其他				0.00		
16	5	E	不含税工程造价合计	A + B + C + D	分部分项工程+措施项目+其他项目+规费		1,256.18		

提示：请选择要汇总的项，点击"预览"可以查看汇总的结果，点击"生成"可以把局部汇总的内容保存为一个单独的工程

返回 | 生成

图 16-29 局部汇总"预览"窗口

第17章

概算项目

17.1　新建概算项目

17.1.1　新建单项工程

新建单项工程的步骤如下。

① 打开 GCCP6.0 后，点击"新建概算"，如图 17-1 所示，接着点击"立即新建"，进入广联达概算计价主页面。

② 在左边导航栏，鼠标点到"10#"的位置，接着按鼠标右键，如图 17-2 所示，然后点击"新建单项工程"。

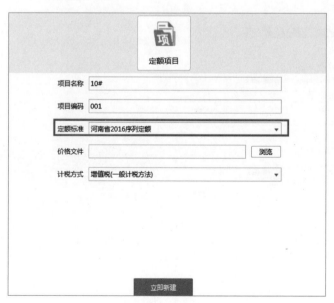

图 17-1　新建概算

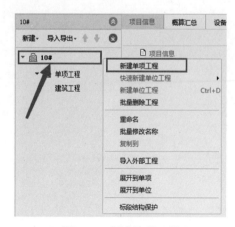

图 17-2　新建单项工程

图 17-3　输入新建单项工程的名称

③ 点击完"新建单项工程"，会弹出如图 17-3 所示的对话框，输入新建单项工程的名称即可，注意名称不能是空格。

17.1.2　新建单位工程

新建单位工程的步骤如下。

在进入概算页面之后，在左边导航栏的位置，将鼠标放在"单项工程"上，点击鼠标右键，如图 17-4 所示，接着点击"新建单位工程"，弹出对话框如图 17-5 所示。

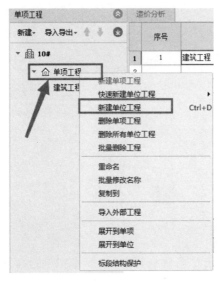

图 17-4　右键点击"单项工程"

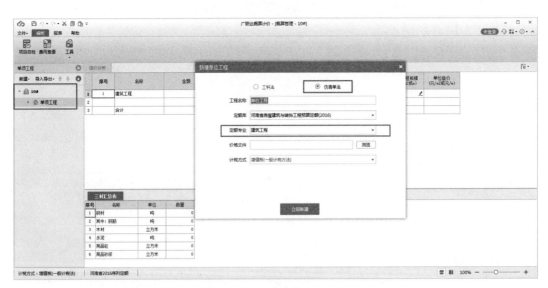

图 17-5　新建单位工程

需要注意的是，云计价 GCCP6.0 不能批量新建单项或单位工程，只能"快速新建单位工程"，如图 17-6 所示。但是老版本是可以批量新建的，新建工程时点"新建单项工程"，选择"单项数量"，勾选"单位工程"，就可以批量新建了，如图 17-7 所示。

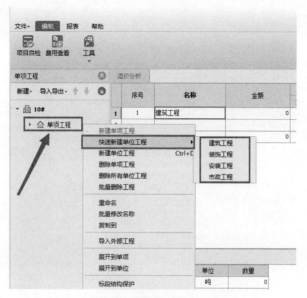

图 17-6 快速新建单位工程

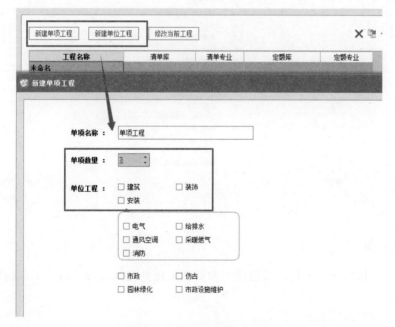

图 17-7 批量新建单项工程

17.2 项目信息

17.2.1 项目信息编制

项目信息在项目工程上编辑，点击项目工程的名称进入"项目信息"界面编辑即可，如图 17-8 所示。单项工程没有项目信息，单位工程是工程信息。

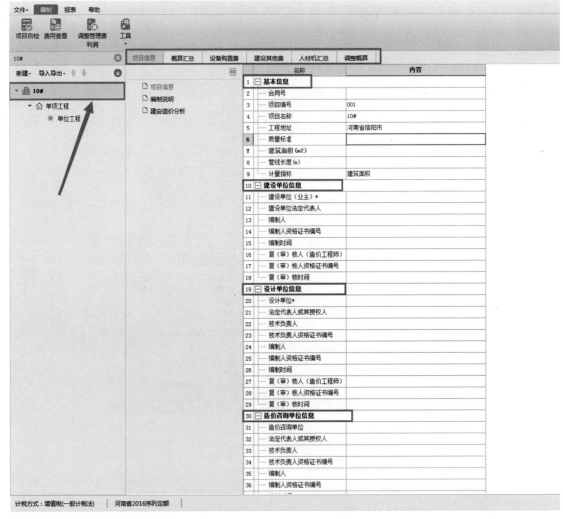

图 17-8　项目信息编制

17.2.2　编制说明

编制说明主要包括项目工程的编制说明和单位工程的编制说明。概算编制说明的具体编制步骤如下。

（1）项目工程的编制说明

依次点击"项目名称""项目信息""编制说明""编辑"即可输入，编辑完成后点击左上角预览即可保存，如图 17-9 所示。在进入"编制说明"页面后，需要注意的是一定要点击"编辑"才可以输入内容，如图 17-10 所示。在编辑说明时，可点击鼠标右键，会弹出快捷编辑窗口，内容包含"预览""插入宏代码""导入文件""导出文件"。"插入宏代码"的使用如图 17-11 所示，直接从项目信息里提取需要编制的内容即可。如果已经有该工程的"编制说明"的文档了，在此就可直接选用"导入文件"功能。如果后续还需要在新的计价文件中使用该编制说明的话，就可直接将此工程的编制说明用"导出文件"功能导出保存（导出的格式一般为记事本格式）。

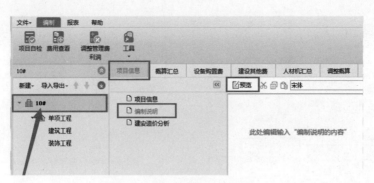

图 17-9 项目工程的"编制说明"

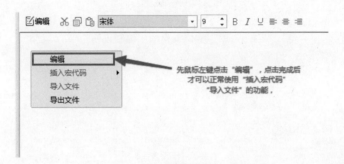

图 17-10 鼠标左键点击"编辑"

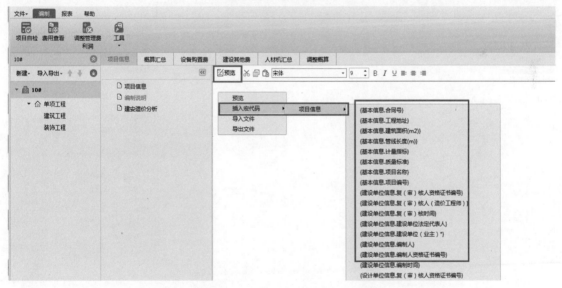

图 17-11 项目工程的"插入宏代码"

（2）单位工程的编制说明

依次点击"工程名称""工程概况""编制说明""编辑"，编辑完成后点击左上角预览即可保存。

单位工程"编制说明"的方法和项目工程的方法是差不多的，如图 17-12 所示，主要区别就是所处的位置不同，还有就是"插入宏代码"的功能也有所改变，如图 17-13 所示，项目工程中的"插入宏代码"的子目主要是"项目信息"，而单位工程的"插入宏代码"下有两个子目，分别是"工程信息""工程特征"，其他的功能及流程都是一样的。

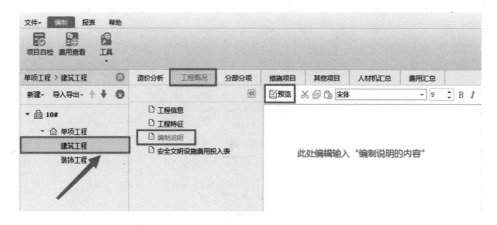

图 17-12　单位工程的"编制说明"

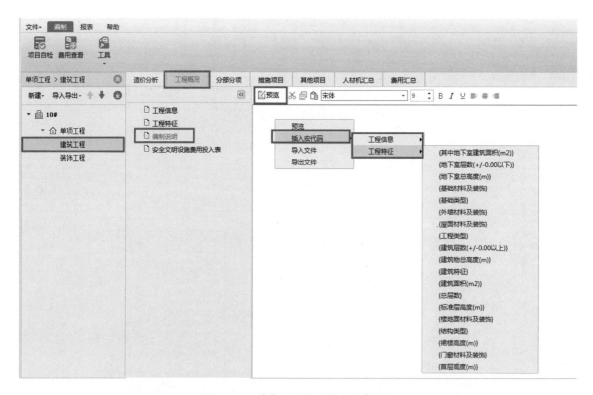

图 17-13　单位工程的"插入宏代码"

也可以直接选中"编制说明表格"，在里面编辑输入。编辑时不能调整行距。编制说明可以直接从 Word 文档中复制（Ctrl＋C）、粘贴（Ctrl＋V）过来。

17.2.3　建安造价分析

建安造价全称为建筑安装工程造价。建筑安装工程指采暖，空调，电气，照明，电梯，水、燃气、通气管道设备与机械的安装工程。建筑安装工程造价由分部分项费用、措施项目费用、其他项目费用、规费和税金组成。图 17-14 所示为某工程的建安造价分析。

图 17-14 建安造价分析

如果想要"建安造价分析"页面显示更多内容的话，可以在该页面点击鼠标右键，弹出窗口如图 17-15 所示，然后点击"页面显示列设置"，如图 17-16 所示，给需要显示的内容打钩后点击"确定"即可。

图 17-15 点击"页面显示列设置"

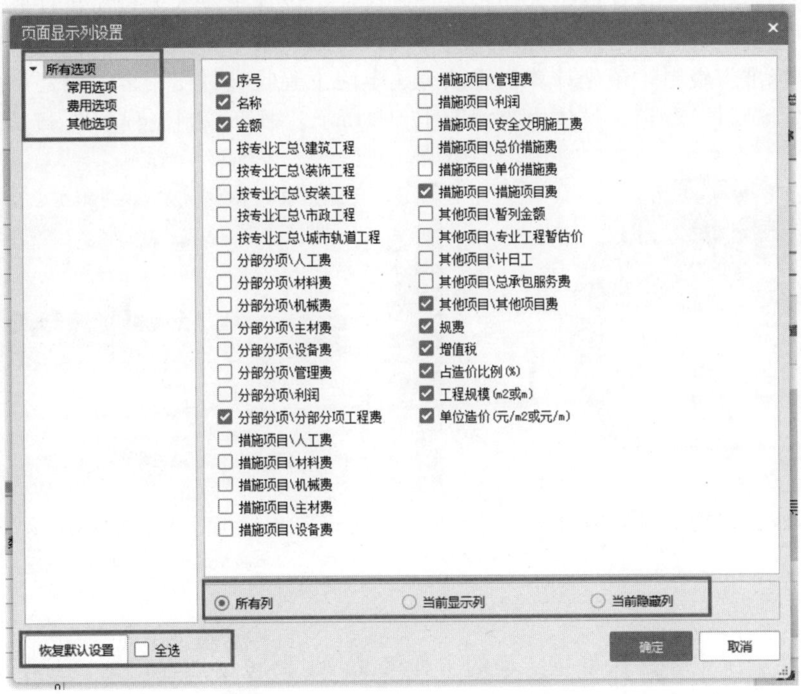

图 17-16 "页面显示列设置"窗口

如果想要导出建安造价分析的内容，可以左键拉框选中需要导出的内容，右键复制，然后粘贴到 Excel 即可，如图 17-17 所示。

图 17-17　复制格子内容

17.3　单位工程概算编制

建设项目总概算、单项工程综合概算与单位工程概算的关系图如图 17-18 所示。

工程概算书是在初步设计或扩大初步设计阶段，由设计单位根据初步设计或扩大初步设计图纸，概算定额、指标，工程量计算规则材料，设备的预算单价及建设主管部门颁发的有关费用定额或取费标准等资料，预先计算工程从筹建至竣工验收交付使用全过程建设费用的经济文件，即计算建设项目总费用，具体内容如图 17-19 所示。概算编制流程如图 17-20 所示。

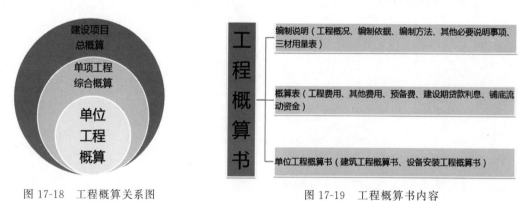

图 17-18　工程概算关系图　　　　图 17-19　工程概算书内容

17.3.1　工程概况

此处的工程概况主要是指单位工程的工程概况，主要包括工程信息、工程特征、编制说明、安全文明设施费用投入表。编制说明在 17.2.2 节已经介绍过了，此处不再赘述。

03　概算编制流程

图 17-20　概算编制流程

（1）工程信息

工程信息主要包括合同号、工程名称、专业、定额编制依据、编制人、编制单位、审核人、审核单位，如图 17-21 所示，根据实际情况填写即可，注意在软件中标红的是必须要填写的。

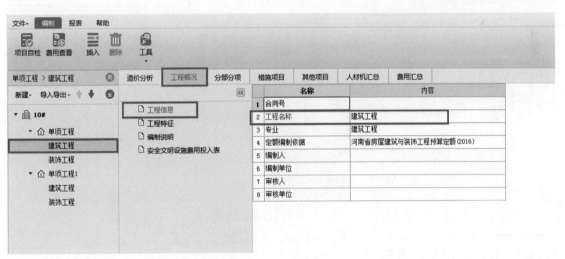

图 17-21　工程信息

（2）工程特征

工程特征包括工程类型、结构类型、基础类型、建筑特征、建筑面积、层数、总高度、装饰材料等信息，如图 17-22 所示。

（3）安全文明设施费用投入表

安全文明设施费用投入表的内容包括资料编号、结构类型、层数、建筑面积、综合工日、填报单位、负责人、经办人、联系电话、填报日期，如图 17-23 所示。

图 17-22　工程特征

图 17-23　安全文明设施费用投入表

17.3.2　分部分项概算编制

（1）分部分项概算编制介绍

部分地区概算只能新建定额计价模式，新建不了清单计价模式的，这种情况操作窗口只有"预算书"界面，如图 17-24 所示。

部分地区如河南、广东等，概算可以新建清单工程，则对应出现"分部分项"界面，如图 17-25 所示。

（2）导入工程

为了方便计价软件的使用，设置了"导入"功能，其功能子项为："导入 Excel 文件""导

图 17-24　"预算书"界面

图 17-25　"分部分项"界面

入外部工程""导入算量文件",如图 17-26 所示。

　　导入 Excel 文件:导入 Excel 文件需要在单位工程里面操作,项目工程和单项工程里面没有导入的按钮。点击"导入 Excel 文件",弹出选择界面,在界面里选择正确的 Excel 文件点击确定即可。

　　导入外部工程:外部工程指的就是别人发来的项目工程,在导入外部工程时,需要检查一下清单库和定额库选取得是否一致,如果不一致,就不能正确地导入和使用。

图 17-26　导入工程

　　导入算量文件:需要在单位工程中进行操作,项目工程界面没有相应的按钮。可以导入的算量文件格式为:图形、土建 2018/2021、安装、精装、市政算量,其余不能导入。方法是:点击"编制",点击"分部分项",点击"导入",点击"导入算量工程",接着选择做好的算量工程即可。也可以在算量工程里导出 Excel,然后新建计价的单位工程,点"导入",导入 Excel 文件即可。

　　(3) 整理子目

　　点击工具栏"整理子目",弹出窗口如图 17-27 所示。接着点击"分部整理",如图 17-28 所示,可以选择按专业、按章、按节分布标题整理,具体可根据需要选择。也可以进行定额子目排序,如图 17-29 所示,操作步骤和分布整理的步骤一样,但是此功能只适用于定额计价的工程中,清单计价工程并没有此功能,部分地区也没有此功能,如辽宁。有时为了方便可以直接通过工具栏上面的上下移动箭头进行手动子目排序,如图 17-30 所示。图 17-31 所示为该工程子目已经整理完成的界面。

图 17-27　"整理
子目"窗口

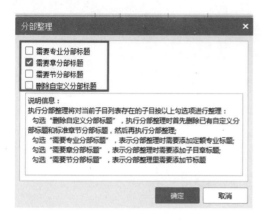

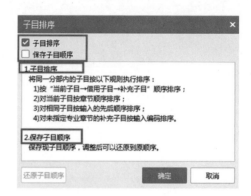

图 17-28　分部整理　　　　　　　　　　　　　图 17-29　子目排序

图 17-30　手动子目排序

图 17-31　工程子目整理完成界面

（4）插入或补充新子目

在概算文件的实际编制中，难免会出现漏项的情况，那么就可以通过插入或补充新定额子目的方法进行补项，具体方法介绍如下。

插入新子目的操作步骤为：在分部分项或措施项目界面，点击"插入"，弹出窗口如图 17-32 所示，分别有"插入分部""插入子分部""插入子目"，根据工程选择即可。

补充新子目的操作步骤为：在分部分项或措施项目界面，点击"补充"，弹出窗口如图 17-33 所示，分别可以补充子目、补充人材机。

图 17-32　"插入"窗口

图 17-33　"补充"窗口

补充子目的步骤为：点击工具栏"补充"，选择"子目"，依次输入编码、名称、单位等，输入完成后点击"确定"即可，如图 17-34 所示。

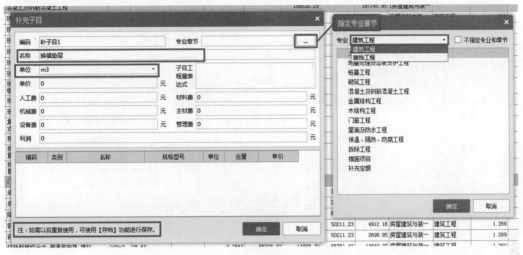

图 17-34 "补充子目"窗口

补充人材机的步骤为：点击分部分项的界面，选中定额子目，右键点击"补充"，选择"人材机"，输入编码、名称等，选择需要补充的类别，点击"插入"即可，如图 17-35 所示。

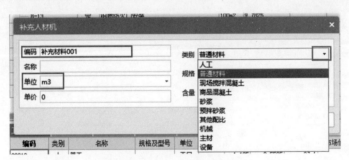

图 17-35 "补充人材机"窗口

补充子目指的就是自行补充定额，补充人材机指的是在定额下补充人材机，人材机是包含在定额下的，会参与各项取费。

（5）标准换算

选择需要换算的子目，点击"标准换算"，输入厚度、运距或其他需要的换算，也可以展开选择需要换算的材料，双击即可替换，如图 17-36 所示。若在"标准换算"里查找不到需要的材料，可以在工料机里点击右键，查询人材机库补充人材机，如图 17-37 所示。

17.3.3 措施项目

措施费是指为了完成工程项目施工，发生于该工程施工前和施工过程中非工程实体项目的费用，如脚手架搭拆费、混凝土模板费、系统调试费等，这类费用一般仅在施工过程中能看到，待工程竣工交付后就看不到了，但都是施工过程中切实发生且需要计取的费用。措施费一般由施工技术措施（单价措施）费和施工组织措施费（总价措施）组成，如图 17-38 所示。如果想将某一项的费用归零，可以删除该措施项，或将计算基数删掉，或者费率修改为 0。

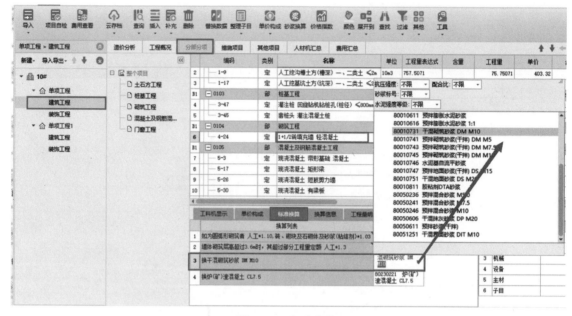

图 17-36　标准换算

图 17-37　查询人材机

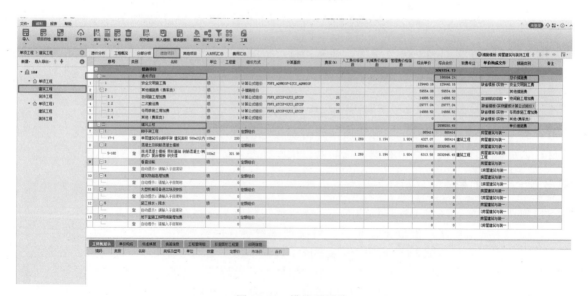

图 17-38　措施项目费

措施项目的插入方法如下。

增加措施项：右键选择"插入"，编辑费用，填入费用代码、名称、组价方式、计算基数、费率即可。

插入标题：先选中一行（标题行、措施项等），然后选择"插入"或者右键"插入"，选择"插入标题"完成。

插入子项：只有组价方式是"子措施组价"的，才可以插入子项，需选中标题行才能插入子项，右键"插入"，选择"插入子项"完成。

插入措施项：选中一行，然后选择"插入"，选择"插入措施项"完成，如图 17-39 所示。

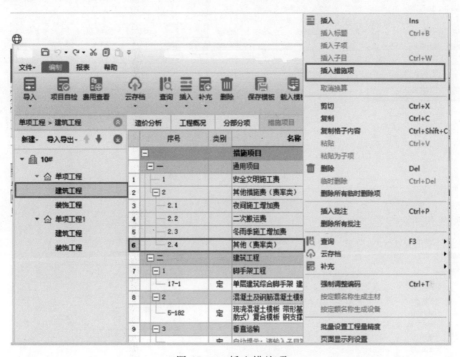

图 17-39　插入措施项

17.3.4　其他项目

工程其他项目中可以输入工程的暂列金额、专业工程暂估价、总承包服务费、计日工费用等，"其他项目费"界面如图 17-40 所示。

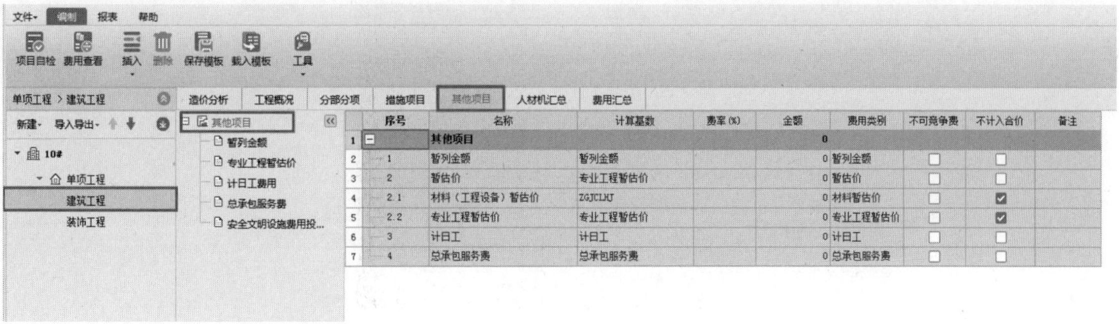

图 17-40　"其他项目费"界面

工程项目其他费用的编制步骤为：点击"其他项目"，点击"暂列金额"，依次输入名称、计量单位、暂定金额即可，如图 17-41 所示，接着点在要编辑的其他费用上，如专业工程暂估价、计日工费用等，按要求编写即可。如果要添加费用行数，可以在"编制"栏下点击"插入费用行"，或者鼠标右键点击"插入费用行"，再次进行编辑，如图 17-42 所示。如果暂列金额或者其他费用是由计算公式得出来的，可以根据具体的工程自行在总的暂列金额的计算公式里选择费用代码即可，如图 17-43 所示。

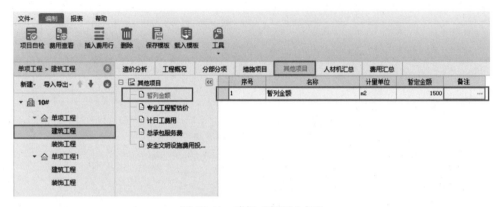

图 17-41　编辑"暂列金额"

图 17-42　插入费用行

图 17-43　选择"费用代码"

17.3.5　人材机汇总与费用汇总

（1）人材机汇总

项目工程的"人材机汇总"界面，汇总的是项目下所有单位工程的人材机；而单位工程的"人材机汇总"界面，只是该单位工程的人材机。单位工程"人材机汇总"界面如图 17-44 所示。

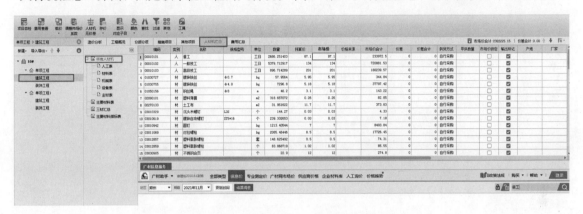

图 17-44　单位工程"人材机汇总"界面

（2）人材机价格指数调整

在"编制"界面点击项目名称，进入"分部分项"界面，点击"价格指数"，如图 17-45 所示，随后将弹出窗口，如图 17-46 所示，选择最新发布的价格指数即可。

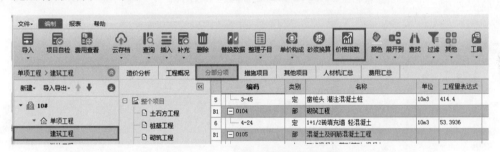

图 17-45　"价格指数"的位置

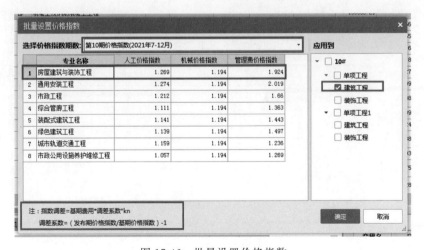

图 17-46　批量设置价格指数

（3）材料价格调整

在"编制"界面点击项目名称，进入"人材机汇总"界面，输入调整后的市场价，调整完成后的子目行会变黄色，市场价的数字也会变红。如果感觉黄色不好区分也可以自己设置颜色，先选中需要改变颜色的子目行，然后点击导航栏的"颜色"，最后选择颜色即可。材料价格调整界面，如图 17-47 所示。

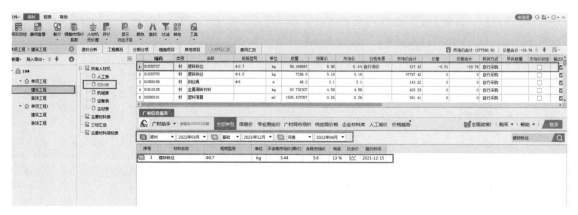

图 17-47　材料价格调整

（4）批量载价

项目下有多个单位工程的，可在项目上载价。方法为：点击"编制"，在项目名称点击"人材机汇总"，在"批量载价"中选择信息价期数，然后点击"下一步"即可，如图 17-48 所示。

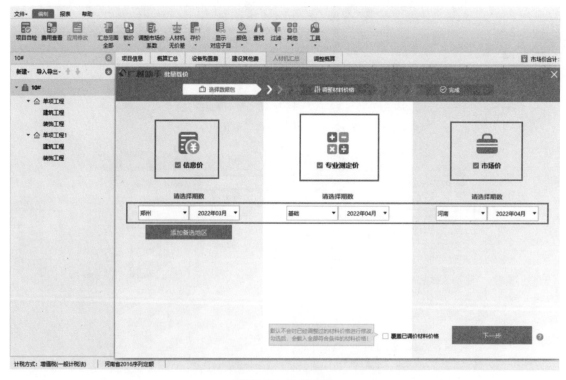

图 17-48　批量载价

也可以在单位工程上载价，方法一为：在"人材机汇总"界面点击"载价"，点击"批量载价"，选择要载入信息价的期数，点"下一步"即可；方法二为：通过"载入 Excel 市场价文件"，可以借用其他工程 Excel 格式的市场价，如图 17-49 所示。

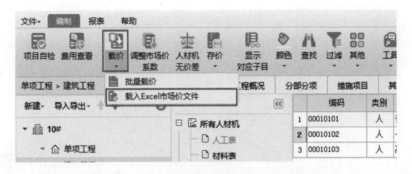

图 17-49　载入 Excel 市场价文件

（5）主要材料设置

目前只能在单位工程中设置主要材料表，项目上不能批量设置。

方法一：在"人材机汇总"界面"主要材料表"上点击"自动设置主要材料"，选择设置方式，点击"确定"，就会自动显示主要材料，如图 17-50 所示。

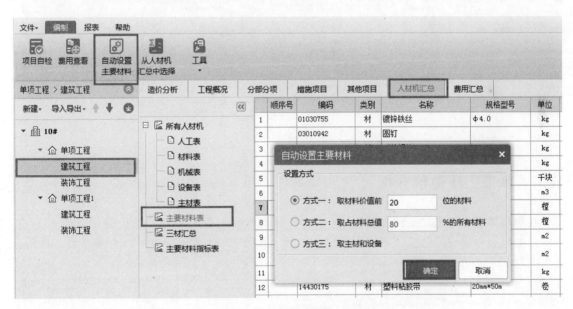

图 17-50　自动设置主要材料

方法二：在"人材机汇总"界面点击"主要材料表"，点击"从人材汇总中选择"，勾选需要显示在主要材料表中的人材机，点击"选择全部"，就会全部勾选（根据工程的需要自行设置），勾选完点击"确定"即可，如图 17-51 所示。

（6）费用汇总

此处主要指的是单位工程的费用汇总，如图 17-52 所示。

图 17-51　从人材机汇总中选择

图 17-52　单位工程费用汇总

17.4　单项工程造价分析

在单项工程上点击"造价分析"，就可以看到该单项工程汇总好的造价费用，如图 17-53 所示。如果想看详细的造价，可以点某单位工程，如图 17-54 所示。也可以直接点击"费用查看"，如图 17-55 所示。

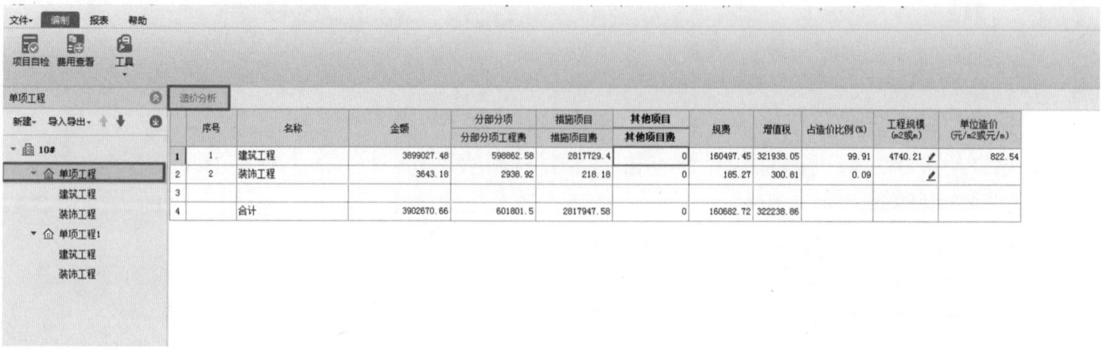

图 17-53　单项工程造价分析

图 17-54 单位工程造价分析

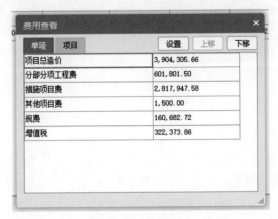

图 17-55 费用查看

17.5 项目概算汇总

项目概算汇总是整个工程项目的汇总，包括建筑工程、装饰工程、其他单项工程，如图 17-56 所示。

17.6 设备购置费

设备购置费是指工程中购置组成工艺流程的各种设备，并将设备运至施工现场指定位置所支出的购置及运杂费用。计算公式为：设备购置费＝设备原价＋设备运杂费。

在概算编制中，设备购置费分为"国内采购设备""国外采购设备""设备购置费汇总"，如图 17-57 所示。

图 17-56　项目概算汇总

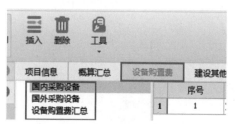

设备购置费
的编制

扫码观看视频

图 17-57　设备购置费

17.6.1　国内采购设备

选择项目工程，点击"设备购置费"，选择"国内采购设备"，在费用行双击编辑信息，即序号、设备名称、规格型号、计量单位、数量、出厂价、运杂费率，如图 17-58 所示，在调整预算里面即可看见编辑好的信息，如图 17-59 所示。

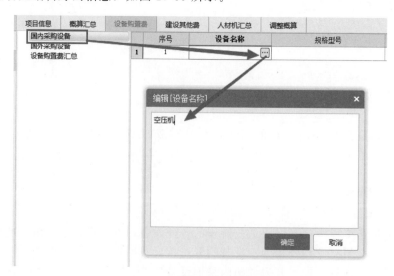

图 17-58　"设备名称"编辑

	设备名称	规格型号	计量单位	数量	出厂价	运杂费率(%)	市场价	市场价合计	产地	备注
1	空压机	AA	台 ▼	1	1200	5	1260	1260	河南	国内设备运杂费率5%

图 17-59　国内采购设备信息

17.6.2　国外采购设备

选择项目工程，点击"设备购置费"，选择"国外采购设备"，在费用行编辑信息，即序号、名称、规格型号、单位、数量、离岸价、到岸价等。在输入离岸价时，可以采用"进口设备单价计算器"，如图 17-60 所示。点击"进口设备单价计算器"，弹出窗口如图 17-61 所示，在窗口界面的下方输入汇率，然后点击"计算"，系统就能计算出最后的离岸价。图 17-62 所示为编辑完成的国外采购设备信息。

图 17-60　离岸价输入

图 17-61　进口设备单价计算器

	序号	编码	名称	规格型号	单位	数量	离岸价(美元)	到岸价 美元	到岸价 折合人民币	单价(元)	合价(元)	备注
1	1		空压机	AA	台	1	1200	1200	7870.8	8106.92	8106.92	进口设备运杂费率3%

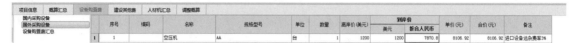

图 17-62 国外采购设备信息

17.7 建设其他费

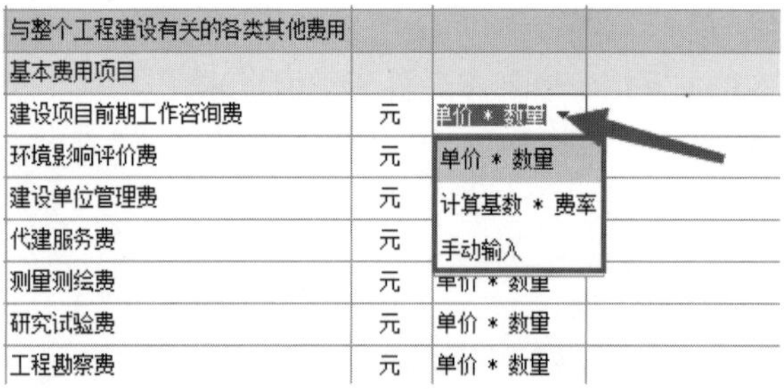

与整个工程建设有关的各类其他费用		
基本费用项目		
建设项目前期工作咨询费	元	单价 * 数量
环境影响评价费	元	单价 * 数量
建设单位管理费	元	计算基数 * 费率
代建服务费	元	手动输入
测量测绘费	元	单价 * 数量
研究试验费	元	单价 * 数量
工程勘察费	元	单价 * 数量

图 17-63 三种计算方式

建设其他费有三种方式计算，分别为“单价 * 数量”“计算基数 * 费率”和“手动输入”，根据实际工程的需要自行决定选用哪种方式，如图 17-63 所示。

方式一：单价 * 数量。在项目工程界面点击“建设其他费”，计算方式选择“单价 * 数量”，在“单价/计算基数”一列输入单价，在“数量/费率”一列输入数量即可，如图 17-64 所示。

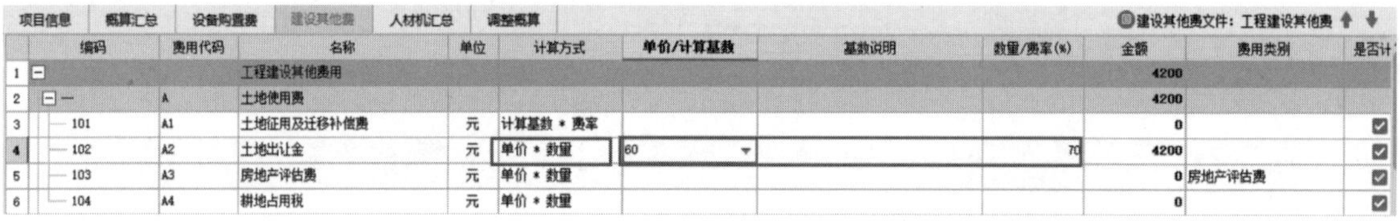

	编码	费用代码	名称	单位	计算方式	单价/计算基数	基数说明	数量/费率(%)	金额	费用类别	是否计
1			工程建设其他费用						4200		
2	一	A	土地使用费						4200		
3	101	A1	土地征用及迁移补偿费	元	计算基数 * 费率				0		☑
4	102	A2	土地出让金	元	单价 * 数量	60		70	4200		☑
5	103	A3	房地产评估费	元	单价 * 数量				0	房地产评估费	☑
6	104	A4	耕地占用税	元	单价 * 数量				0		☑

图 17-64 单价 * 数量

方式二：计算基数 * 费率。在项目工程界面点击“建设其他费”，计算方式选择“计算基数 * 费率”，在“单价/计算基数”一列选择计算基数，在“数量/费率”一列输入费率即可，如图 17-65 所示。

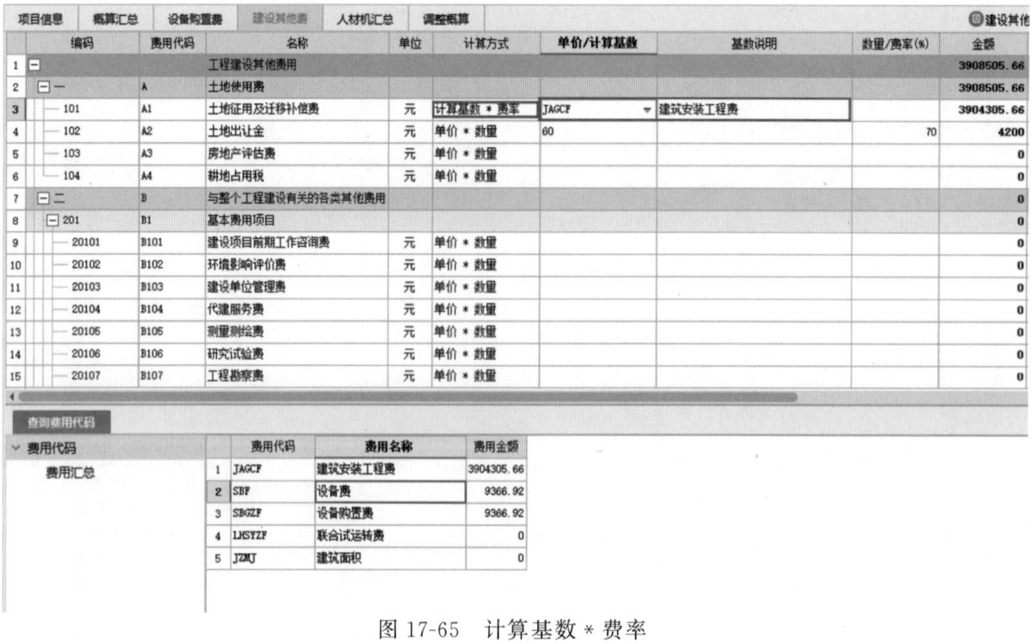

	编码	费用代码	名称	单位	计算方式	单价/计算基数	基数说明	数量/费率(%)	金额
1			工程建设其他费用						3908505.66
2	一	A	土地使用费						3908505.66
3	101	A1	土地征用及迁移补偿费	元	计算基数 * 费率	JAGCF	建筑安装工程费		3904305.66
4	102	A2	土地出让金	元	单价 * 数量	60		70	4200
5	103	A3	房地产评估费	元	单价 * 数量				0
6	104	A4	耕地占用税	元	单价 * 数量				0
7	二	B	与整个工程建设有关的各类其他费用						0
8	201	B1	基本费用项目						0
9	20101	B101	建设项目前期工作咨询费	元	单价 * 数量				0
10	20102	B102	环境影响评价费	元	单价 * 数量				0
11	20103	B103	建设单位管理费	元	单价 * 数量				0
12	20104	B104	代建服务费	元	单价 * 数量				0
13	20105	B105	测量测绘费	元	单价 * 数量				0
14	20106	B106	研究试验费	元	单价 * 数量				0
15	20107	B107	工程勘察费	元	单价 * 数量				0

	费用代码	费用名称	费用金额
1	JAGCF	建筑安装工程费	3904305.66
2	SBF	设备费	9366.92
3	SBGZF	设备购置费	9366.92
4	LHSYZF	联合试运转费	0
5	JZMJ	建筑面积	0

图 17-65 计算基数 * 费率

方式三：手动输入。在项目工程界面点击“建设其他费”，计算方式选择“手动输入”，在金额一列直接输入费用，如图 17-66 所示。

	编码	费用代码	名称	单位	计算方式	单价/计算基数	基数说明	数量/费率(%)	金额	费用类别	是否计
1	⊟		工程建设其他费用						3908605.66		
2	⊟一	A	土地使用费						3908605.66		
3	101	A1	土地征用及迁移补偿费	元	计算基数 * 费率	JAGCF	建筑安装工程费		3904305.66		☑
4	102	A2	土地出让金	元	单价 * 数量	60		70	4200		☑
5	103	A3	房地产评估费	元	手动输入				100	房地产评估费	☑
6	104	A4	耕地占用税	元	单价 * 数量				0		☑
7	⊟二	B	与整个工程建设有关的各类其他费用						0		
8	⊟201	B1	基本费用项目						0		
9	20101	B101	建设项目前期工作咨询费	元	单价 * 数量				0	建设项目前期工作咨询费	☑
10	20102	B102	环境影响评价费	元	单价 * 数量				0	环境影响评价费	☑
11	20103	B103	建设单位管理费	元	单价 * 数量				0	建设单位管理费	☑
12	20104	B104	代建服务费	元	单价 * 数量				0		☑
13	20105	B105	测量测绘费	元	单价 * 数量				0		☑
14	20106	B106	研究试验费	元	单价 * 数量				0		☑
15	20107	B107	工程勘察费	元	单价 * 数量				0		☑

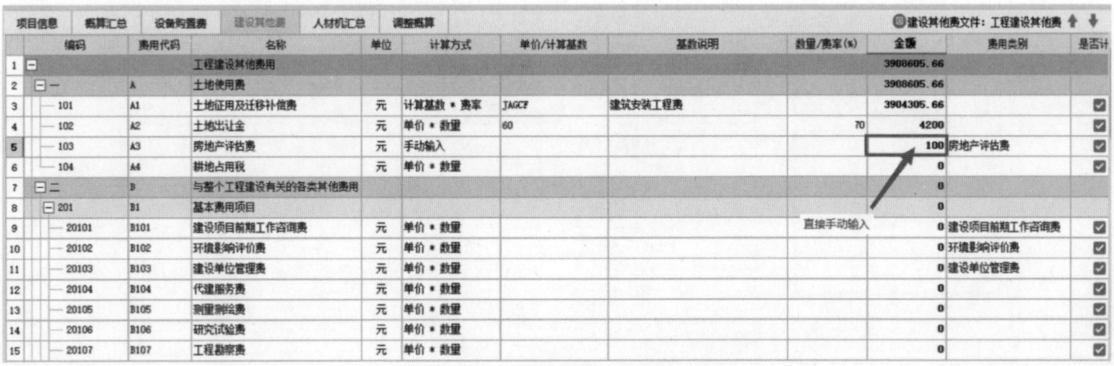

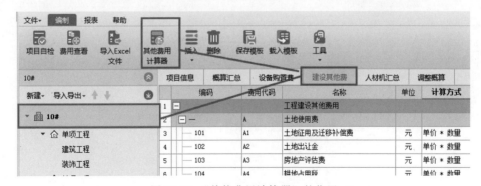

图 17-66　手动输入

17.7.1 土地使用费

“土地使用费”是指投资企业通过不同的方式使用土地（出让、转让方式取得土地使用权者除外），国家向其收取的有偿使用土地的费用，是企业为取得土地使用权而交纳的费用，它是调节使用土地资源的手段之一，是国家财政收入的组成部分。土地使用费与土地使用税不同，土地使用税是国家对使用土地的国内单位和个人征收的一种税。土地使用费主要包括土地征用及迁移补偿费、土地出让金、房地产评估费、耕地占用税，如图 17-67 所示，根据相关文件双击输入，即可在费用汇总中查看。

	编码	费用代码	名称	单位	计算方式	单价/计算基数	基数说明	数量/费率(%)	金额	费用类别	是否计算	计价依据	备注
1	⊟		工程建设其他费用						0				
2	⊟一	A	土地使用费						0				
3	101	A1	土地征用及迁移补偿费	元	单价 * 数量				0		☑	《新增建设用地土地有偿使用…	
4	102	A2	土地出让金	元	单价 * 数量				0		☑		
5	103	A3	房地产评估费	元	单价 * 数量				0	房地产评估费	☑	《房地产价格评估收费标准》	
6	104	A4	耕地占用税	元	单价 * 数量				0		☑	河南省《耕地占用税暂行条例…	

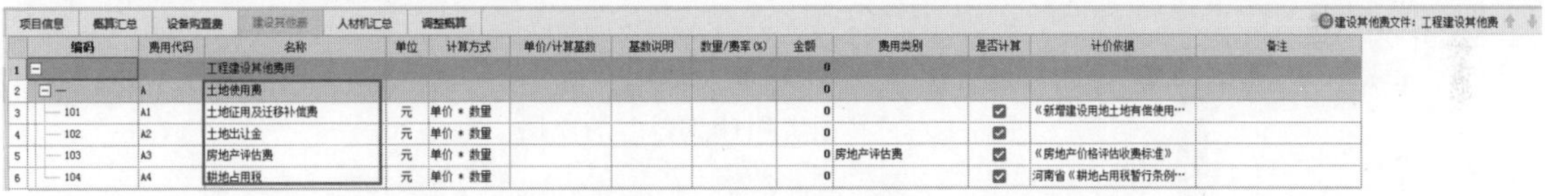

图 17-67　土地使用费

（1）其他费用计算器

建设其他费按照国家或者地方发布的计算办法通过内插法、累进法等复杂计算方式计算得出，一般计算时使用 Excel 模板中的计算公式，非常复杂，而且很不方便。但是运用“其他费用计算器”就会方便很多，如图 17-68 所示。“其他费用计算器”的使用步骤为：点击概算工

图 17-68　“其他费用计算器”的位置

程的项目工程名称，进入"建设其他费"，在软件上方工具栏点击"其他费用计算器"，依次输入相关信息（山东地区取消了该功能），如图 17-69 所示。

图 17-69 "其他费用计算器"的使用

（2）查询文件

点击项目工程，点击"建设其他费"，然后选中需要查询费用文件的费用行，点击鼠标右键，选择"查询文件"，如图 17-70 所示，就会弹出此费用计算时所采用的规范性文件，如图 17-71 所示。

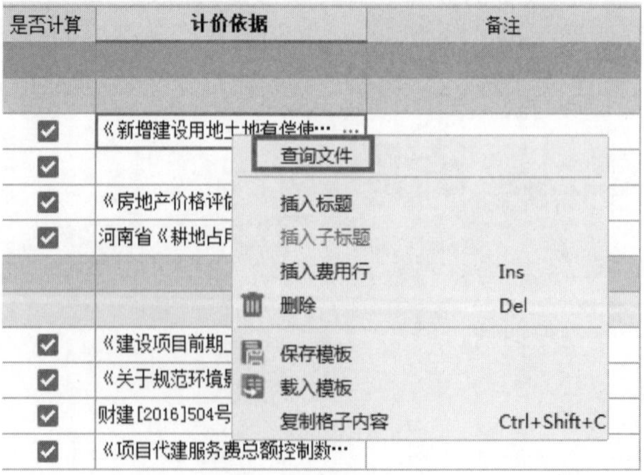

图 17-70 查询文件

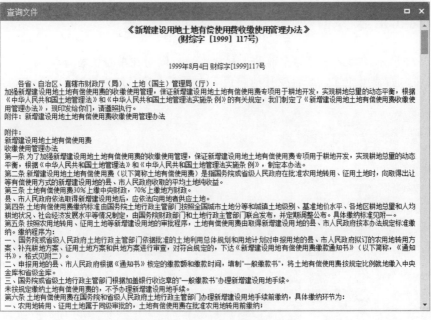

图 17-71　"查询文件"功能的使用

17.7.2　与整个工程建设有关的各类其他费用

与整个工程建设有关的其他费用主要包括建设单位管理费、工程勘察费、研究试验费、建设单位临时设施费、工程建设监理费、工程保险费、供电贴费、施工机构迁移费、引进技术和进口设备其他费用、工程承包费等，如图 17-72 所示。

图 17-72　与整个工程建设有关的各类其他费用节选

17.7.3　与未来生产经营有关的其他费用

与未来生产经营有关的其他费用主要包括联合试运转费、生产准备及开办费等，如图 17-73 所示。

图 17-73　与未来生产经营有关的其他费用

17.8　人材机汇总

如图 17-74 所示，为某工程的全部的人材机汇总，同时在单位工程那里调价过的费用在此也会显现标注，如费用变红，或者变其他颜色，也可以直接在这里进行调价。

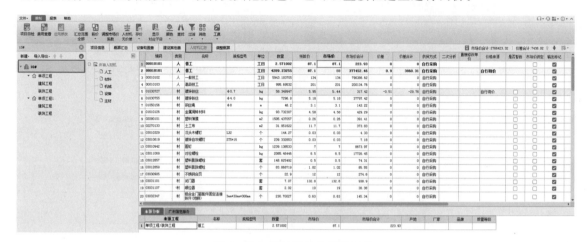

图 17-74　某工程的人材机汇总

调整概算

扫码观看视频

17.9　调整概算

业务场景：概算编制规范规定，对原设计范围的重大变更，由原设计单位核实编制调整概算，并按有关审批程序报批。调整概算的文件组成及表格形式同原设计概算，所调整的内容在调整概算总说明中逐项与原概算对比，并编制调整前后概算对比表分析变更的主要原因，方法如下。

步骤一：在项目编制界面，项目树定位到项目名称，然后选择"调整概算"，可以看到概算调整中每项费用的费用值均包括原批准概算和调整概算，如图 17-75 所示。

图 17-75　选择"调整概算"

步骤二：在"调整概算"的各费用项中输入调整后的数值。软件会自动计算差额，如图17-76 所示。在项目界面，只支持修改单位工程的概算调整值。

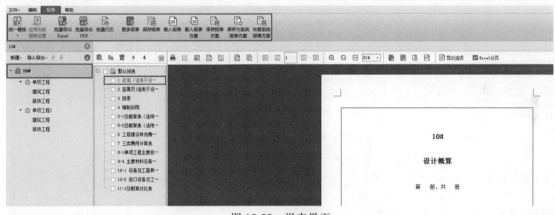

图 17-76　调整概算费用

17.10　报表导出

单击软件标题栏下方的"报表"选项卡，弹出报表界面，面板上面设置了许多功能按钮，如图 17-77 所示。表格输出面板有"批量导出 Excel""批量导出 PDF""批量打印"，报表面板有"保存报表""载入报表""载入报表方案""保存报表方案"等功能按钮。当点击到单位工程的报表界面时，会发现它们是有区别的，单位工程多了"应用当前报表设置"的功能，同时封面也发生了变化，如图 17-78 所示。

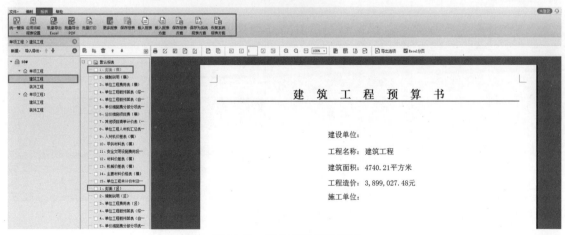

图 17-77　报表界面

图 17-78　单位工程报表界面

　　单位工程报表可以进行封面设计，把鼠标放在封面的区域内，点击鼠标右键，如图 17-79 所示，接着点击"简便设计"，如图 17-80 所示，然后进行相关数据的设计即可。也可以直接点击"设计"，就会弹出"报表设计器"的界面，如图 17-81 所示，就可以直接设计该封面的文字内容。

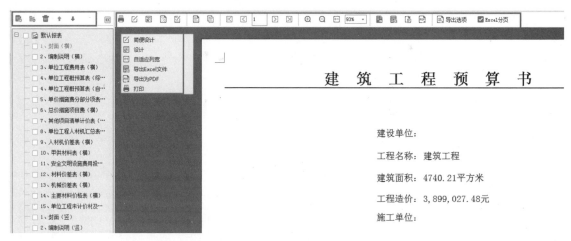

图 17-79　单位工程报表封面设计

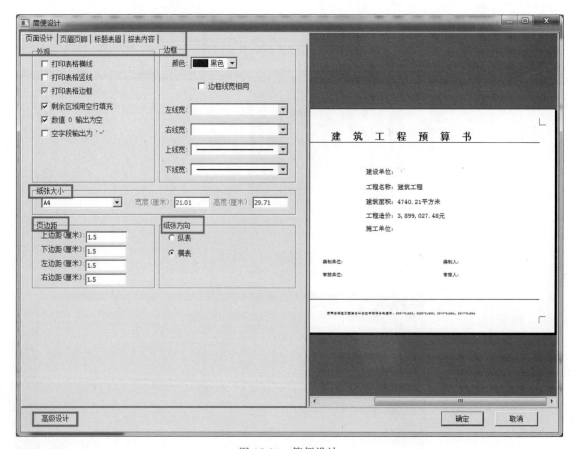

图 17-80　简便设计

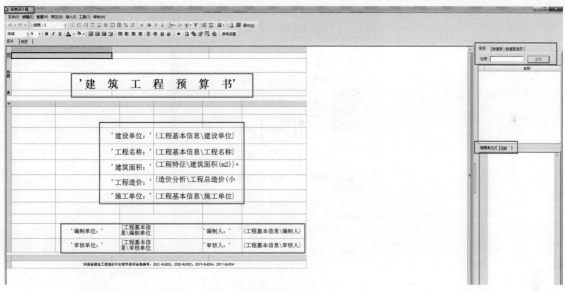

图 17-81　报表设计器

17.11　概算小助手

图 17-82　概算
小助手的位置

"概算小助手"是云计价平台特别设置的功能。在云计价 6.0 平台中点击左侧工作空间的"概算小助手",如图 17-82 所示,将弹出窗口,如图 17-83 所示,根据工程需要选择地区及文件进行查询使用即可。但是云计价概算小助手目前只有部分地区适用。图 17-84 所示为可使用该功能的地区。

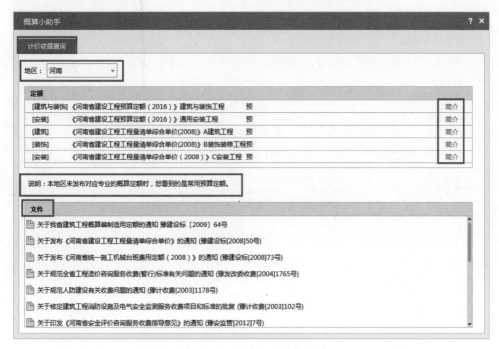

图 17-83　概算小助手的使用

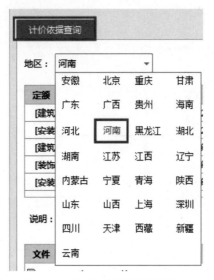

图 17-84　概算小助手的适用地区

第18章

预算项目

18.1 新建预算项目

18.1.1 新建招标项目

打开 GCCP6.0 广联达土建计价平台软件，点击"新建预算"，根据需要选择新建项目类型，在新建界面选择"招标项目"，然后填写项目名称，点击"立即新建"。

18.1.2 新建投标项目

新建投标项目基本上和招标项目是一致的，这里不再一一详细进行介绍。

18.1.3 新建单位工程

单位工程分为"单位工程/清单"和"单位工程/定额"，这里我们以"单位工程/清单"为例进行介绍。

点击"新建预算"，根据需要选择新建项目类型，选择"单位工程/清单"，在新建界面填写工程名称，点击"立即新建"。新建之后点击"编制"一栏，有造价分析、工程概况、分部分项、措施项目、其他项目、人材机汇总、费用汇总子项，如图 18-1 所示。

图 18-1 "编制"功能

① 造价分析界面如图 18-2 所示。

②"工程概况"里记录了工程信息、工程特征、编制说明，其中红色项是必填选项。单位工程/清单的工程信息如图 18-3 所示、工程特征如图 18-4 所示。

③"分部分项"界面包括项目编码、类别、名称、项目特征、单位、工程量、单价、合价等信息，如图 18-5 所示。这里因为还没有组价，所以是空的。

	名称	内容
1	工程总造价(小写)	.00
2	工程总造价(大写)	零元整
3	单方造价	0.00
4	分部分项工程费	0
5	其中:人工费	0
6	材料费	0
7	机械费	0
8	主材费	0
9	设备费	0
10	管理费	0
11	利润	0
12	措施项目费	0
13	其他项目费	0
14	规费	0
15	增值税	0

图 18-2 单位工程/清单造价分析

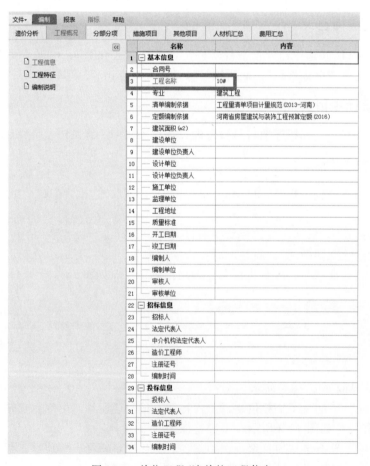

图 18-3 单位工程/清单的工程信息

图 18-4　单位工程/清单的工程特征

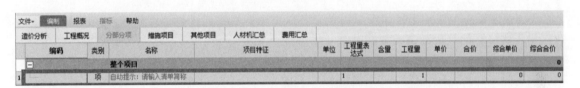

图 18-5　单位工程/清单分部分项界面

④ "措施项目"界面包括序号、名称、单位、费率、综合单价、综合合价等，如图 18-6 所示，费率是系统自动匹配的，这里因为还没有组价，所以综合单价和综合合价都为 0。

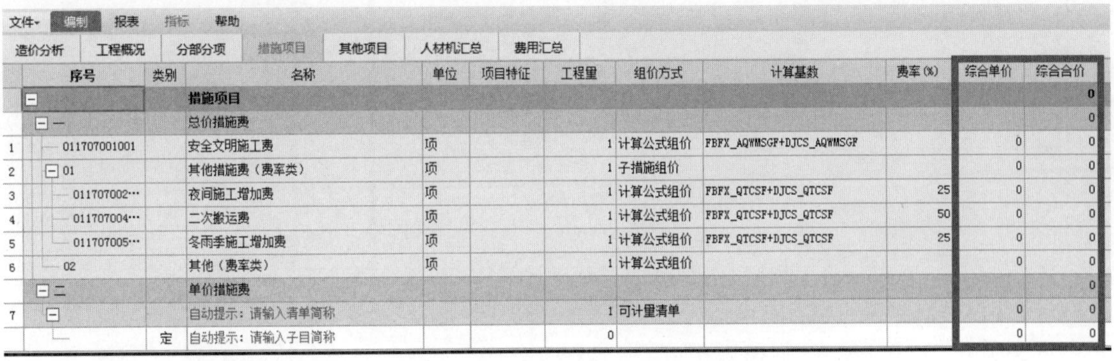

图 18-6　单位工程/清单措施项目

⑤ "其他项目"包括暂列金额、专业工程暂估价、计日工费用、总承包服务费，如图 18-7 所示。

图 18-7　单位工程/清单其他项目

⑥ "人材机汇总"包括人工表、材料表、设备表、主材表等，如图 18-8 所示，这里的编码、类别、名称等之所以是空的，是因为没有组价。

图 18-8　单位工程/清单人材机汇总

⑦ "费用汇总"包括序号、费用代号、名称、计算基数、费率、金额等，如图 18-9 所示。在这里需要注意的是金额会随着编辑而变化。

序号		费用代号	名称	计算基数	基数说明	费率(%)	金额	费用类别	备注	输出
1	1	A	分部分项工程	FBFXHJ	分部分项合计		0.00	分部分项工程费		☑
2	2	B	措施项目	CSXMHJ	措施项目合计		0.00	措施项目费		☑
3	2.1	B1	其中: 安全文明施工费	AQWMSGF	安全文明施工费		0.00	安全文明施工费		☑
4	2.2	B2	其他措施费 (费率类)	QTCSF + QTF	其他措施费+其他 (费率类)		0.00	其他措施费		☑
5	2.3	B3	单价措施费	DJCSHJ	单价措施合计		0.00	单价措施费		☑
6	3	C	其他项目	C1 + C2 + C3 + C4 + C5	其中: 1) 暂列金额+2) 专业工程暂估价+3) 计日工+4) 总承包服务费+5) 其他		0.00	其他项目费		☑
7	3.1	C1	其中: 1) 暂列金额	ZLJE	暂列金额		0.00	暂列金额		☑
8	3.2	C2	2) 专业工程暂估价	ZYGCZGJ	专业工程暂估价		0.00	专业工程暂估价		☑
9	3.3	C3	3) 计日工	JRG	计日工		0.00	计日工		☑
10	3.4	C4	4) 总承包服务费	ZCBFWF	总承包服务费		0.00	总包服务费		☑
11	3.5	C5	5) 其他				0.00			☑
12	4	D	规费	D1 + D2 + D3	定额规费+工程排污费+其他		0.00	规费	不可竞争费	☑
13	4.1	D1	定额规费	FBFX_GF + DJCS_GF	分部分项规费+单价措施规费		0.00	定额规费		☑
14	4.2	D2	工程排污费				0.00	工程排污费	据实计取	☑
15	4.3	D3	其他				0.00			☑
16	5	E	不含税工程造价合计	A + B + C + D	分部分项工程+措施项目+其他项目+规费		0.00			☑
17	6	F	增值税	E	不含税工程造价合计	9	0.00	增值税	一般计税方法	☑
18	7	G	含税工程造价合计	E + F	不含税工程造价合计+增值税		0.00	工程造价		☑

图 18-9　单位工程/清单费用汇总

18.1.4　新建定额项目

新建定额项目的操作基本上和新建招投标项目是一致的，这里不再一一介绍，唯一的区别就是项目信息不一样，多了几项必填选项，如图 18-10 所示。

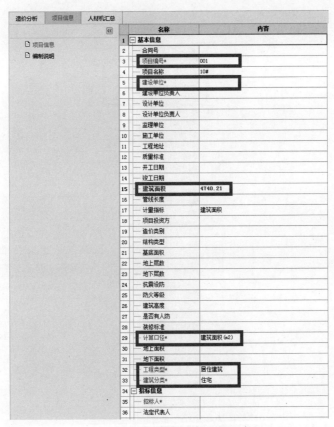

图 18-10　定额项目项目信息

18.2　工程概况

18.2.1　招标信息

新建招标项目之后点击项目名称，界面中有造价分析、项目信息、人材机汇总，其中造价分析如图 18-11 所示，项目信息栏下包括项目信息、造价一览、编制说明，项目信息中红色字体的是必填选项，根据项目情况填写，如图 18-12 所示。造价一览如图 18-13 所示，人材机汇总这里因为还没有套取清单定额，所以是空的，如图 18-14 所示。介绍完这些之后，接下来介绍新建功能，"新建"有新建单项工程、新建单位工程。现以新建单位工程为例介绍，如图 18-15 所示。

点击"新建单位工程"后，在弹出的"新建单位工程"界面编辑工程名称、清单库、定额库等信息，点击"立即新建"，如图 18-16 所示。需要注意的是：清单库和定额库的选取一定要根据项目所在地进行。在选取清单库、定额库时一定要慎重，因为在确定后清单库、定额库是无法更改的。

图 18-11　招标项目造价分析

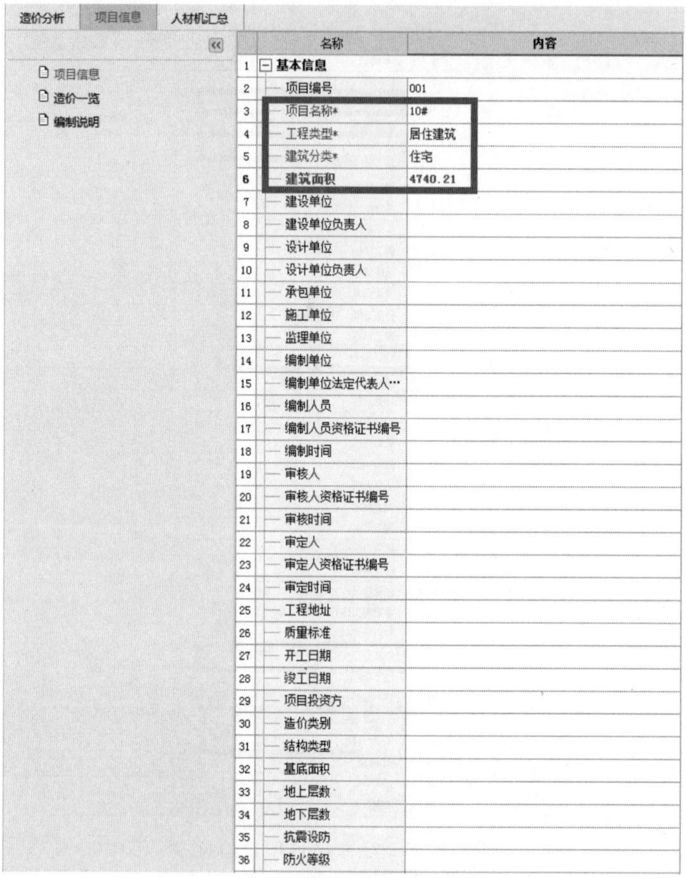

图 18-12 招标项目项目信息

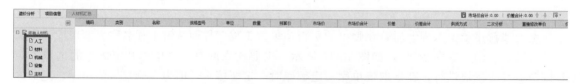

图 18-13 招标项目造价一览

图 18-14 招标项目人材机汇总

图 18-15 新建单位工程

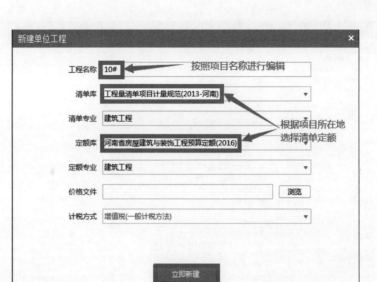

图 18-16　"新建单位工程"界面

18.2.2　投标信息

投标信息和招标信息基本相同,唯一的区别就是在项目信息造价一览多了两项内容,一是投标保证金为 0,二是担保类型为现金,如图 18-17 所示。

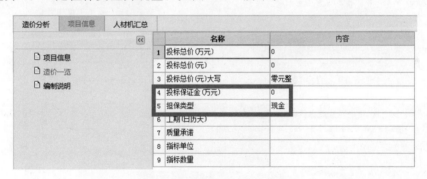

图 18-17　投标项目造价一览

18.3　导入文件

18.3.1　导入清单

在"算量工程文件导入"窗口选择清单项目与措施项目,点击确定,如图 18-18 所示。清单项目与措施项目导入完成将弹出提示,如图 18-19 所示。

18.3.2　导入单位工程

在导航栏页面点击"导入",选择"导入单位工程",如图 18-20 所示,选择需要导入的单位工程文件,点击"导入",如图 18-21 所示,会弹出一个对话框,选择相对应的市场价,点击"确定"即可,如图 18-22 所示,单位工程就导入成功了,如图 18-23 所示。

导入文件

扫码观看视频

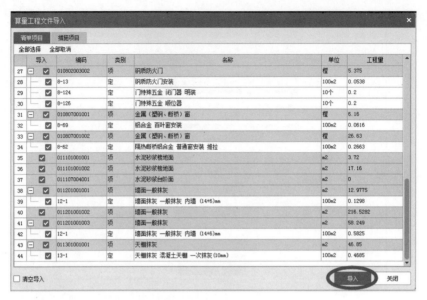

图 18-18　算量工程文件导入

图 18-19　清单导入成功

图 18-20　导入单位工程

图 18-21　选择要导入的单位工程文件

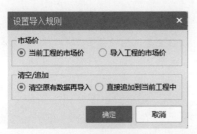

图 18-22　设置导入规则

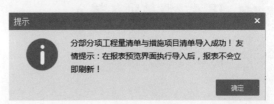

图 18-23　单位工程导入成功

18.3.3　导入算量文件

新建工程完成后，点击"量价一体化"，选择"导入算量文件"，如图 18-24 所示。然后找到文件所在位置，点击"导入"即可，如图 18-25 所示。文件打开后，会弹出如图 18-26 所示的"选择导入算量区域"窗口，选择后点击"确定"。

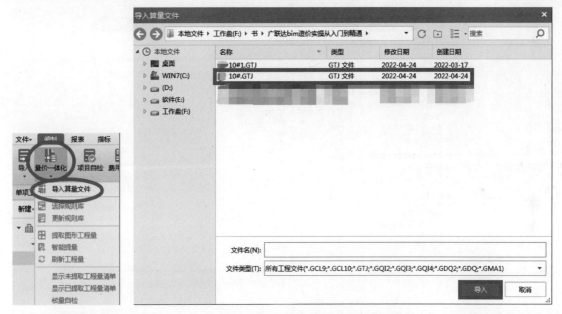

图 18-24　"导入算量文件"位置

图 18-25　导入算量文件

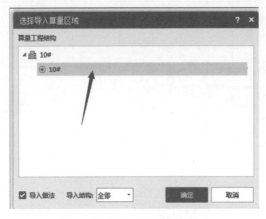

图 18-26　选择导入算量区域

清单项的输入

扫码观看视频

18.4 清单项的输入

18.4.1 插入清单

插入新清单时，点击"插入"，如图 18-27 所示。在弹出的选项中选择"插入清单"，弹出窗口如图 18-28 所示，选择需要插入的清单项即可，如图 18-29 所示。

图 18-27 插入清单

图 18-28 "插入清单"弹出窗口

图 18-29 清单插入完成

18.4.2 补充清单

点击"补充","清单",如图 18-30 所示,会弹出一个"补充清单"的对话框,包括项目编码、名称、单位、项目特征等,根据提示进行填写,然后点击"确定"即可,如图 18-31 所示,如果不填写单位和名称,会提示错误信息,如图 18-32 所示,这样补充清单就完成了,如图 18-33 所示。

图 18-30　新建补充清单

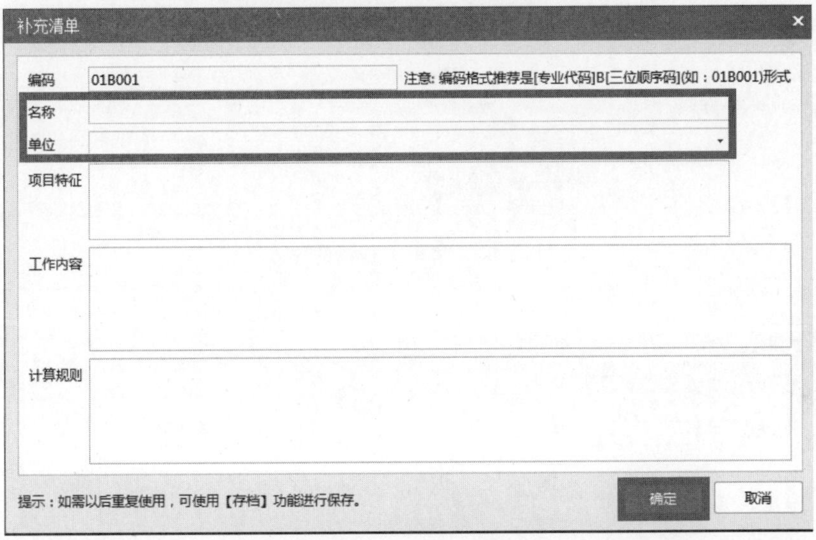

图 18-31　"补充清单"对话框

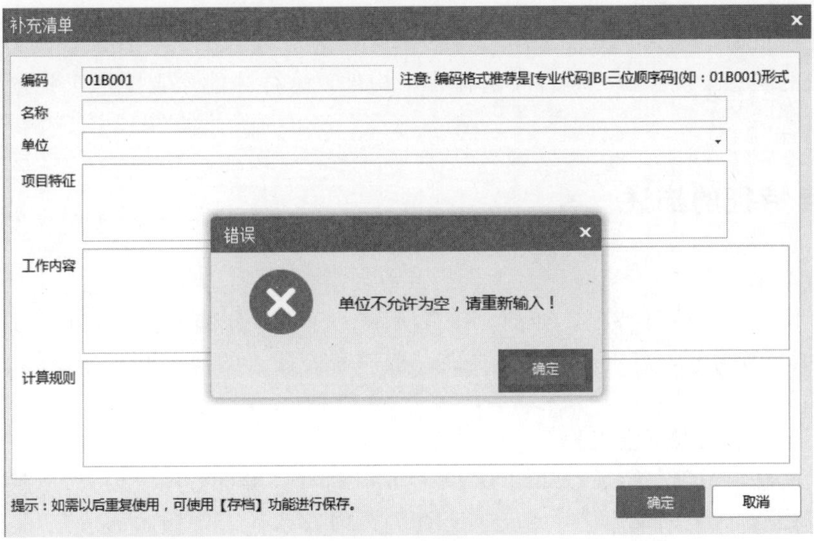

图 18-32　错误信息

造价分析	工程概况	分部分项	措施项目	其他项目	人材机汇总	费用汇总								
编码	类别		名称	项目特征		单位	工程量表达式	含量	工程量	单价	合价	综合单价	综合合价	单价构成文件	取费专业
			整个项目										0		
1	01B001	补项	平整场地			m²	1		1		0		0	房屋建筑与装饰工程 建筑工程

图 18-33 补充清单完成

18.5 工程量输入

18.5.1 清单工程量与定额工程量

点击导航栏页面，选择"分部分项"窗口，根据项目去计量软件里面找出相应的工程量，然后进行计价里清单工程量的输入。在这里选择的是矩形梁清单工程量的输入，如图 18-34 所示，清单工程量输入之后定额工程量就随着出来了，如图 18-35 所示。

	编码	类别	名称	项目特征	单位	工程量表达式	含量	工程量	单价	合价	综合单价	综合合价
B1	A.5		混凝土及钢筋混凝土工程									46361.92
1	010503002001	项	矩形梁	1.混凝土种类:预拌 2.混凝土强度等级:C30 3.层高:24.000及以下 4.部位:十层及以下 5.混凝土运输距离:自行考虑 6.其它说明:详见相关图纸设计及规范要求	m3	TXGCL		2.09			665.13	1390.12

图 18-34 清单工程量的输入

造价分析	工程概况	分部分项	措施项目	其他项目	人材机汇总	费用汇总						
	编码	类别	名称	项目特征	单位	工程量表达式	含量	工程量	单价	合价	综合单价	综合合价
			整个项目									669.51
1	010503002001	项	矩形梁		m3	2.09		2.09			320.34	669.51
	5-17	定	现浇混凝土 矩形梁		10m3	QDL	0.1	0.209	3318.21	693.51	3203.5	669.53

图 18-35 定额工程量的输入

18.5.2 反查图形工程量

点击导航栏页面，选择"分部分项"，在中间有一栏子窗口，选择"反查图形工程量"，在这里需要说明的是想要反查哪个构件就选择哪个构件，这样才能反查图形工程量，如图 18-36 所示。

18.6 项目特征的描述

（1）砌筑工程

根据图纸信息填写项目特征，如图 18-37 所示。打开"分部分项"窗口，选择"砌筑工程"，这里以填充墙为例，点击"查询"页面，选择需要插入的清单和定额，然后填写项目特征，如图 18-38 所示。

（2）混凝土及钢筋混凝土工程

根据图纸信息填写项目特征，如图 18-39 所示。打开"分部分项"窗口，选择"混凝土及钢筋混凝土工程"，这里以梁为例，点击"查询"页面，选择需要插入的清单和定额，然后填写项目特征，如图 18-40 所示。

图 18-36　矩形梁的反查图形工程量

3. 非承重的外围护墙:采用__200__厚B07蒸压加气混凝土砌块砌块,M5专用配套砂浆砌筑。一层梁土掛采用190系列MU10.0混凝土空心砌块并用C20的清孔混凝土灌实,或来用实心砌块,M10水泥砂浆砌块;属于幕墙的实体外墙采用金属板夹芯岩棉复合板。

4. 建筑物的内隔墙:采用200(100) 厚 A5.0蒸压加气混凝土砌块,M5.0 专用配套砂浆砌筑。

5. 分户墙、楼梯间隔墙、商业隔墙:采用__200__厚 A5.0蒸压加气混凝土砌块,M5.0 专用配套砂浆砌筑。

6. 厨房、卫生间、水泵房隔墙: 采用__200(100) 厚__A5.0蒸压加气混凝土砌块, M5.0 专用配套砂浆砌筑;离地200高度内以C20混凝土浇筑墙基,宽同墙厚。

图 18-37　填充墙的图纸信息

	编码	类别	名称	项目特征
B1	A.4		砌筑工程	
1	010401008001	项	填充墙	填充墙 材料: 加气混凝土砌块 厨浴厨房房间四周应浇筑同墙宽的C20细石混凝土 其它说明:详见相关图纸设计及规范要求
	4-24	定	1+1/2砖填充墙 轻混凝土	
2	010401008002	项	填充墙	填充墙 材料: 蒸压加气混凝土砌块 厨浴厨房房间四周应浇筑同墙宽的C20细石混凝土 其它说明:详见相关图纸设计及规范要求
	4-24	定	1+1/2砖填充墙 轻混凝土	

造价分析　工程概况　分部分项　措施项目　其他项目　人材机汇总　费用汇总

□ 整个项目
　□ 砌筑工程
　□ 混凝土及钢筋混...
　□ 门窗工程
　□ 楼地面装饰工程
　□ 墙、柱面装饰与...
　□ 天棚工程

图 18-38　填写完成后填充墙的项目特征

(2).混凝土强度等级

		部 位	五层以下	五~九层	九层以上
10# 住宅	墙柱	部 位	12.000以下	12.000~24.000	24.000以上
		标 高			
		强度等级	C35	C30	C25
	梁板	部 位	十层以下	十一层以上	
		标 高	24.000以下	27.000以上	
		强度等级	C30	C25	

本工程采用预拌混凝土

(a)图纸信息1　　　　　　　　　(b)图纸信息2

图 18-39　梁的图纸信息

造价分析	工程概况	分部分项	措施项目	其他项目	人材机汇总	费用汇总		
«			编码	类别	名称			项目特征
□ ☑ 整个项目		B1	□ A. 5		混凝土及钢筋混凝土工程			
□ 砌筑工程								1. 混凝土种类:预拌
□ 混凝土及钢筋混...								2. 混凝土强度等级:C30
□ 门窗工程		1	□ 010503002001	项	矩形梁			3. 层高:24.000及以下
□ 楼地面装饰工程								4. 部位: 十层及以下
□ 墙、柱面装饰与...								5. 混凝土运输距离:自行考虑
□ 天棚工程								6. 其它说明:详见相关图纸设计及规范要求
			5-17	定	现浇混凝土 矩形梁			

图 18-40　填写完成后梁的项目特征

M1	900	2150	118		成品门
M2	800	2150	53		铝合金玻璃门
M3	1500	2150	2		成品木门

图 18-41　门的图纸信息

（3）门窗工程

根据图纸信息填写项目特征，如图 18-41 所示。打开"分部分项"窗口，选择"门窗工程"，这里以木质门和玻璃门为例，点击"查询"页面，选择需要插入的清单和定额，然后填写项目特征，如图 18-42 所示。

造价分析	工程概况	分部分项	措施项目	其他项目	人材机汇总	费用汇总		
«			编码	类别	名称			项目特征
□ ☑ 整个项目		B1	□ A. 8		门窗工程			
□ 砌筑工程								1. 门代号及洞口尺寸:M1　900×2150
□ 混凝土及钢筋混...		1	□ 010801001001	项	木质门			2. 类型:成品木质门
□ 门窗工程								3. 包含门锁及五金配件
□ 楼地面装饰工程								4. 其它说明:详见相关图纸设计及规范要求
□ 墙、柱面装饰与...			8-3	定	成品套装木门安装 单扇门			
□ 天棚工程								1. 门代号及洞口尺寸:M3　1500×2150
		2	□ 010801001002	项	木质门			2. 类型:成品木质门
								3. 包含门锁及五金配件
								4. 其它说明:详见相关图纸设计及规范要求
			8-4	定	成品套装木门安装 双扇门			
								1. 门代号及洞口尺寸:M2　800×2150
		3	□ 010802001001	项	金属(塑钢)门			2. 类型:铝合金玻璃门
								3. 包含门锁及五金配件
								4. 其它说明:详见相关图纸设计及规范要求
			8-8	定	隔热断桥铝合金门安装 平开			

图 18-42　填写完成后门的项目特征

（4）楼地面装饰工程

根据图纸信息填写项目特征，如图 18-43 所示。打开"分部分项"窗口，选择"楼地面装饰工程"，这里以水泥砂浆楼地面为例（需要注意的是，本例楼地面的装修做法是见 12YJ1 楼 101 图集的，在图纸上找不到装修做法），点击"查询"页面，选择需要插入的清单和定额，然后填写项目特征，如图 18-44 所示。

	客厅、卧室、餐厅、厨房	水泥砂浆地面	12YJ1楼101	无防水要求
楼面	卫生间	水泥砂浆地面	12YJ1楼101(F)	有防水要求

图 18-43　楼面的图纸信息

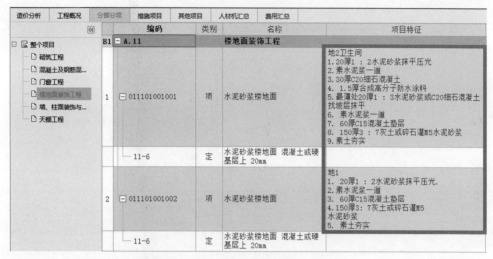

图 18-44　填写完成后楼地面的项目特征

（5）墙、柱面装饰与隔断、幕墙工程

根据图纸信息填写项目特征，如图 18-45 所示。打开"分部分项"窗口，选择"墙、柱面装饰与隔断、幕墙工程"，这里以墙面一般抹灰为例（需要注意的是，定额中 12-1 装修做法是见 12YJ1 内墙 3 图集的，在图纸上找不到装修做法），点击"查询"页面，选择需要插入的清单和定额，然后填写项目特征，如图 18-46 所示。

二、外墙做法

外墙应在找平层中，先在两种不用材料之间的缝隙粘贴300 宽的接缝带，然后满挂镀锌钢丝网(丝径0.8～1.0mm，孔径10×10 或12×12mm)加气混凝土墙应先涂专用界面剂后，再进行下道工序。非承重砌块抹面砂浆应用专用配套砂浆。

| 内墙 | 客厅、阳台、餐厅 | 混合抹灰墙面 | 12YJ1内墙3 | 留毛面(首层用户自理) |
| | 卫生间、厨房 | 水泥砂浆墙面 | 12YJ1内墙1 | 留净面(首层用户自理) |

(a)图纸信息1　　　　　　　　　　　　　　　(b)图纸信息2

图 18-45　墙面的图纸信息

造价分析	工程概况	分部分项	措施项目	其他项目	人材机汇总	费用汇总	
		编码	类别		名称	项目特征	
□ ☑ 整个项目	B1	□ A.12		墙、柱面装饰与隔断、幕墙工程			
□ 砌筑工程						蒸压加气混凝土砌块墙 水泥砂浆墙面 1.2厚配套专用界面砂浆批刮 2.7厚2：1：8水泥石灰砂浆 3.6厚1：2水泥砂浆抹平 其他说明：留净面	
□ 混凝土及钢筋混...	1	□ 011201001001	项	墙面一般抹灰			
□ 门窗工程							
□ 楼地面装饰工程		─ 12-1	定	墙面抹灰 一般抹灰 内墙(14+6)mm			
□ 墙、柱面装饰与...	2	□ 011201001002	项	墙面一般抹灰		1.满挂镀锌钢丝网（丝径0.8~1.0mm，孔径10×10或12×12mm） 2.其他说明：看图纸设计说明	
□ 天棚工程		─ 12-10	定	墙面抹灰 一般抹灰 挂钢丝网			
	3	□ 011201001003	项	墙面一般抹灰		混合砂浆墙面 蒸压加气混凝土砌块墙 1.2厚配套专用界面砂浆批刮 2.7厚1：1：6水泥石灰砂浆 3.6厚1：0.5：3水泥石灰砂浆抹平 其他说明：留毛面	
		─ 12-1	定	墙面抹灰 一般抹灰 内墙(14+6)mm			

图 18-46　填写完成后墙、柱面装饰与隔断、幕墙工程的项目特征

（6）天棚工程

根据图纸信息填写项目特征，如图 18-47 所示。打开"分部分项"窗口，选择"天棚工程"，这里以天棚抹灰为例（需要注意的是，本例天棚装修做法是见 12YJ1 顶 6 图集的，在图纸上找不到装修做法），点击"查询"页面，选择需要插入的清单和定额，然后填写项目特征，如图 18-48 所示。

天棚	客厅、卧室、餐厅	水泥砂浆天棚	12YJ1顶6	留净面(面层用户自理)
	卫生间、厨房	水泥砂浆天棚	12YJ1顶6	留净面(面层用户自理)

图 18-47　天棚的图纸信息

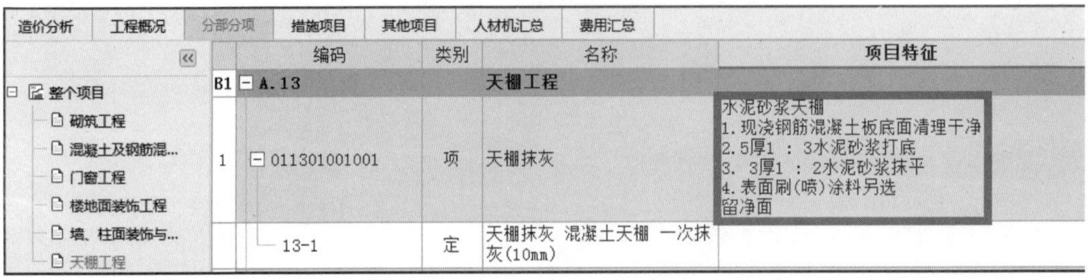

图 18-48　填写完成后天棚工程的项目特征

18.7　整理清单

18.7.1　分部整理

算量文件导入后，清单会比较乱，需要进行整理。如图 18-49 所示，整理清单有两种方法，一种是分部整理，就是按照分部分项工程的方式进行整理，另一种是清单排序，下面以分部整理为例介绍。点击"分部整理"，会弹出一个对话框，可以选择按专业分部、按章分部、按节分部等方式，这里选择按章分部，点击"确定"，如图 18-50 所示，这样清单就会自动整理了，整理后的清单如图 18-51 所示。

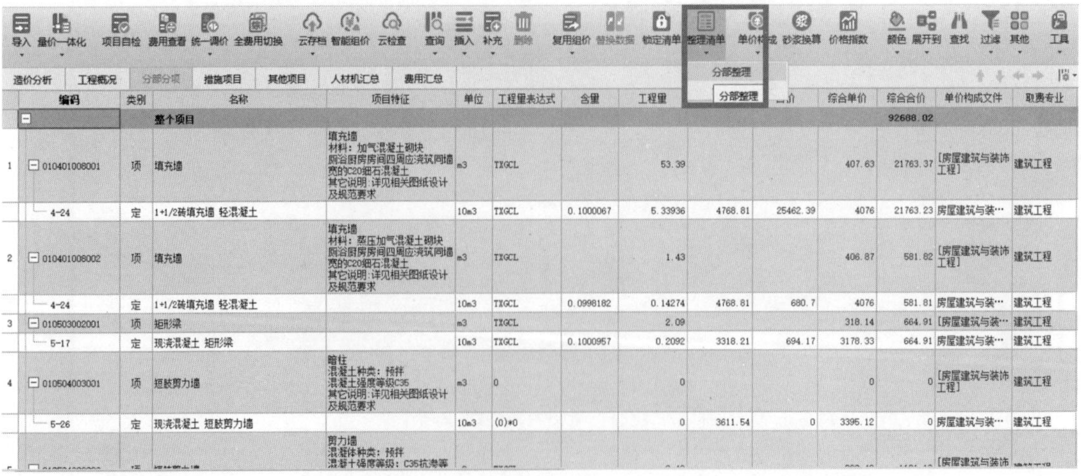

图 18-49　整理清单

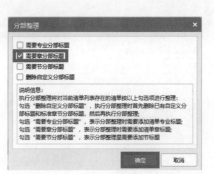

图 18-50 "分部整理"界面

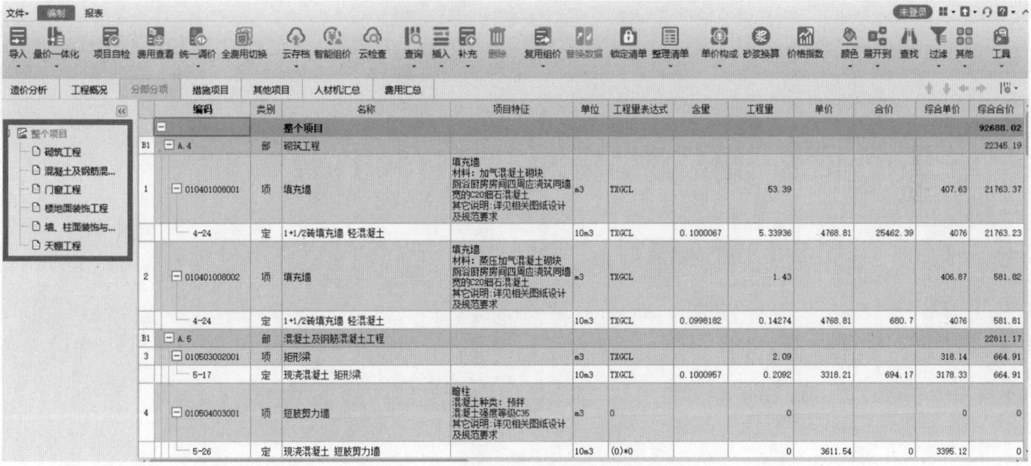

图 18-51 分部整理完成后的清单

18.7.2 清单排序

在导航栏界面点击整理清单，点击"清单排序"，如图 18-52 所示，会弹出一个"清单排序"对话框，如图 18-53 所示，上面有"重排流水码""清单排序""保存清单顺序"，这里选择"清单排序"，点击"确定"即可。

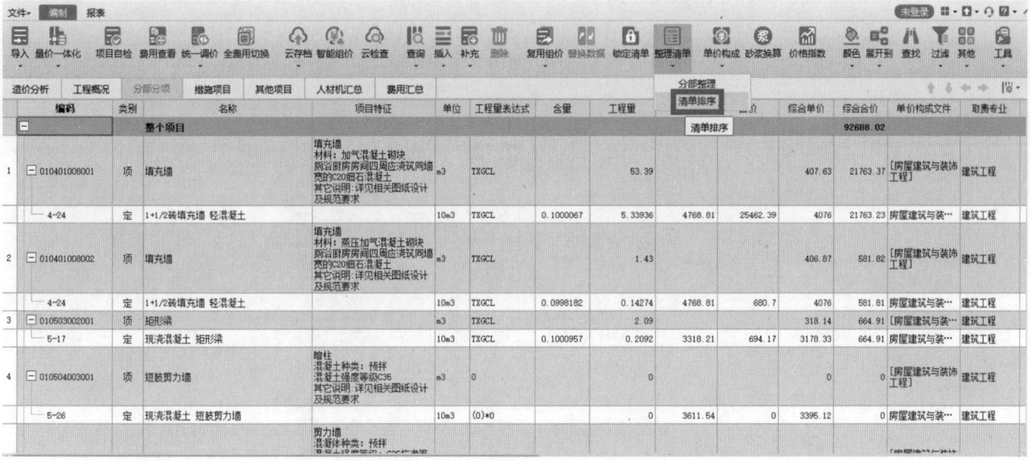

图 18-52 "清单排序"位置

图 18-53 "清单排序"对话框

18.8 定额项的输入

图 18-54 查询定额

18.8.1 插入子目

在导航栏页面点击"查询定额"，如图 18-54 所示，会弹出一个"查询"对话框，点击与清单相对应的定额，这里选的是"土方工程"，然后点击"插入"即可，如图 18-55 所示，插入完成的定额子目如图 18-56 所示。

	编码	名称	单位	单价
1	1-1	人工挖一般土方(基深) 一、二类土 ≤2m	10m3	282.97
2	1-2	人工挖一般土方(基深) 一、二类土 >2m≤6m	10m3	407.79
3	1-3	人工挖一般土方(基深) 三类土 ≤2m	10m3	457.54
4	1-4	人工挖一般土方(基深) 三类土 ≤4m	10m3	632.43
5	1-5	人工挖一般土方(基深) 三类土 ≤6m	10m3	736.82
6	1-6	人工挖一般土方(基深) 四类土 ≤2m	10m3	669.37
7	1-7	人工挖一般土方(基深) 四类土 ≤4m	10m3	844.23
8	1-8	人工挖一般土方(基深) 四类土 ≤6m	10m3	948.73
9	1-9	人工挖沟槽土方(槽深) 一、二类土 ≤2m	10m3	403.32
10	1-10	人工挖沟槽土方(槽深) 一、二类土 >2m≤6m	10m3	447.92
11	1-11	人工挖沟槽土方(槽深) 三类土 ≤2m	10m3	678.81
12	1-12	人工挖沟槽土方(槽深) 三类土 ≤4m	10m3	788.92
13	1-13	人工挖沟槽土方(槽深) 三类土 ≤6m	10m3	917.54
14	1-14	人工挖沟槽土方(槽深) 四类土 ≤2m	10m3	1012.06
15	1-15	人工挖沟槽土方(槽深) 四类土 ≤4m	10m3	1122.16
16	1-16	人工挖沟槽土方(槽深) 四类土 ≤6m	10m3	1250.77
17	1-17	人工挖基坑土方(坑深) 一、二类土 ≤2m	10m3	427.69
18	1-18	人工挖基坑土方(坑深) 一、二类土 m≤6m	10m3	472.38
19	1-19	人工挖基坑土方(坑深) 三类土 ≤2m	10m3	720.72

查询　清单指引　清单　定额　人材机　我的数据　插入(I)　替换(R)

河南省房屋建筑与装饰工程预算定额(2016)

搜索

▲ 建筑工程
　▲ 第一章 土石方工程
　　▶ 一、土方工程
　　▶ 二、石方工程
　　　三、回填及其他
　▶ 第二章 地基处理及边坡支护工程
　▶ 第三章 桩基工程
　▶ 第四章 砌筑工程
　▶ 第五章 混凝土及钢筋混凝土工程
　▶ 第六章 金属结构工程
　▶ 第七章 木结构工程
　▶ 第八章 门窗工程
　▶ 第九章 屋面及防水工程
　▶ 第十章 保温、隔热、防腐工程
　▶ 第十六章 拆除工程
　▶ 第十七章 措施项目
　▶ 补充定额
▶ 装饰工程

图 18-55 定额的插入

图 18-56　插入完成的定额子目

18.8.2　补充子目

在导航栏页面点击"补充","子目",如图 18-57 所示,会弹出一个"补充子目"的对话框,这里应注意的是编码、名称、单位需要根据项目去补充完整,然后点击"确定"即可,如图 18-58 所示,补充完成的子目如图 18-59 所示。

图 18-57　补充子目

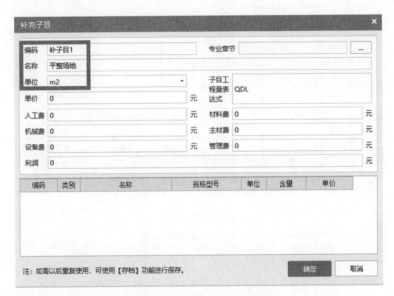

图 18-58　"补充子目"对话框

图 18-59　补充完成的子目

18.9　定额的换算

18.9.1　标准换算

当定额内容与图纸不符时需要进行换算,定额的换算要按照一定的标准编制,下面以河南省定额为例介绍。

定额的换算

扫码观看视频

（1）砌块墙的换算

点击左侧导航栏页面，选择"砌筑工程"，在这里需要注意的是，选择"清单"的时候，"标准换算"是点不出来的，只有选择"定额子目"的时候"标准换算"才能点出来。如图 18-60 所示，在定额编制的填充墙项，采用的是干混砌筑砂浆 DM M10，但图纸上注明应采用预拌混合砂浆 M10，就需进行标准换算。在换算时点击换算内容下的三角，选择正确的材料规格型号，如图 18-61 所示，这样砌体墙就换算完成了。

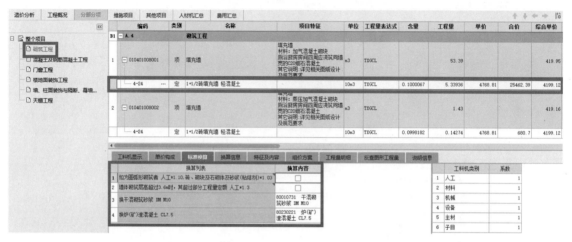

图 18-60　砌体墙的换算

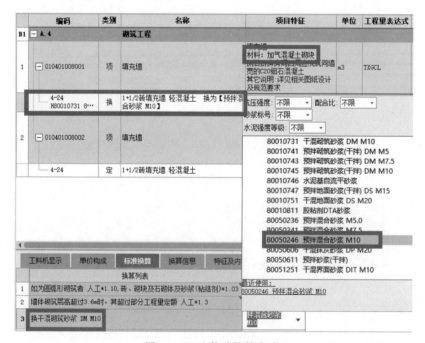

图 18-61　砌体墙换算完成

（2）矩形梁的换算

点击左侧导航栏页面，选择"混凝土及钢筋混凝土工程"，由定额编制的矩形梁项混凝土强度等级是 C20，但图纸上注明混凝土强度等级为 C30，就需进行标准换算。在换算时点击换算内容下的三角，选择正确的混凝土强度等级，如图 18-62 所示，这样矩形梁就换算完成了。

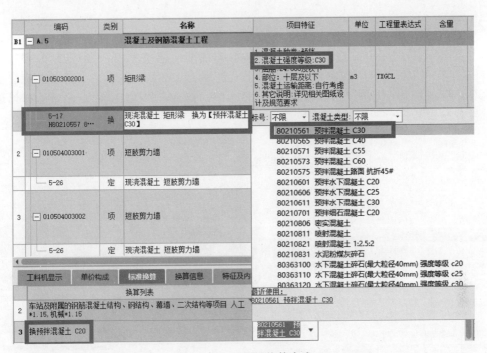

图 18-62 矩形梁换算完成

（3）水泥砂浆楼地面的换算

点击左侧导航栏页面，选择"楼地面装饰工程"，由定额编制的水泥砂浆楼地面，采用的是干混地面砂浆 DS M20，结施图纸采用的是 1：2 水泥砂浆抹平压光，这样就需进行标准换算，在换算时点击换算内容下的三角，选择正确的材料规格型号，如图 18-63 所示，这样水泥砂浆楼地面就换算完成了。

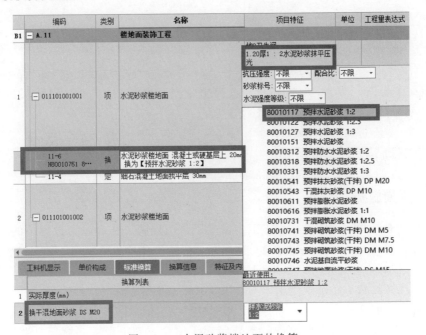

图 18-63 水泥砂浆楼地面的换算

18.9.2　工料机换算

点击左侧导航栏页面，选择"墙、柱面装饰与隔断、幕墙工程"，由定额内容可知，在"工料机显示"里采用的是干混抹灰砂浆，根据项目特征可知采用的是 1：2 水泥砂浆，就需要进行换算，点击"工料机"，然后选择与项目相匹配的信息，如图 18-64 所示，这样墙面一般抹灰就换算完成了。

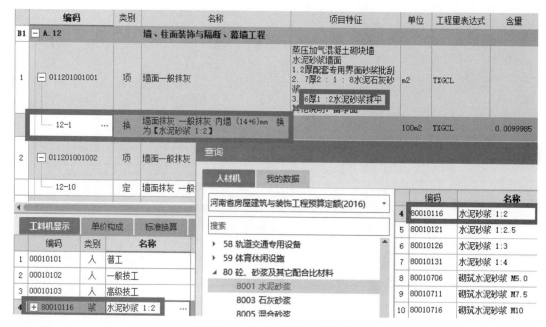

图 18-64　墙面一般抹灰的换算

图 18-65　单价构成

18.10　单价构成

点击导航栏页面"分部分项"窗口，选择"单价构成"，如图 18-65 所示，会弹出一个"单价构成"的对话框，点击"确定"即可，如图 18-66 所示。

18.11　措施项目清单的组价

18.11.1　总价措施费

措施项目费是指为完成建设工程施工，发生于该工程施工前和施工过程中的技术、生活、安全、环境保护等方面的费用。措施项目费有总价措施费和单价措施费两种，这里主要介绍总价措施费。总价措施费包括安全文明施工费和其他措施费（费率类），其他措施费包括夜间施工增加费、二次搬运费、冬雨季施工增加费以及其他费四种。

（1）安全文明施工费

安全文明施工费是指按照国家现行的建筑施工安全、施工现场环境与卫生标准和有关规定，购置和更新施工安全防护用具及设施、改善安全生产条件和作业环境及因施工现场扬尘污

图 18-66　单价构成

染防治标准提高所需要的费用。安全文明施工费的计算公式如下：

$$安全文明施工费＝计算基数×安全文明施工费费率 \qquad (18-1)$$

（2）其他措施费（费率类）

其他措施费（费率类）是指计价定额中规定的，在施工过程中不可计量的措施项目所产生的费用，其内容如下。

① 夜间施工增加费：因夜间施工所发生的夜班补助费、夜间施工降效、夜间施工照明设备摊销及照明用电等费用。

$$夜间施工增加费＝计算基数×夜间施工增加费费率 \qquad (18-2)$$

② 二次搬运费：因施工场地条件限制而发生的材料、构配件、半成品等一次运输不能到达堆放地点，必须进行二次或多次搬运所发生的费用。

$$二次搬运费＝计算基数×二次搬运费费率 \qquad (18-3)$$

③ 冬雨季施工增加费：在冬季施工需增加的临时设施、防滑、除雪、保温等安全措施及施工机械效率降低等所增加的费用。

$$冬雨季施工增加费＝计算基数×冬雨季施工增加费费率 \qquad (18-4)$$

本工程实例中的总价措施费如图 18-67 所示，其中费率的数值是由地区决定的。

	序号	类别	名称	单位	项目特征	工程量	组价方式	计算基数	费率(%)	综合单价	综合合价
−			措施项目								2470.17
−	一		总价措施费								2470.17
1	011707001001		安全文明施工费	项		1	计算公式组价	FBFX_AQWMSGF+DJCS_AQWMSGF		1691.78	1691.78
2	− 01		其他措施费（费率类）	项		1	子措施组价			778.39	778.39
3	011707002…		夜间施工增加费	项		1	计算公式组价	FBFX_QTCSF+DJCS_QTCSF	25	194.6	194.6
4	011707004…		二次搬运费	项		1	计算公式组价	FBFX_QTCSF+DJCS_QTCSF	50	389.19	389.19
5	011707005…		冬雨季施工增加费	项		1	计算公式组价	FBFX_QTCSF+DJCS_QTCSF	25	194.6	194.6

图 18-67　总价措施费

18.11.2 脚手架工程

本节说明以河南省为例。

（1）一般说明

① 此处脚手架措施项目是指施工需要的脚手架搭、拆、运输及脚手架摊销的工料消耗。

② 此处脚手架措施项目材料均按钢管式脚手架编制。

③ 各项脚手架消耗量中未包括脚手架基础加固的消耗。基础加固是指脚手架立杆下端以下或脚手架底座下皮以下的一切做法。

④ 高度在 3.6m 以外，墙面装饰不能利用原砌筑脚手架时，可采用装饰脚手架。装饰脚手架执行双排脚手架定额，计算时乘以系数 0.3。

（2）综合脚手架

① 综合脚手架适用于能够按《建筑工程建筑面积计算规范》（GB/T 50353—2013）计算建筑面积的建筑工程的脚手架，不适用于房屋加层、构筑物及附属工程脚手架。

② 单层建筑综合脚手架适用于檐高 20m 以内的单层建筑工程。单层建筑工程执行单层建筑综合脚手架项目，二层及二层以上的建筑工程执行多层建筑综合脚手架项目，地下室部分执行地下室综合脚手架项目。

③ 综合脚手架包括外墙砌筑及外墙粉饰、3.6m 以内的内墙砌筑及混凝土浇捣用脚手架以及内墙面和天棚粉饰脚手架。

④ 综合脚手架套取相应的定额子目，如图 18-68 所示。

图 18-68　综合脚手架定额子目

（3）单项脚手架

凡不适宜使用综合脚手架的项目，可按相应的单项脚手架项目执行，如图 18-69 所示。

（4）其他脚手架

其他脚手架主要为电梯井架，每一台电梯为一孔，按单孔以"座"计算，如图 18-70 所示。

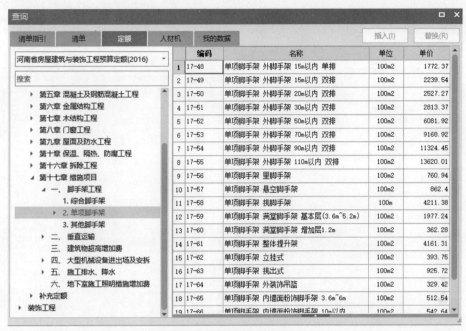

图 18-69　单项脚手架定额子目

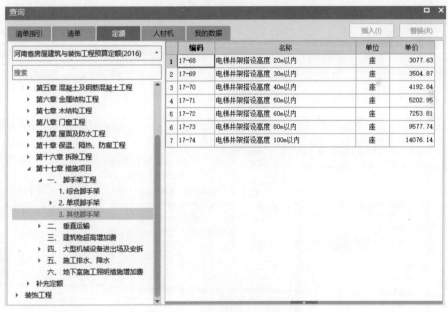

图 18-70　其他脚手架定额子目

18.11.3　垂直运输

建筑物垂直运输划分是以建筑物的檐高及层数两个指标同时界定的，如檐高达到上限而层数未达到时以檐高为准；如层数达到上限而檐高未达到时以层数为准。同一建筑上下结构不同时，按结构分界面分别计算建筑面积，套用相应定额项目，檐高均应以该建筑物总檐高为准；同一建筑水平方向的结构或高度不同时，以垂直分界面分别计算建筑面积，套用相应定额项目，如图 18-71 所示。

图 18-71　垂直运输定额子目

18.11.4　建筑物超高增加费

建筑物超高增加人工、机械定额适用于单层建筑物檐口高度超过 20m、多层建筑物超过 6 层的项目，在套取定额时应根据建筑物高度进行选择，如图 18-72 所示。

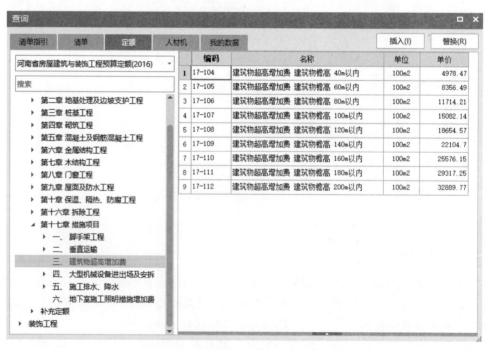

图 18-72　建筑物超高增加费定额子目

18.11.5　大型机械设备进出场及安拆

大型机械设备进出场及安拆费是指机械整体或分体自停放场地运至施工现场，或由一个施工地点运至另一个施工地点，所发生的机械进出场运输和转移费用，以及机械在施工现场进行安装、拆卸所需的人工费、材料费、机械费、试运转费和安装所需的辅助设施的费用。本节以河南省为例介绍。

（1）塔式起重机及施工电梯基础

① 塔式起重机轨道铺设以直线形为准，如铺设弧线形时，定额乘以系数 1.15。

② 固定式基础适用于混凝土体积在 $10m^3$ 以内的塔式起重机基础，如超出者按实际混凝土工程、模板工程、钢筋工程分别计算工程量，按《河南省房屋建筑与装饰工程预算定额》的相应项目执行。

③ 固定式基础如需打桩时，打桩费用另行计算。

塔式起重机及施工电梯基础相应的定额子目如图 18-73 所示。

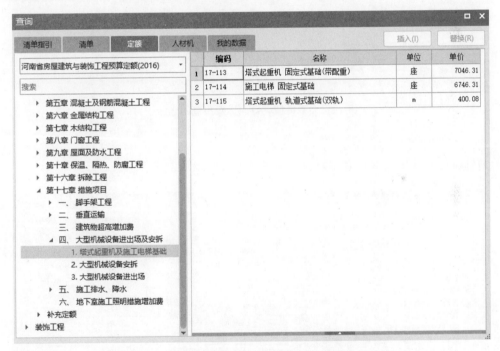

图 18-73　塔式起重机及施工电梯基础相应的定额子目

（2）大型机械设备安拆

① 大型机械设备安拆费是安装、拆卸的一次性费用。

② 大型机械设备安拆费中包括机械安装完毕后的试运转费用。

③ 柴油打桩机的安拆费中，已包括轨道的安拆费用。

④ 自升式塔式起重机安拆费是按塔高 45m 确定的，＞45m 且檐高≤200m，塔高每增高 10m，按相应定额增加费用 10％，尾数不足 10m 按 10m 计算。

大型机械设备安拆费相应的定额子目如图 18-74 所示。

（3）大型机械设备进出场

① 大型机械设备进出场费中已包括往返一次的费用，其中回程费按单程运费的 25％ 考虑。

② 大型机械设备进出场费中已包括了臂杆、铲斗、道木、道轨及其他附件的运费。

图 18-74　大型机械设备安拆费相应的定额子目

③ 机械运输路途中的台班费，不另计取。

大型机械设备进出场费套取相应的定额子目，如图 18-75 所示。

图 18-75　大型机械设备进出场费相应的定额子目

18.11.6 施工排水、降水

施工排水是正常施工条件下的冬雨季和建筑养护时的排水，其在总价措施费用中按费率计取。施工降水是指施工过程中降排基础下部的地下水，以确保建筑的施工安全和质量。根据地质报告中地下水的情况，如采用基坑深井降水及排水，需要根据降水井数量和工程的施工进度安排抽水时间来计算工程量，在套取定额时应根据施工排水、降水进行选择，如图 18-76 所示。

图 18-76　施工排水、降水相应的定额子目

18.11.7 地下室施工照明措施增加费

地下室施工照明措施增加费在套取定额时需要按照当地的费用定额规定进行选择，如图 18-77 所示。

18.12 其他项目清单

点击"其他项目"，界面中主要包括暂列金额、暂估价、计日工、总承包服务费，如图 18-78 所示。

暂列金额：建设单位在工程量清单中暂定并包括在工程合同价款中的一笔款项，用于施工合同签订时尚未确定或者不可预见的所需材料、工程设备、服务的采购，用于施工中可能发生的工程变更、合同约定调整因素出现时的工程价款调整以及发生的索赔、现场签证确认等。

计日工：在施工过程中，施工企业完成建设单位提出的施工图纸以外的零星项目或工作所需的费用。

总承包服务费：总承包人为配合、协调建设单位进行专业工程发包，对建设单位自行采购的材料、工程设备等进行保管以及施工现场管理、竣工资料汇总整理等服务所支付的费用。

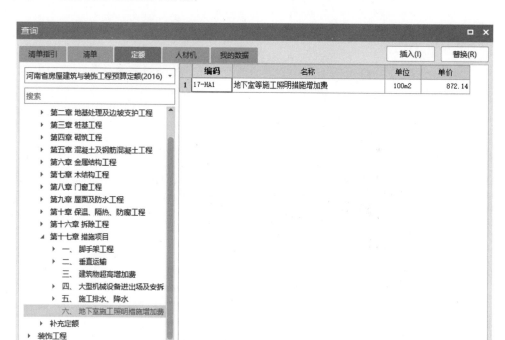

图 18-77　地下室施工照明措施增加费

图 18-78　其他项目清单

18.13　人材机汇总

人材机汇总

扫码观看视频

18.13.1　材料价格调整

点击左侧导航栏页面，选择材料表进行价格调整，如图 18-79 所示，然后单击"载价"，如图 18-80 所示，在弹出的下拉框中选择"批量载价"，如图 18-81 所示，然后会弹出一个对

图 18-79　选择材料表

话框，参照招标文件的要求，选择载价地区和载价月份，如图 18-82 所示。选择完成后，点击"下一步"，进入载价范围选择，如需全部载价，把"全部"打钩，点击"下一步"，如图 18-83 所示，信息价载入完成后或对价格进行调整后，就可以看到市场价的变化，并可在价格来源列看到价格的来源，如图 18-84 所示，这样材料价格就调整完成了。

图 18-80　载价

图 18-81　批量载价

图 18-82　载入信息价

18.13.2　甲供材设置

甲供材料设置共分为两种方式，一种是单个设置，另一种是批量设置。

（1）单个设置

点击"人材机汇总"页面，选择"所有人材机"，在这里面找到"供货方式"一列，下面有一个小三角，点击会出现三种供货方式，选择"甲供材料"，如图 18-85 所示，然后甲供数量就出来了，如图 18-86 所示。

建筑工程 BIM 造价实操从入门到精通（软件版）

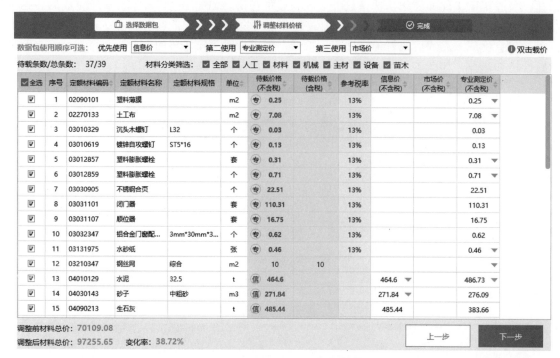

图 18-83 载入信息价范围调整

图 18-84 查看价格来源

图 18-85 选择"甲供材料"

	编码	类别	名称	规格型号	单位	价差	价差合计	供货方式	甲供数量
1	03012861	材	塑料膨胀螺栓	M3.5	套	0	0	甲供材料 ▼	6588.097028
2	03010329	材	沉头木螺钉	L32	个	0	0	自行采购	
3	03010619	材	镀锌自攻螺钉	ST5*16	个	0	0	自行采购	
4	03011711	材	六角螺栓带螺母	M6~12*12~50	套	0	0	自行采购	
5	03011087	材	花篮螺栓	M6*250	套	0	0	自行采购	
6	02090101	材	塑料薄膜		m2	0	0	自行采购	
7	03012725	材	膨胀螺栓		副	0	0	自行采购	
8	0409010201	材	大白粉		kg	-0.09	-6	自行采购	
9	03131975	材	水砂纸		张	0	0	自行采购	
10	18250235	材	管卡子(钢管用)	20	个	0	0	自行采购	
11	03012857	材	塑料膨胀螺栓		套	0	0	自行采购	
12	34110103-1	机	电		kw·h	-0.18	-6417.68	自行采购	

图 18-86　甲供材料单个设置完成

（2）批量设置

和单个设置一样，点击"人材机汇总"页面，选择"所有人材机"，在菜单栏这一列会出现"其他"这一项，如图 18-87 所示，选择"批量修改"，会出现一个对话框，如图 18-88 所示，根据项目选择合适的设置项和设置值，在这里设置值选择的是"甲供材料"，然后点击"确定"，这样甲供材料批量设置就完成了。

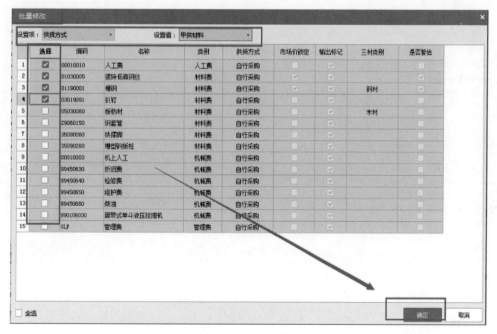

图 18-87　选择"其他"

图 18-88　批量修改

18.14　费用汇总

18.14.1　项目自检

在工程编制界面，点击左上角的"项目自检"，如图 18-89 所示，会弹出一个"项目自检"对话框，选择设置检查项，如图 18-90 所示，点击"执行检查"，就会出现项目自检的检查结果，这样项目自检就完成了，如图 18-91 所示。

图 18-89　项目自检

图 18-90　设置检查项

18.14.2　费用查看

在工程编制界面，点击左上角的"费用查看"，会弹出一个"费用查看"的对话框，如图 18-92 所示，选择"设置"选项，如图 18-93 所示，会再次弹出一个"选择费用"的对话框，如图 18-94 所示，根据项目的情况选择费用项，点击"确定"即可。

18.14.3　统一调价

统一调价分为两种，一种是指定造价调整，另一种是造价系数调整。

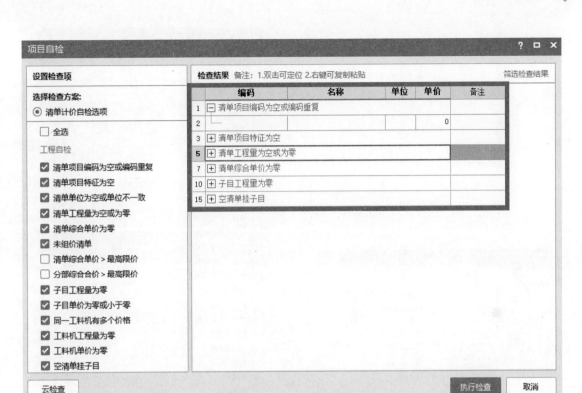

图 18-91　项目自检的检查结果

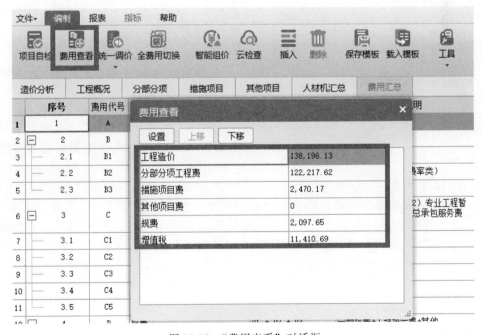

图 18-92　"费用查看"对话框

图 18-94 "选择费用"对话框

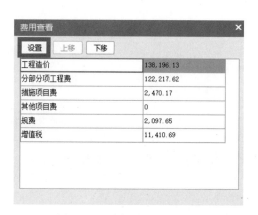

图 18-93 选择"设置"选项

图 18-95 选择"指定造价调整"

（1）指定造价调整

在工程编制界面，点击左上角的"统一调价"，选择"指定造价调整"，如图 18-95 所示，会弹出一个"指定造价调整"对话框，输入要调整的金额，选择要调整的工程范围，选择要调整的方式，选择参与调整的费用，完成后点击"调整"，如图 18-96 所示，然后根据提示选择是否进行调整，调整前应备份，如不需要备份可选择"直接调整"，如图 18-97 所示。

（2）造价系数调整

采用"造价系数调整"可通过设置调整范围和调整系数，直接对造价进行快速调整。在"人材机汇总"界面选择"统一调价"中的"造价系数调整"，如图 18-98 所示，会弹出一个"造价系数调整"对话框，设置调整范围和调整系数，如图 18-99 所示，完成后点击"调整"，然后根据提示选择是否进行调整前备份，如图 18-97 所示，如不需要备份可选择"直接调整"。

18.14.4　全费用切换

在工程编制界面，点击左上角的"全费用切换"，如图 18-100 所示，将弹出一个"另存为"对话框，输入文件名，点击"保存"，如图 18-101 所示，这样全费用模式就转换完成了，如图 18-102 所示。

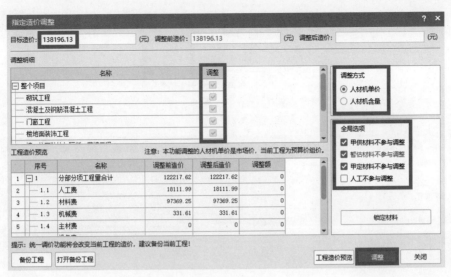

图 18-96　"指定造价调整"对话框

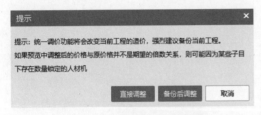

图 18-97　选择是否进行调整

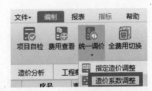

图 18-98　选择"造价系数调整"

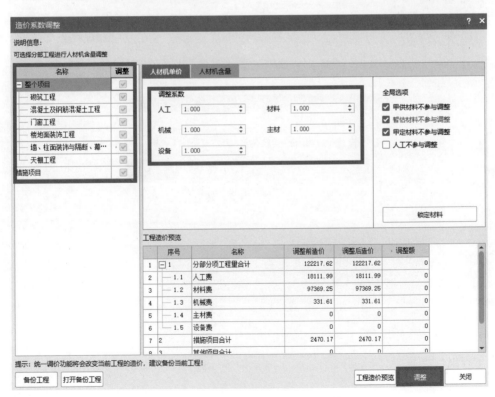

图 18-99　设置调整范围和调整系数

图 18-100 全费用切换

图 18-101 保存文件

图 18-102 全费用模式转换完成

第19章

结算项目

在广联达云计价 GCCP6.0 中结算项目主要分为"验工计价"与"结算计价"。

广联达软件结算的方式是合同文件直接转为验工计价，然后输入每期工程量，再进行自动计算价，根据设置将自动计算价差，最后会得出一个所有期编制和累计的自动统计结果。

验工计价和结算计价的主界面分为标题栏、一级导航、功能区、二级导航、项目结构树、分栏显示区、数据编辑区、属性栏、状态栏九个区域。

标题栏：包含撤销、恢复、剪切板和正在编辑的工程名称。

一级导航：包含文件、编制、报表、账号、微社区等。

功能区：内容会随着界面的切换而有所区别。

二级导航：在编制过程中随着页签的切换而发生相应变化。

项目结构树：页面左边的导航栏，可切换到不同的编辑界面。

分栏显示区：显示整个项目下的分部结构，点击"分部"实现按分部显示，可关闭此窗口。

数据编辑区：切换到每个界面，都会显示自己特有的数据编辑界面，供用户操作，这部分是用户的主操作区域。

属性栏：主要显示的是工料机显示、单价构成等相关数据。

状态栏：呈现所选的清单、定额、专业等信息。

19.1 新建结算项目

新建结算项目

新建"验工计价"与"结算计价"的方式一样，下面以新建"验工计价"为例介绍。

扫码观看视频

（1）直接转换方式

建设项目实施阶段，需根据合同组成部分的已标价工程量清单（GBQ 计价文件）进行进度款的上报及管理工作，若该项目造价管理人员未参与该项目的招投标工作，对合同计价文件不太熟悉，则需要打开合同计价文件查阅后转换为验工计价（GPV）文件，如图 19-1 所示。

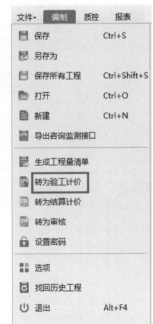

图 19-1　直接转换方式

① 打开 GBQ 工程文件。

② 鼠标左键点击左上角"文件"，在下拉菜单中选择"转为验工计价"。

③ 进入验工计价页面。

图 19-2   文件类别提示

（2）先导入再转换方式

打开广联达云计价 GCCP6.0，点击左侧"新建预算"，在"验工计价"和"结算计价"选择界面，选择"验工计价"，导入招投标工程，即对应预算文件，点击"立即新建"。这里导入的文件必须是招投标工程计价文件，否则会进行提示，如图 19-2 所示。

（3）最近文件转换方式

如果该项目造价管理人员参与了招投标工作，对合同计价文件已经很熟悉，则可以直接在工作台中将合同计价文件转换为验工计价（GPV）文件，操作步骤如下。

① 进入云计价平台 GCCP6.0。

② 在云计价平台中，点击左侧"最近文件"。

③ 在列表中选择需要转换的招标文件"10♯住宅"工程，点击鼠标右键选择"转为验工计价"，进行快速转换，如图 19-3 所示。

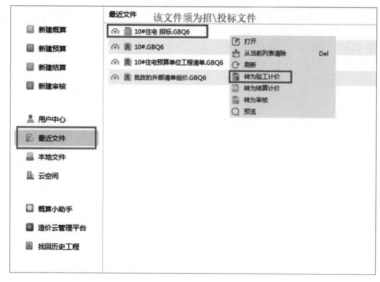

图 19-3   "最近文件"转换方式

19.2   验工计价

19.2.1   分部分项

通过以上任意方式，可以进入验工计价界面，下面继续学习。

（1）编辑当前期

建设项目按照合同约定时间（一般为一个月一次）进行进度报量，施工单位每次进度报量完成作为一个进度分期，上报当期进度工程量时需要同时上报进度分期的起止时间，甲方会根据上报的分期起止时间审核当期完成量。编辑当前期操作如下。

分部分项工程的
验工计价

扫码观看视频

① 选择当前期，软件默认是第一期，只能对当前期的各项数据进行编辑，如图 19-4 所示。

② 设置当前期时间。

（2）添加分期

建设项目一般含有多个进度分期，需要通过"添加分期"这个功能对项目合同完成量及进度款等进行过程管理。如本工程"10#住宅工程"分为 3 期，相应操作如下。

① 在上方功能区选择"添加分期"。

② 在弹出的"添加分期"窗口中，设置分期时间，完成分期添加，默认施工时间为一个月，如图 19-5 所示。

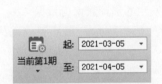

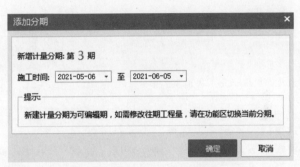

图 19-4　当前期设置　　　　　　　图 19-5　"添加分期"窗口

③ 添加其他分期，按以上步骤重复操作。

（3）填写当期工程量

建设项目的分期设置完成后，需要填写当前期各项工作的完成量进行进度报量工作，当期清单完成量可能按实际完成工程量填写，也可能按照合同比例等方式进行填写，操作如下。

① 在上方功能栏，调整当前期为"当前第 1 期"。

② 在数据编辑区，选择"第 1 期上报工程量"列或者"第 1 期上报比例"列，根据实际情况直接输入当前期完成工程量或者完成比例。工程量和比例输入任意一个，另一个会随之改变，如图 19-6 所示。

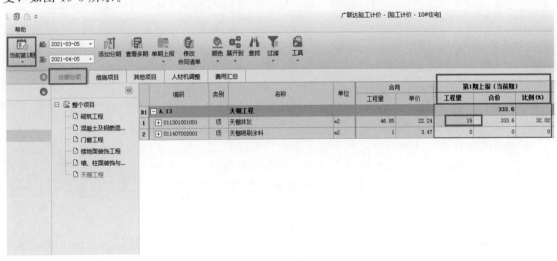

图 19-6　填写当期工程量

③ 完成第 1 期后，切换当前期，以同样的做法依次进行"当前第 n 期"中的"第 n 期上报工程量"列与"第 n 期上报比例"列的填写。

④ 填写最后一期时，可直接提取未完成工程量至当前期，操作如下。

图 19-7　提取未完工程量至上报

a. 选择清单当前期工程量单元格。

b. 鼠标右键单击填写的工程量单元格，鼠标左键点击"提取未完工程量至上报"，如图 19-7 所示。如果在"当前第 1 期"提取未完成工程量可以看到的当期工程量和合同工程量数据相同。

（4）查看累计数据

施工单位每月进行进度款上报时，除了上报本期数据外（如某条清单的当期完成量或当期完成比例），还需上报往期的累计数据（如某条清单的累计完成量或累计完成比例）。施工单位对施工进度或进度款进行管理时，也需要以往期已发生的累计数据为依据。

手动输入完成量和当期完成的比例，软件会自动统计累计完成工程量、累计完成比例、累计完成合价以及未完成工程量。下面具体来看一下。

移动水平滚动条，找到"累计完成工程量""累计完成比例""累计完成合价"等列，显示出当前建设项目所有工期的相应累计数据。如果每个当期的工程量都填写完毕，则"未完成工程量"为 0，如图 19-8 所示。

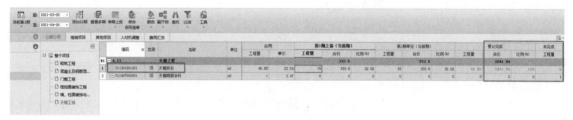

图 19-8　累计完成列表

（5）预警提示

施工单位在建设项目的施工过程中，若发现验工计价中某项工作的完成量已经超过了合同文件中的工程量，但此项工作实际进度还远未接近完成，则需要及时查找原因并采取有效措施（例如工程有重大变更则需要和甲方进行变更签证等）。建设单位或监理单位在工程进度的审批过程中，也可能存在由于管理失误等原因造成的累计审批量超过合同量导致进度款超付的问题。因此，为了防止类似问题的发生，在验工计价中，如有清单完成量已达到或超过合同工程量 100%的情况，软件会对相应清单项的累计完成量、累计完成合价及累计完成比例标注红色进行预警。

（6）查看多期

在项目进度计量文件编制中，由于实际进度计量中存在不完全参照形象进度进行报量的情况，在编制新一期进度文件时需要综合对照往期报审的数据，对进度计量文件进行调整；或者建设方（监理方）需要与施工方进行建设项目截止至当前期每期进度款或形象进度的核对工作。此时常用到"查看多期"功能，其操作步骤如下。

① 在功能区选择"查看多期"。

② 勾选需要查看的分期，在这里勾选第 2 期，点击"确定"完成多期查看设置，如图 19-9 所示。点击"确定"之后，在工作区会显示勾选的期数与当前期，如图 19-10 所示。在这里提示一下当前期默认显示，因此无法在"查看多期"对话框中勾选当前期。

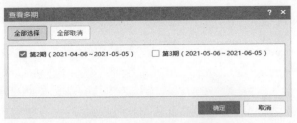

图 19-9　"查看多期"窗口

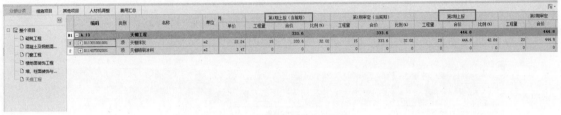

图 19-10　所选上报期数据

③ 在工作界面选择任意单元格点击鼠标右键，点击"页面显示列设置"，如图 19-11 所示。在弹出的窗口中，勾选"选定期完成\工程量"，如图 19-12 所示，点击"确定"则显示选定期的累计完成量。

④ 查看工作界面增加的选定期的完成数据，如图 19-13 所示。

（7）修改合同清单

建设项目的施工过程中，若合同清单发生重大变更，则建设方与施工方应在协商后对合同清单进行合同工程量、清单综合单价、清单子目组价等的调整。在云计价 6.0 中增加

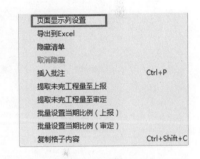

图 19-11　"页面显示列设置"选项

图 19-12　"页面显示列设置"窗口

图 19-13　选定期完成工程量

了"修改合同清单"这个功能，能够直接在合同内对清单进行调整，合同内允许新增清单、定额。

　　① 在功能区点击"修改合同清单"，如图 19-14 所示。

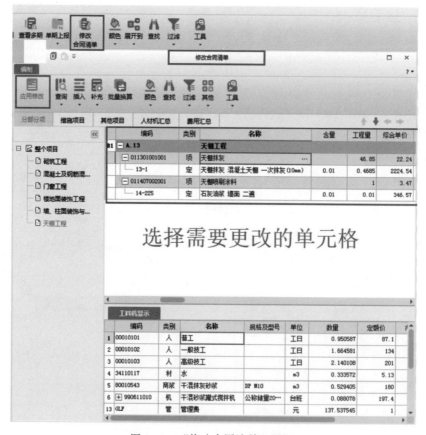

图 19-14　"修改合同清单"界面

　　② 在弹出的"修改合同清单"对话框中，根据实际修改合同清单内容，点击"应用修改"，如图 19-15 所示。在这里需要注意的是，"综合单价"无法直接更改，它会随着"工程量"的修改而改变。

　　在这里应该注意，修改内容会同步到验工计价工程合同清单中，并且在"分部分项"界面会增加"改"列，同时出现"笔"图标，点击后会显示具体的调整内容，如图 19-16 所示（这里工程量"47"是假设数据，需要根据实际数值更改）。

　　验工计价只能对"分部分项"以及"人材机"页签内容进行修改，措施项目中以分部分项为基数的合同总价会自动修改。

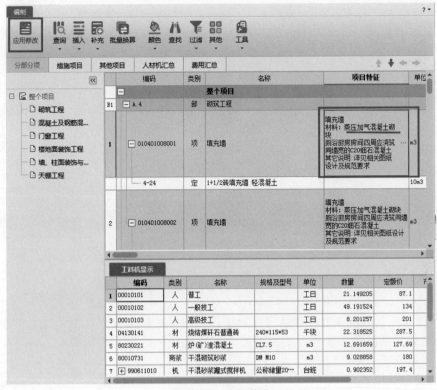

图 19-15　应用修改

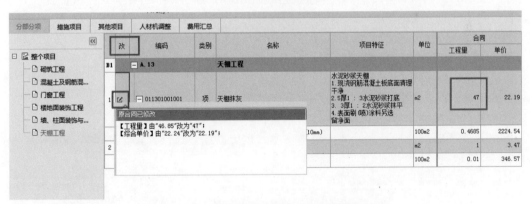

图 19-16　合同清单修改后的"分部分项"界面

19.2.2　措施项目

（1）计量方式

工作区页签从"分部分项"切换到"措施项目"。措施项目一般有三种计量方式，如图 19-17 所示。

① 手动输入比例：措施总价通过取费系数确定，每期按照上报比例计取当期措施费。输入措施项目完成比例，完成比例＝当前期措施费用合价/措施项目合价。

② 按分部分项完成比例：措施费随分部分项的完成比例进行支付。按分部分项完成比例＝分部分项当前期总合价/分部分项合同清单总合价。

图 19-17　措施项目计量方式

③ 按实际发生：施工方列出分期内措施项目的内容并据实上报，实际应用中可根据自身情况进行总体或局部的调整。该方式主要用于可计量清单组价方式，需输入当期实际完成工程量。

（2）整体调整

如果整体的措施项目计量方式一样，可以直接在功能栏点击与实际工程相符合的计量方式，进行整体计量方式的调整，步骤如下。

① 框选需要调整计量方式的措施项目。

② 在功能区选择"计量方式"，改变所选措施项目的计量方式。

（3）局部调整

当需要对个别项的措施项目计量方式进行调整时，可以进行局部调整。

① 点击任意项措施项目"计量方式"单元格。

② 选择实际要求的计量方式完成局部修改，也可以在"计量方式"列调整该项计算方式，如图 19-18 所示。

图 19-18　局部调整计量方式

（4）插入批注

当需要对某一项进行标注或者批注时，可以选择任意单元格，点击鼠标右键，在弹出的选项框选择"插入批注"，输入批注内容，完成批注，如图 19-19 所示。

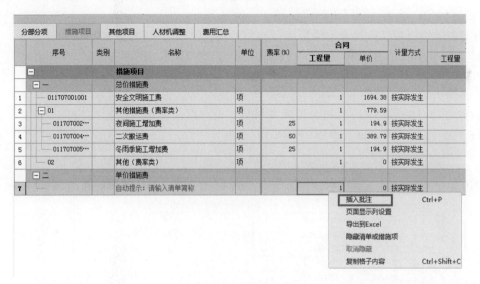

图 19-19　插入批注

19.2.3　其他项目

建设项目施工过程中，其他项目会随施工的深入依次出现，例如：主体结构完工后，甲方指定某保温厂家进行外墙保温的施工，施工方需要根据合同约定收取管理费，因此需要对当期发生的暂列金额、专业工程暂估价、总承包服务费及计日工费用进行计取上报。其他项目计量方式同措施项目，操作如下。

① 选择"其他项目"总页签。

② 编辑"其他项目"子页签内容，如图 19-20 所示。

③ 回到"其他项目"主页签，数据会同步修改，如图 19-21 所示。

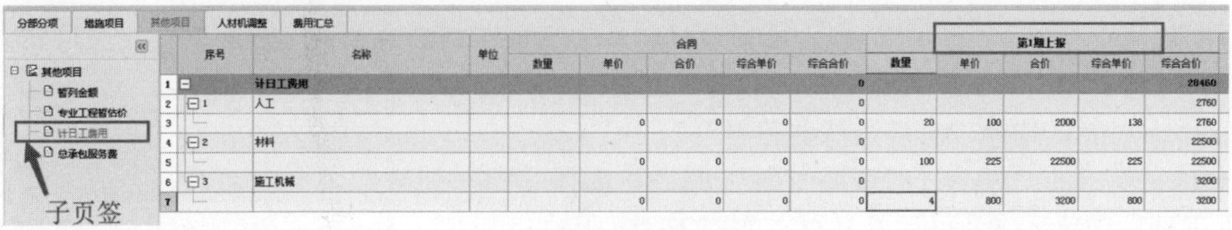

图 19-20　编辑子页签

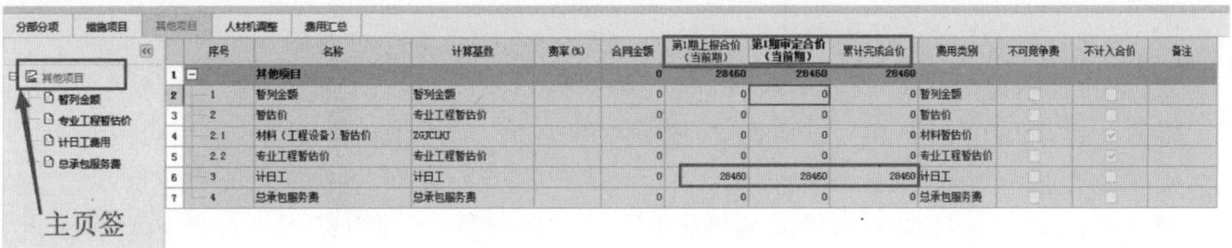

图 19-21　数据同步主页签

19.2.4　人材机调整

建设项目中一些人材机的价格可能会在短时间内发生比较明显的变化，因此合同中会对这类材料进行约定，例如：合同中约定钢筋合同价格为 4000 元/t，风险幅度范围±5％，以每月 20 日钢筋市场价格为基准与合同价格进行比较后调差。人材机调差的步骤如下。

（1）从人材机汇总中选择

① 从上部功能区选择"从人材机汇总中选择"。

② 在弹出的"从人材机汇总中选择"对话框中，勾选需要调差的人材机后，点击"确定"，软件自动设置所勾选人材机为可调差材料。也可以勾选"人工""材料""机械"分类缩小选择范围，也可以按关键字查找，如图 19-22 所示。

	选择	编码	类别	名称	规格型号	单位	合同单价	合同合价
1	☐	03010329	材	沉头木螺钉	L32	个	0.03	4.33
2	☐	03010619	材	镀锌自攻螺钉	ST5*16	个	0.03	7.18
3	☐	02090101	材	塑料薄膜		m2	0.26	84.92
4	☐	03131975	材	水砂纸		张	0.42	1.73
5	☐	03012857	材	塑料膨胀螺栓		套	0.5	74.31
6	☐	34110103	材	电		kW·h	0.54	16.99
7	☑	03032347	材	铝合金门窗配件固…	3mm*30mm…	个	0.63	145.34
8	☐	03012859	材	塑料膨胀螺栓		个	1.02	85.55
9	☑	34110117	材	水		m3	5.46	108.43
10	☐	14230171	材	氧化铁红		kg	7.89	0.03
11	☑	03210347	材	钢丝网	综合	m2	10	2273.57
12	☑	02270133	材	土工布		m2	11.7	382.84
13	☑	03030905	材	不锈钢合页		个	12	274.8

图 19-22　勾选调差材料

（2）自动过滤调差材料

合同中可能会对可调差材料有以下几种定义：将某些约定为主材的材料作为可调差材料；合同中价值排在前 n 位的材料作为可调差材料；占合同中材料总值的 n％的材料作为可调差材料。在调整价差时，需要对这些材料进行筛选并进行调价，操作步骤如下。

① 在功能区选择"自动过滤调差材料"。

② 在弹出的"自动过滤调差材料"窗口，选择其中一种方式，点击"确定"后，软件会将所需材料自动生成为可调差材料，如图 19-23 所示。

（3）风险范围设置

如果建设项目的合同文件中规定全部或大部分人、材、机的价格风险系数范围为某一特定范围，需要进行批量调整，步骤如下。

① 统一调整风险幅度：框选需要统一调整的材料，在功能区选择"风险幅度范围"。在弹出的"设置风险幅度范围"窗口中，输入风险幅度范围，如图 19-24 所示。点击"确定"，完成"风险幅度范围"调整。工作区"风险幅度范围"列会统一调整，如图 19-25 所示。

需要注意的是，单独调整的风险幅度范围不在调整范围，即单独调整过风险幅度的材料在进行批量调整时，风险幅度不发生变化。

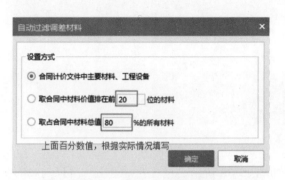

图 19-23　自动过滤调差材料

图 19-24　设置风险幅度范围

图 19-25　统一调整风险幅度范围

② 单独调整风险幅度：建设项目的合同文件中规定某些比较特殊的人、材、机价格风险系数范围为某一特定范围时，需要进行单独调整，步骤如下。

a.选择需要调整风险幅度的材料，右键点击"风险幅度范围"，如图 19-26 所示。也可以直接在对应材料的"风险幅度范围"列双击直接更改。

b.输入风险幅度范围，点击"确定"，完成风险幅度范围调整。

图 19-26　单独调整幅度范围

（4）调差方法

① 造价信息价格差额调整法：合同履行期间，因人工、材料、工程设备和机械台班价格波动影响合同价格时，人工、机械使用费按照国家或省、自治区、直辖市建设行政管理部门、行业建设管理部门或其授权的工程造价管理机构发布的人工、机械使用费系数进行调整；需要进行价格调整的材料，其单价和采购数量应由发包人审批、确认，作为调整合同价格的依据。

调差步骤如下。

a. 在功能区选择"造价信息价格差额调整法"，如图 19-27 所示。

图 19-27 选择调差方法

b."合同"和"基期价"按规则计算价差，如图 19-28 所示。鼠标左键点击"合同""市场价"能够进行转换，"基期价"与"单价"也能转换。

	编码	类别	名称	规格型号	单位	合同 市场价	基期价 单价
1	03032347	材	铝合金门窗配件固定…	3mm*30mm*300mm	个	0.63	0.63
2	34110117	材	水		m3	5.46	5.46
3	03210347	材	钢丝网	综合	m2	10	10
4	02270133	材	土工布		m2	11.7	11.7
5	03030905	材	不锈钢合页		个	12	12
6	14410219	材	聚氨酯发泡密封胶 (75…		支	23.3	23.3
7	14410181	材	硅酮耐候密封胶		kg	41.53	41.53
8	80230221	材	炉 (矿) 渣混凝土	CL7.5	m3	127.69	127.69
9	03031101	材	闭门器		套	132.8	132.8
10	80010543	商浆	干混抹灰砂浆	DP M10	m3	180	180
11	80010731	商浆	干混砌筑砂浆	DM M10	m3	180	180
12	11090276	材	铝合金百叶窗		m2	260	260
13	80210557	商砼	预拌混凝土	C20	m3	260	260
14	11010136	材	木质防火门		m2	390	390
15	04130141	材	烧结煤矸石普通砖	240*115*53	千块	433.63	433.63
16	11090226	材	铝合金隔热断桥推拉…		m2	464.5	464.5
17	11090136	材	铝合金隔热断桥平开…		m2	508	508
18	11010141	材	单扇套装平开实木门		樘	1250	1250
19	11010146	材	双扇套装平开实木门		樘	2100	2100

图 19-28 "合同"和"基期价"

② 当期价与基期价差额调整法：当期价与基期价价差超出一定比例时进行调差，方法如下。

a. 在功能区选择"当期价与基期价差额调整法"。

b."合同"和"基期价"列将按规则计算价差。

③ 当期价与合同价差额调整法：当期价与合同价的价差超出一定比例时进行调差，方法如下。

a. 在功能区选择"当期价与合同价差额调整法"。

b. 在本案例里只显示了"合同"数值。

（5）设置调差周期

某些需要调差的人材机在合同中约定每季度进行统一调整，可能贯穿了建设项目的某几段进度分期（通常进度分期持续时间为一个月），例如：2015 年第一季度对应项目建设分期为 4~6 期，因此在对第一季度人材机进行调整时需要选择 4~6 分期进行统一调整。

在功能区选择"设置调差周期",选择调差的"起始周期"和"结束周期",点击"确定",如图 19-29 所示。因为当前期是"当前第 1 期",所以调差周期的"起始周期""结束周期"都是 1。在这里更改一下当前期,如图 19-30 所示,依此类推。

图 19-29　设置"当前第 1 期"的调差周期

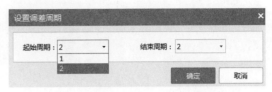

图 19-30　设置"当前第 2 期"的调差周期

（6）载价

在过程中进行调价时,如果调差周期为一个月,则选择需要进行调差的材料并查看材料对应的信息价或市场价进行调整;如果调差周期大于一个月,例如季度调差,则调差周期内可能有多个信息价（市场价）,那么则需要通过加权的方式计算选定期价格,方法如下。

① 在工具栏中点击"载价",选择对当期价或基期价进行载价,如图 19-31 所示。"载价"功能选项与"计量方式"相对应,如果计量方式选的是"当期价与合同价差额调整法","载价"选项只有"当期价批量载价"。

② 界面弹出"批量载价"对话框,根据实际勾选"信息价""市场价"或者"专业测定价"。当调差周期为一个月时,直接选定材价文件,点击"下一步",如图 19-32 所示。

图 19-31　"载价"功能

当调差周期为一个月以上时,可选择"加权平均"或"量价加权","加权平均"为将选定期的材料价格加权计算出待载价格,如图 19-33 所示;"量价加权"则为选定各期材料的消耗数量加权计算出待载价格,如图 19-34 所示。

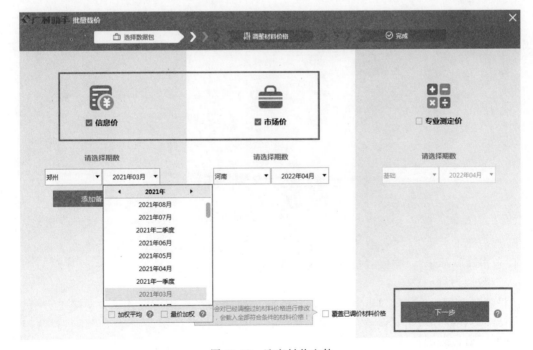

图 19-32　选定材价文件

图 19-33　设置"加权平均"

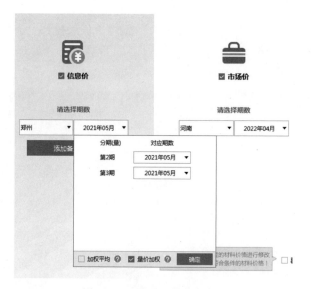

图 19-34　设置"量价加权"

③ 点击"下一步"，进行载价，软件将显示载价信息，如图 19-35 所示。

④ 点击"下一步"，完成载价，如图 19-36 所示。

（7）甲供材料计算

建设项目合同中会规定某些材料为甲方提供（例如钢筋），因此在建设方与施工方结算时，建设单位需要扣除甲供材料的费用，若双方约定了甲供材保管费率，则扣除甲供材料费用＝甲供材费用×（1－甲供材保管费率）。操作方法如下。

图 19-35　材料载价信息

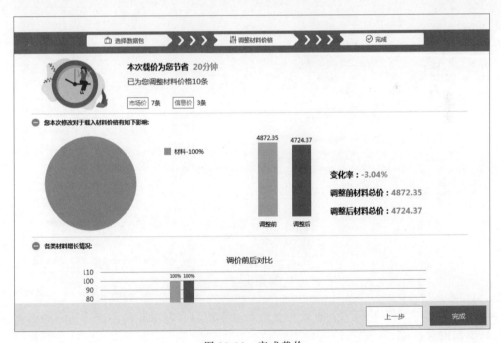

图 19-36　完成载价

① 点击进入"人材机调整"页签界面，选择左侧"所有人材机"。

② 查看合同约定中供货方式为甲供的材料，如果施工过程中某些材料转变为甲供材料，也可以在"供货方式"列进行修改。此处会按合同规定设置材料的供货方式，但也可根据实际情况进行修改，如图 19-37 所示。

③ 当期"甲供数量"默认等于"第 n 期量"，也可以根据实际情况进行修改。"保管费率"需按照合同约定填写（合同中未约定则默认为 0），需手动输入。

图 19-37　供货方式

19.2.5　费用汇总

（1）查看费用汇总情况

软件支持查看各期价差取费情况及调差后的工程总造价。在结算文件编辑完成后，如果需要对分部分项、措施项目、其他项目及调差部分各项费用明细进行查看，并根据合同规定对取费基数及费率进行调整，方法如下。

① 点击"费用汇总"页签，对分部分项、措施费用、其他项目以及调差部分费用及其明细进行查看。

② 点击"费用类别"的下拉标志，查看需要核查的费用类别，在单元格中进行调整，如图 19-38 所示。

图 19-38　"费用类别"调整操作

③ 点击"费率"的下拉标志，查看相关取费费率或直接在单元格中进行费率的调整。

（2）编辑形象进度

工程项目施工方在上报形象进度申请进度款时，要统计项目本月实际完成形象进度，作为进度计量的附件内容，报送监理、甲方驻现场工程师审核确认。形象进度可以直观地反映当期的施工情况，便于各方单位对建设项目的整体把握及控制。编辑形象进度的方法如下。

① 在项目结构树选择工程文件，点击"形象进度"页面。

② 编辑当前期形象进度，如图 19-39 所示。

③ 切换当前期，描述其他期形象进度。

这里需要注意：在形象进度编辑区单击鼠标右键可将形象进度导出为 Excel 文件格式。

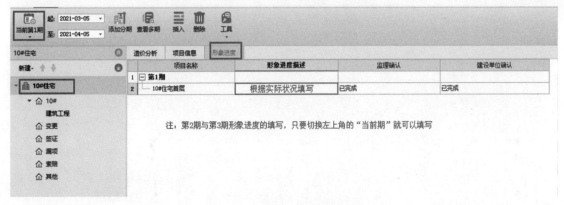

图 19-39　编辑当前期形象进度

（3）单期上报

进度工程量已填入、价差调整完成、进度报量的操作工作也完成，就可以通过"费用汇总"界面的"单期上报"功能，直接生成当期上报文件，报送审计方或者甲方确认。

① 在功能区选择"单期上报"功能，点击"生成当期进度文件"，如图 19-40 所示。

② 在弹出的"设置上报范围"窗口中，选择需要导出的单项/单位工程，如图 19-41 所示。点击"确定"之后，进行当期文件保存，如图 19-42 所示。完成之后会进行提示，如图 19-43 所示。

图 19-40　单期上报功能

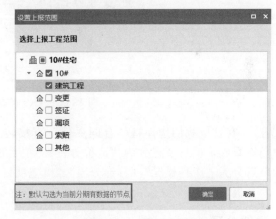

图 19-41　设置上报范围

③ 建设单位审定施工单位上报的进度款资料（分部分项、措施项目、其他项目、人材机调整等），双方确认实际产值后形成确认后的进度款资料。

④ 建设单位、施工单位将审定后的产值文件重新导入，进行累计进度款的汇总及分析。点击"导入确认进度文件"，选择需要导入的单位工程，确认后进度文件导入完成。

19.3　结算计价

进行结算计价时，首先要进行文件的转换，我们可以将预算文件转为结算计价文件，也可以将验工计价文件转化为结算计价文件。预算文件称为"合同文件"，验工计价文件称为"进

图 19-42　导出单期进度工程

图 19-43　导出成功

度计量文件"。在这里我们选择将"合同文件"直接转为结算计价文件。进入到"结算计价"界面，我们能看到，项目节点分为"造价分析""项目信息"以及"人材机调整"三个板块页签，工程节点分为"工程概况""分部分项""措施项目""其他项目""人材机调整"以及"费用汇总"六个板块页签。

19.3.1　分部分项

（1）提取结算工程量

建设项目在竣工结算时使用广联达图形算量软件（GTJ）针对竣工图纸重新计算工程量，在编辑结算时需要提取 GTJ 软件中的相应工程量，也可以按照实际发生的情况直接修改结算工程量。在这里要注意的是，在转换结算文件的过程中如果弹出"只提取分部分项、措施项目、其他项目、人材机调整等工程量"窗口，点击"确定"时，进入"结算计价"页面后"提取结算工程量"功能显示灰色，不能应用，这是因为已经提取过工程量了。

修改工程量有两种方式：一是可以按照实际发生的情况直接修改结算工程量，二是提取结算工程量，操作方法如下。

① 在上侧功能区选择"提取结算工程量"，如图 19-44 所示。

分部分项工程的结算计价

扫码观看视频

图 19-44　提取结算工程量

② 选择算量工程文件，点击"打开"。

③ 选择"自动匹配设置"，设置自动匹配原则。

(2) 量差预警

结算工程量需要判断是否超过设定幅度，需要自行设置变量区间，这样软件中量差超过范围时软件会给出提示，操作方法如下。

① 在一级导航栏中选择"文件"，点击"选项"。

② 选择"结算设置"，设置预警范围，软件默认按±15％给出预警提示，如图 19-45 所示。

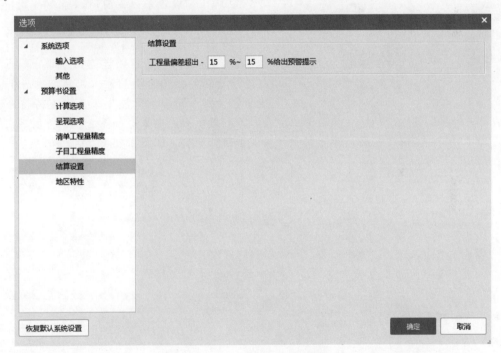

图 19-45　结算设置预警范围

③ 回到工作界面点击"分部分项"页签，查看"量差比例"，量差超过预警范围时，红色预警，低于预警范围，绿色显示，如图 19-46 所示。

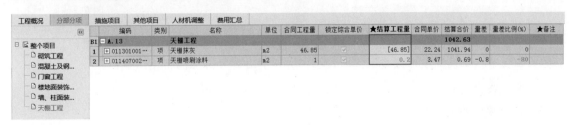

图 19-46　量差预警

（3）结算工程量批量乘系数

在结算时，结算工程量可以在合同工程量的基础上批量乘以系数，以快速完成结算工程量的调整，此项操作通过"结算工程量批量乘系数"功能完成。验工计价文件转为结算计价文件时，该功能为灰色，不能启动。合同文件转为结算计价文件时，是可以启动的。

① 通过点选、连选（Shift＋）、跳选（Ctrl＋）等方式选择要乘系数的清单项，在功能区选择"其他"。

② 点击"结算工程量批量乘系数"，如图 19-47 所示。

图 19-47 "结算工程量批量乘系数"功能

图 19-48 设置系数

③ 弹出"设置系数"窗口，输入系数，点击"确定"即可，如图 19-48 所示。

（4）结算合同内灵活调整

① 结算合同内新建：定位到分部分项行，可以进行分部工程和清单的插入，新增的分部工程或清单会以不同颜色标注出来。也支持将原有合同内清单进行复制粘贴，粘贴后的新清单也会以不同颜色标识出来，如图 19-49 所示。直接运用"插入"功能插入清单之后，才能启用"插入子目"功能，如图 19-50 所示。

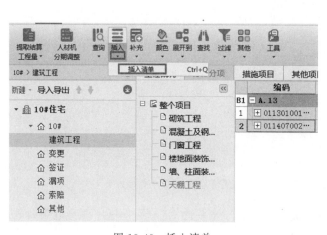

图 19-49 插入清单

图 19-50 插入子目

② 强制修改综合单价：对于新增清单，在功能区选择"其他"下拉选项，点击"强制修改综合单价"，可以对新增清单的综合单价进行强制修改。如果勾选了锁定综合单价，那么将不会影响到结算单价。也可以按照需要，选择分摊的方式及分摊的费用组成。

在这里提示一下，分摊功能到后面才会被启动。

19.3.2 措施项目

建设项目合同文件中对于措施费用的规定一般分为两种：一是合同中约定措施费用不随建

设项目的任何变化而变化，工程结算时直接按合同签订时的价格进行结算，即总价包干；二是合同中约定措施费用按工程实际情况进行结算，即可调措施。造价人员可根据合同约定对措施项目的结算方式进行调整。措施费用既支持统一设置，又支持单独设置。

（1）统一设置

① 点击"措施项目"页签，框选需要修改结算方式的措施项目。

② 在功能区设置"结算方式"，所选措施项目的结算方式统一变化。结算方式分为总价包干、可调措施、按实际发生三项，如图 19-51 所示。

在"可调措施"结算方式下，费率是可以调整的，可以直接输入，也可以在定额库搜索，如图 19-52 所示。

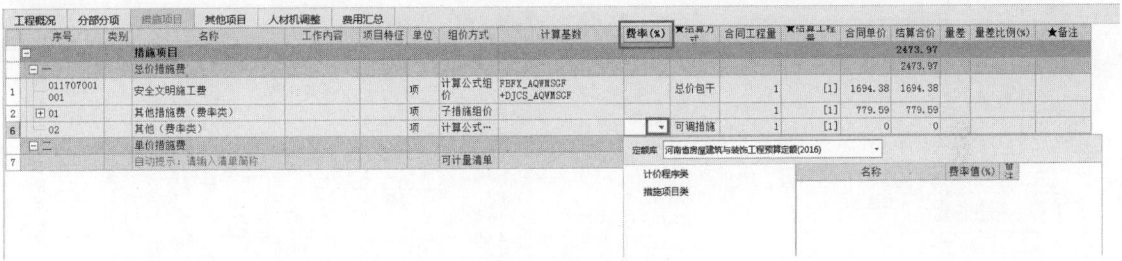

图 19-51　结算方式

图 19-52　费率调整

（2）单独设置

点击上部"措施项目"页签，选择需要设置的措施项目结算方式列的单元格进行更改。

19.3.3　其他项目

暂列金额、专业工程暂估价、总承包服务费会随着预算文件或者进度文件的量和价调整；计日工费用可以根据实际情况进行输入。

19.3.4　人材机调整

（1）价差调整

建设项目合同中可能会规定，在项目进行竣工结算时，一些材料、人工或者机械的价格需要进行调整，因此需要根据合同文件在软件中选择相应材料、人工、机械进行相应操作。

"结算计价"的价差调整的思路和"验工计价"是一样的，选择需要调整的材料范围、风险范围、调整办法，然后进行载价，软件会自动根据材料调差自动取价。

从操作上来讲就是依次选择"从人材机汇总中选择""风险幅度范围""调差方法""载价"，就会自动进行价差取费。这些操作与"验工计价"中一致，在这里不再进行详述。

（2）甲供材计算

甲供材料就是由甲方提供的材料。

甲方与承包方签订合同时事先约定甲供材料，进场时由施工方和甲方代表共同取样验收，合格后方能用于工程。甲供材料一般为大宗材料，比如钢筋、钢板、管材以及水泥等，当然施工合同里对于甲供材料有详细的清单。

建设项目合同中会规定某些材料作为甲供材料（例如钢筋），因此需要在软件中将某些材料的供货方式改变为"甲供材料"。在建设方与施工方进行结算时，甲供材料全部价款或扣除甲供材料保管费部分的甲供材料价款需要在建设项目总造价中进行扣除，因此需要提取两者的相应数据，操作方法如下。

① 选择"人材机调整"页签，鼠标左键点击"所有人材机"。

② 查看合同约定中供货方式为甲供的材料，如果施工过程中某些材料转变为甲供材料，也可以在"供货方式"列进行修改。

③ "甲供数量"默认等于"结算工程量"，也可以根据实际情况进行修改。"保管费率"需按照实际填写。保管费以甲供材料总价为基数乘以保管费率计算。

④ 进入"费用汇总"界面，按需要选择计算基数扣除甲供材料费，如图 19-53 所示。

图 19-53 更改计算基数

（3）人材机分期调整

建设项目合同文件中可能约定某些材料（例如钢筋）按季度（或年）进行价差调整，或规定某些材料（例如混凝土）执行批价或甲乙双方约定施工过程中不进行价差调整，而在结算时统一调整。因此在竣工结算过程中需要将这些材料按照不同时期的发生数量分期进行载价并调整价差。其操作方法如下。

① 在"分部分项"或"措施项目"页签工作界面中点击"人材机分期调整"。

② 在弹出的"人材机分期调整"窗口中"是否对人材机进行分期调整"选择"分期"。选择"分期"即分期调差，在分期工程量明细中输入分期工程量，结算工程量等于分期量之和；选择"不分期"即统一调差，直接在结算工程量输入数值。

③ 选择"分期"调整后，输入"总期数"，选择"分期输入方式"，如图 19-54 所示。

④ 点击"确定"，完成分期调差设置。

⑤ 设置完成后，下方属性窗口出现"分期工程量明细"页签，在此处可以选择分期工程量的输入方式，之后输入每一分期的工程量或比例，如图 19-55 所示。

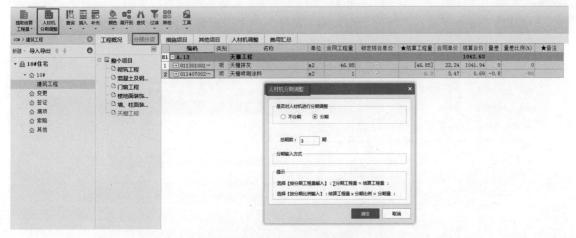

图 19-54　人材机分期调整

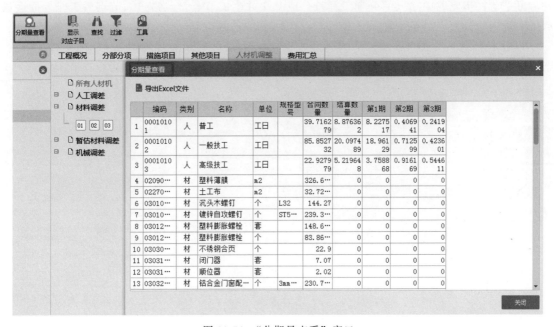

图 19-55　分期工程量明细

⑥ 分期工程量输入完成后，进入"人材机汇总"界面，选择"所有人材机"页签，在弹出的"分期量查看"窗口，可查看每个分期发生的人材机数量，如图 19-56 所示。

图 19-56　"分期量查看"窗口

⑦ 点击"材料调差"页签，功能区增加了"单期/多期调差设置"窗口，可选择"单期调差"，或选择"多期调差"在调差工作界面汇总每期调差工程量，如图 19-57 所示。

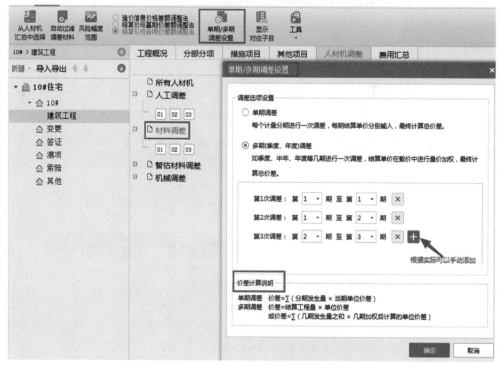

图 19-57 单期/多期调差

选择"单期调差"时，"人材机调整"页签会自动按照分期数据自动为每个分期生成节点，点击进入节点后工作界面会显示对应分期的人材机发生量。选择"多期（季度、年度）调差"时，可手动将步骤⑤中输入的分期工程量分成几次并生成节点，点击进入节点后工作界面会显示每次对应的分期人材机工程量之和。

⑧ 选择任意一个分期，进行"载价"，根据提示即可完成，如图 19-58、图 19-59 所示。进行过调差的材料会变为黄色显示出来。调差完成后，进入"费用汇总"界面可查看结算金额。

	编码	类别	名称	规格型号	单位	合同数量	合同市场价	第1期调差工程量	★第1期单价
1	02270133	材	土工布		m2	32.721122	11.7	0	11.7
2	03030905	材	不锈钢合页		个	22.9	12	0	12
3	03031101	材	闭门器		套	7.07	132.8	0	132.8
4	03032347	材	铝合金门窗配件	3mm*30mm*…	个	230.70027	0.63	0	0.63
5	03210347	材	钢丝网	综合	m2	227.3565	10	0	10
6	04130141	材	烧结煤矸石普通砖	240*115*53	千块	26.02861	433.63	8.360543	433.63
7	11010136	材	木质防火门		m2	5.280938	390	0	390
8	11010141	材	单扇套装平开实…	樘		1250	0	1250
9	11010146	材	双扇套装平开实…		樘	3.225	2100	0	2100
10	11090136	材	铝合金隔热断桥…		m2	8.25944	508	0	508
11	11090226	材	铝合金隔热断桥…		m2	25.413009	464.5	0	464.5
12	11090276	材	铝合金百叶窗		m2	5.700464	260	0	260
13	14410181	材	硅酮耐候密封胶		kg	42.982025	41.53	0	41.53
14	14410219	材	聚氨酯发泡密封…		支	62.326616	23.3	0	23.3
15	34110117	材	水		m3	19.859766	5.46	0.1068	5.46
16	80230221	材	炉（矿）渣混凝土	CL7.5	m3	13.030952	127.69	4.754309	127.69
17	80210557	商砼	预拌混凝土	C20	m3	71.485058	260	0	260
18	80010543	商浆	干混抹灰砂浆	DP M10	m3	2.181872	180	0.1695	180
19	80010731	商浆	干混砌筑砂浆	DM M10	m3	9.857671	180	3.38222	180

图 19-58 分期载价

图 19-59 分期批量载价

19.4 合同外工程

在验工计价中，没有提供给签证、变更做进度报量的配套功能，致使一旦合同约定签证、变更可按进度报量时，施工方为了能及时取得进度款，只能额外将签证、变更内容编制成单独的预算文件后再一并上报，造成使用验工计价做的进度报量文件的不完整，单独的签证、变更预算文件也不便于管理。

在广联达云计价 GCCP6.0 中无论是验工计价还是结算计价，"变更""签证""漏项""索赔"均可导入计价文件，以处理合同外部分内容。

19.4.1 验工计价合同外结算

我们首先来看一下验工计价相关"变更""签证"等情况的处理。

① 新建导入的类型包括"变更""签证""漏项""索赔"和"其他"，如图 19-60 所示。

② 鼠标右键点击"变更""签证""漏项""索赔"和"其他"中的一项，这里选择"导入变更"。

③ 在弹出的"导入合同外单位工程"对话框中，选择需要导入的 GBQ 工程文件，点击"打开"。

④ 在"导入变更文件"窗口中，选择需要导入的工程，点击"确定"，提示导入成功。

⑤ 在导入的预算中，与合同内操作一样，进行各期量、价上报，报表输出。

19.4.2 结算计价合同外结算

建设项目施工过程中发生的签证、变更等合同外部分结算资料多数情况下会在结算时统一上报。造成价人员可能会将施工过程中发生的签证、变更等资料在过程中进行编辑存根，并在竣工结算时将过程中形成的各种形式的合同外部分结算文件进行上报。

这里以变更为例，其他合同外部分（签证、漏项等）的编制参照"变更"操作即可。

（1）新建变更

① 项目结构树中选择"变更"，点击鼠标右键，选择"新建变更"，如图 19-61 所示。

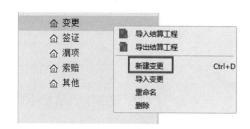

图 19-60　新建导入类型　　　　　　　　　　图 19-61　新建变更

② 在弹出的"新建单位工程"窗口中，输入变更工程名称，选择清单专业、定额库、定额专业等信息，完成新建，如图 19-62 所示。

（2）导入 GBQ 变更

① 选择"变更"，点击鼠标右键"导入变更"。

② 选择已有的 GBQ 工程文件，勾选需要导入的单位工程以及需要导入的位置，点击中间的蓝色图标后，点击"确定"进行导入。

（3）导入 Excel 变更

① 点选新建变更，点击左上角"导入"，选择"导入 Excel 文件"，如图 19-63 所示。

② 弹出操作提示，在提示指引下选择 Excel 文件，调整识别行列，点击完成导入。

图 19-62　变更新建单位工程　　　　　　　　图 19-63　导入 Excel 文件

（4）复用合同清单

结算时，招标人工程量计算的差错、设计变更引起工程量差异等都可能引起工程量偏差超过原清单 15%，这些清单需要列入合同外工程量清单。

工程量偏差未超过 15%，综合单价不作调整，执行原有综合单价；工程量减少 15%以上，减少后剩余部分的工程量，综合单价给予调高，措施项目费调减；工程量增加 15%以上，增加部分的工程量综合单价给予调低，措施项目费调增。

① 点击变更工程，在"分部分项""措施项目"页签界面，点击"复用合同清单"功能。

② 在弹出的"复用合同清单"窗口，选择量差范围快速过滤清单，勾选需要复用的合同清单。

③ 设置"清单复用规则"，勾选"清单和组价全部复制"。注意可以根据自身实际工作进行勾选。

④ 设置"工程量复用规则"，勾选"量差幅度以外的工程量"。注意可以根据自身实际工作进行勾选，如图 19-64 所示。

⑤ 点击"确定"后，会进行提示，根据提示完成操作，如图 19-65、图 19-66 所示。

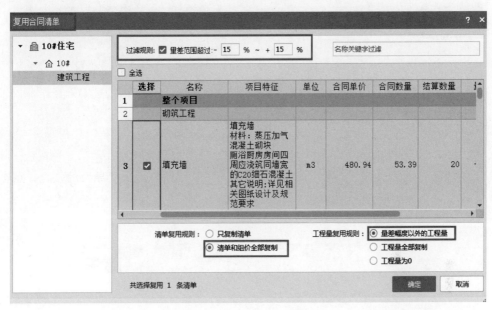

图 19-64　复用合同清单

图 19-65　复用合同扣减提示

图 19-66　复用合同清单完成

技巧提示：

"按量差范围过滤"可过滤超出量差范围的清单；

"按关键字过滤"可按清单名称包含的关键字从"按量差范围过滤"后的数据中再次过滤清单。

（5）关联合同清单

"关联合同清单"功能可让用户自行按照筛选方式关联清单，关联过后也可使用"查看关联合同清单"检查，当发现两者有比较明显的差异时，可定位至合同内清单进行进一步检查。

"关联合同清单"的方法如下。

① 在"分部分项"页签界面，选择任意一项或任意一部，点击功能区"关联合同清单"，如图 19-67 所示。

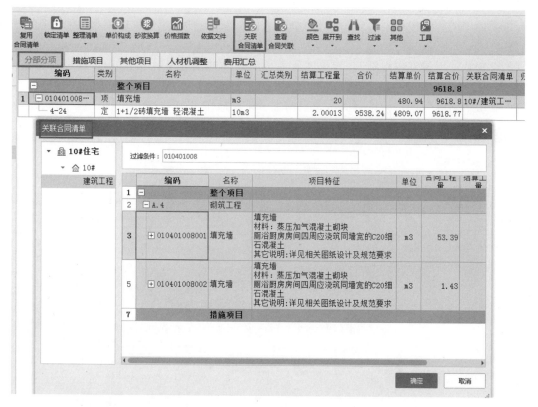

图 19-67　"关联合同清单"窗口

② 在弹出的"关联合同清单"窗口中，设置"过滤条件"，可以按编码筛选或按名称筛选，然后从原合同清单中选择需要的清单，点击"确定"。如果弹出"原清单已存在关联关系，是否覆盖？"，证明之前已经关联过，选择"是"，如图 19-68 所示。覆盖之后，会提示"已完成关联合同清单。是否继续关联合同清单？"，根据实际情况进行选择"是"或"否"，如图 19-69 所示。

图 19-68　覆盖原清单

图 19-69　确认是否继续关联合同清单

③ 关联完清单之后，可以进行"查看关联合同清单"。双击该条清单可定位回到合同内，便于详细查看，点击"返回原清单"，可返回合同外，如图 19-70 所示。

④ 如果想要取消合同外清单与合同内清单的关联关系，选择关联的清单，点击右键选择"取消关联合同清单"即可，如图 19-71 所示。

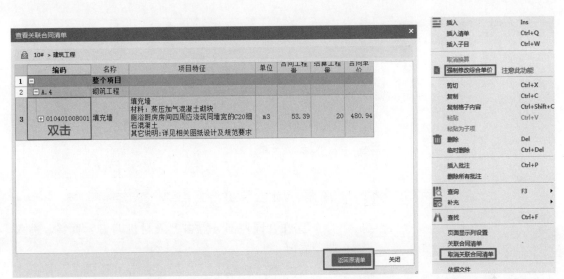

图 19-70　查看关联合同清单　　　　图 19-71　取消关联合同清单

（6）上传变更依据文件

合同外部分上报时要求提供相应变更签证依据文件，通过图片、Excel 文件以附件资料包上传。

可在项目或分部行插入依据文件，关联任何形式的依据证明资料。添加依据后，可在依据列查看。

① 鼠标定位在合同外部分"项目"或"分部"级别节点，点击功能区"依据文件"按钮或点击右键选择"依据文件"。

② 在弹出的"依据文件"窗口中，点击"添加依据"，选择需要添加的任意格式的文件，如图 19-72 所示。文件可以在此窗口中排列，并且在该窗口中进行"查看"和"删除"，如图 19-73 所示，如果依据添加完毕，点击"关闭"。依据文件可以是图片，也可以是文档。

图 19-72　添加依据文件

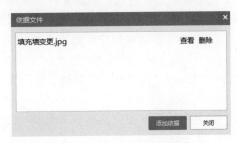

图 19-73　查看或者删除依据文件

③ 完成关联后要再次查看依据内容，点击"依据文件"功能按钮或"依据"列，即可查看依据文件内容，如图 19-74 所示。在这里提示一下，依据文件的名称要整理好，让人一目了然。

（7）合同外人材机调整

一份结算文件同期材料价格要保持一致，故合同外人材机还需要重新按照合同内的调差方法再次进行调整。

通过"人材机参与调整"功能即可实现合同外与合同内相同材料同价，自动统计出价差，方便快速。其操作方法如下。

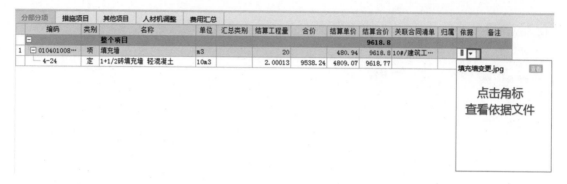

图 19-74 分部分项页签"依据"列

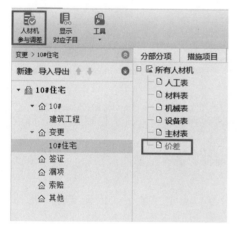

图 19-75 人材机参与调整

① 在合同外部分点击"人材机调整"页签，进入调差界面。

② 点入"价差"节点后，点击工具栏"人材机参与调差"，显示合同外部分需要与合同内进行同步调差的人材机，如图 19-75 所示。

需要注意一下，当验工计价文件导入结算计价文件时，人材机调差界面默认显示验工计价文件中调整价差的材料，但是结算单价及基期价默认等于合同单价。

（8）工程归属

建设项目在发生变更、签证时，签订的变更单等不会明确区分单位工程的归属，而且所有变更存放在一起统一上报，但是在进行竣工结算时，需要对每个工程进行成本指标分析，则需要考虑哪些变更归属于哪个单位工程，将变更中的项目合并到对应的单位工程中之后再进行数据分析。鼠标右键调出"工程归属"，即可将合同外的单位工程并入合同内，计算经济指标。变更工程归属的步骤如下。

① 在左侧项目结构树中，选择变更工程，点击鼠标右键，选择"工程归属"，如图 19-76 所示。

② 在弹出的"合同外工程归属设置"窗口进行设置，点击"确定"，完成归属，如图 19-77 所示。

③ 归属完成后，指标界面相关数据同步更新，如图 19-78 所示。

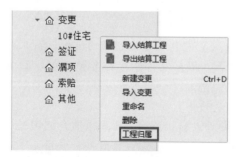

图 19-76 工程归属

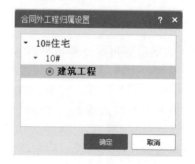

图 19-77 "合同外工程归属设置"窗口

图 19-78　归属完成后同步更新

（9）合同外费用汇总

建设项目合同外部分编辑完成后，需要对合同外部分（签证、设计变更等）的结算金额及取费情况等进行查看与调整，方法如下。

① 查看并修改费用汇总：选择合同外单位工程，点击"费用汇总"页签；鼠标右键点击需要插入费用的一行，点击"插入"，添加新的费用行，如图 19-79 所示；点击"新增费用行"角标，查看费用代码，添加"计算基数"并填写费率、费用代号等信息，如图 19-80 所示。

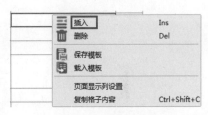

图 19-79　插入新的费用行

图 19-80　添加"计算基数"

② 费用汇总的价差部分显示：在合同外部分点击"人材机调整"页签，在功能区点击"人材机参与调差"，工作界面显示相应的调差材料，点击"费用汇总"页签，查看价差部分的各种费用，若不勾选"人材机参与调差"，人材机部分将不显示调差部分内容。

（10）查看造价信息

建设项目或单位工程的竣工结算文件编辑完成后，参建各方想要查看整个项目、单项工程或合同外部分的结算金额并且与合同金额进行对比分析时，操作方法如下。

① 查看整个项目的造价信息。选择项目节点，可查看整个项目的合同金额、结算金额、

人材机调整价差等信息。

② 查看合同内单项工程的造价信息。选择单项工程节点，可查看单项工程的合同金额、结算金额、人材机调整价差等信息，如图 19-81 所示。

图 19-81　单项工程造价信息

③ 查看合同外的造价信息。选择合同外部分单项级别节点，例如"变更"可查看合同外部分的合同金额、结算金额、人材机调整价差等信息。

（11）结算工程的导出

同一份结算文件，施工单位可能根据专业或楼号等分派不同预算员分别结算。通常上报结算时间要求比较紧迫，因此需要造价员同步编辑自己负责的部分并最终合并成一份结算文件进行上报，这时需要用到结算工程的导出功能，具体操作如下。

① 点击工程项目节点，选择功能"导入导出"，点击"导出结算工程"，或直接鼠标右键点击工程项目节点选择"导出结算工程"。

② 在弹出的"设置导出范围"窗口中，勾选要导出的单位工程，点击"确定"，如图 19-82 所示。

③ 在"导出结算工程"窗口中，选择需要保存位置，点击"保存"。

④ 提示结算工程导出完成。

（12）结算工程的合并

① 点击工程项目节点，选择功能"导入导出"，点击"导入结算工程"，或直接鼠标右键点击工程项目节点选择"导入结算工程"，如图 19-83 所示。

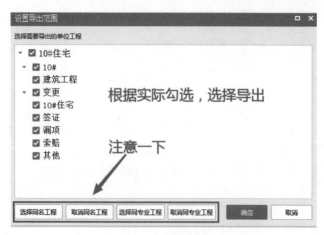

图 19-82　设置导出范围

图 19-83　"导入导出"功能

② 在弹出的"打开"窗口中，选择合并工程所在的位置，点击"打开"。

③ 在弹出的"选择单位工程"窗口中，选择需从右边合并到左边的单位工程，在左下侧勾选"合同外追加导入"，点击"确定"。

在这里需要注意，遇到相同名称的合同外单位工程时，可以选择"合同外追加导入"或"合同外替换导入"。

④ 完成之后会提示结算工程导入完成。

（13）项目级人材机调整

在项目结算过程中，因施工过程中使用的材料大多都是同期购买的，所有同种材料的价格一样，或当同一个项目由一个预算员负责整个结算项目，这两种情况下都可以在项目上统一进行人材机调整，快速完成调差。

在项目上进行"人材机调整"，软件会自动汇总整个项目中的人材机，调整操作方法同单位工程一样，依次选择"从人材机汇总中选择"→"风险幅度范围"→选择调差方法→"载价"→价差取费设置，具体操作前面已经讲解过。调差完毕，点击"应用修改"，会同步到各自人材机来源的单位工程中。

第20章

审核项目

新建审核项目

扫码观看视频

20.1 新建审核项目

在广联达云计价 GCCP6.0 中，审核项目分为预算审核和结算审核两类。

（1）审核方式

方式一：在送审的基础上修改审核。这样只选择送审文件，导入后点击"立即新建"即可。

方式二：将送审文件与已经做好的审核文件进行对比。这样需要一并导入送审文件和审定文件，然后点击"立即新建"。

（2）新建审核项目

通过云计价工作平台新建审核工程文件，步骤如下。

① 在"新建审核"窗口中，点击"浏览"。

② 选择送审工程文件，点击"打开"，如果需要导入审定文件，需在该窗口中一起打开，如图 20-1 所示。

图 20-1　打开送审工程文件

③ 工程名称默认为送审工程名称，加后缀"（审核）"，选择"预算审核"，点击"立即新建"，如图 20-2 所示。这里要提示一下，对比审核要同时选择送审文件审定文件，此时"高级选项"才能启用。

④ 生成审核文件，完成后进入审核工程。

图 20-2　新建审核项目

20.2　预算审核分部分项

分部分项工程
文件的审核

扫码观看视频

进入审核界面，能够看到项目节点有"造价分析""项目信息""人材机汇总"三项页签，如图 20-3 所示。在图 20-3 中，项目信息页签下多了一项"审核过程记录"。这是因为，很多情况下，审核工程不是一次完成的，可能分几个阶段完成，有的工程还需要多级审核，这样就需要对审核的过程进行记录，便于后期了解审核过程。

图 20-3　项目节点

单位工程节点有"造价分析""工程概况""分部分项""措施项目""其他项目""人材机汇总""费用汇总"七项页签，如图 20-4 所示。

（1）送审数据修改

在对送审工程进行审核时，如果修改了送审数据，希望能了解到修改结果与送审工程的量

图 20-4　单位工程节点

和价的差距，可以执行以下操作。

① 在"分部分项"页签下，选择需要进行修改的"审定"项下的"工程量"，如图 20-5 所示。修改过后进行修改的项将变为红色，颜色醒目，软件自动显示"增删改"。如果是对比审核，会直接出现对比数据。

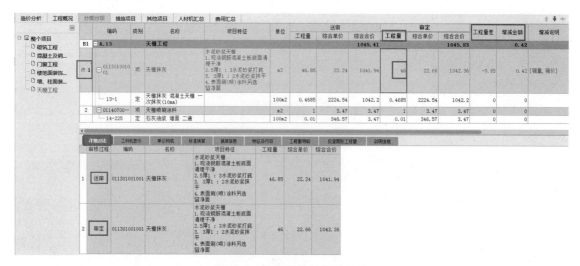

图 20-5　修改预算审定工程量

② 查看"工程量差"列、"增减金额"列数据时，会看到工程量差、增加金额自动计算，送审数据和审定数据自动进行详细对比，"工料机显示"也会产生对比，使审核工作更加清晰。

清单工程量差＝审定工程量－送审工程量

清单增减金额＝审定综合合价－送审综合合价

③ 查看工料机显示。选择定额子目行，点击"工料机显示"。当修改审定的工料机中的内容时，将发生颜色的变化，增项的清单子目下的工料机为蓝色，修改过的清单项下的工料机为红色，如图 20-6 所示。

④ 单价构成。在审定的单价构成中可以通过修改计算基数和费率来改变审定的综合单价，并且在"单价构成"页面中，改变的计算基数和费率均变为红色。修改"单价构成"的操作方法如下。

a.选择清单项，选择"单价构成"。

b.修改相应的计算基数或费率，颜色变化为红色。如果是新增项下的单价构成，则与新增项颜色保持一致，均为蓝色，如图 20-7 所示。

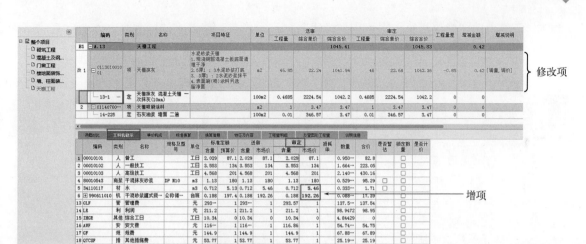

图 20-6　工料机显示界面

图 20-7　修改审定费率

（2）增删改颜色标识

通过上述一系列操作，在这里再总结一下，我们在对送审工程进行审核时，修改审核数据，不论是增项、删项，还是调整工程量、价格等，都需要用不同的颜色来进行标记，以便区分。

在原有送审的基础上，单击鼠标右键插入清单及子目，这时插入的清单项为蓝色，编码前有"增"字，对应的"增减说明"列标有增项说明。

将送审中的清单项删除有两种方法，一是将审定的工程量归为 0，二是光标定位在清单项上单击右键选择删除。这时会看到，删除的清单项变为紫色，并伴有删除线，编码前显示"删"字且"增减说明"列有减项说明。

但是大部分情况下是对送审数据进行调量、调价或者调项，当修改这些后，被修改的清单项会标记为红色，编码前有"改"字，"增减说明"列有调项的说明。

（3）修改送审

审核过程中发现送审方漏报或错报的现象也是常有的，经双方同意进行送审数据修改时，希望修改过程方便快捷，同时也不影响已经审完的其他项。这时候就可以运用"修改送审"功能。

① 在"分部分项"页签下，选择需要修改的项目，在上方功能区点击"修改送审"。

② 在弹出的"修改送审"窗口中对送审数据进行修改，修改方法同预算。

③ 修改完毕后，点击"应用修改"，关掉窗口即可回到审核对比界面，如图 20-8、图 20-9 所示。

图 20-8　应用修改

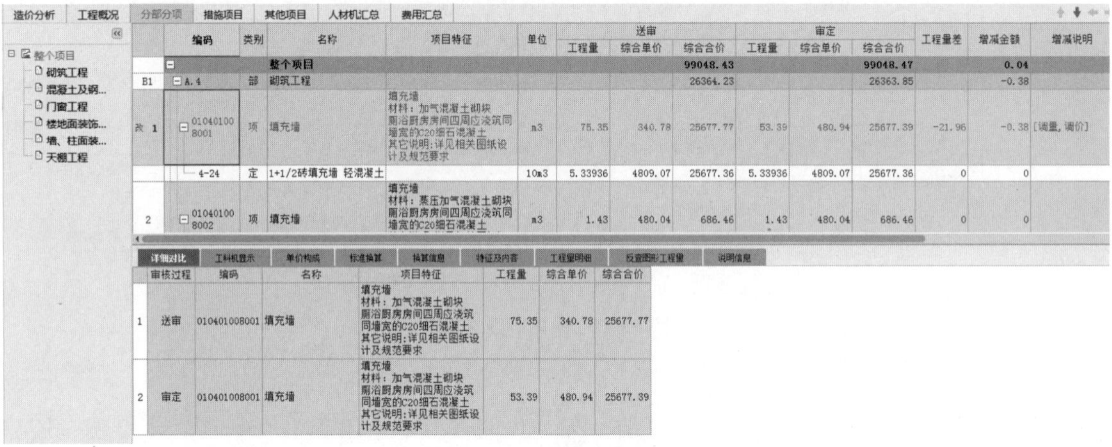

图 20-9　审核对比界面

（4）送审关联

实际审核中会有清单或子目在审核后由多条变为一条，或者由一条变为多条的情况。有些工程审核时不允许有审增项，如果发生此类情况解释起来非常麻烦。做关联时，很难保证一次性全部关联正确，这样就需要在错误关联的清单项或定额子目项上取消关联，所以增加取消关联的功能。修改关联关系的方法如下。

① 在非新增和非删除项的"清单关联"处点击角标，选择"新建关联"，如图 20-10 所示。

		编码	类别	名称	送审		审定			工程量差	增减金额	增减说明	清单关联
					综合单价	综合合价	工程量	综合单价	综合合价				
B1	A.4			砌筑工程		26364.23			26363.85		-0.38		
改 1	01040100···	项	填充墙		340.78	25677.77	53.39	480.94	25677.39	-21.96	-0.38	[调量,调价]	▾
	4-24	定	1+1/2砖填充墙 轻混凝土		4809.07	25677.36	5.33936	4809.07	25677.36	0	0		无
2	01040100···	项	填充墙		480.04	686.46	1.43	480.04	686.46	0	0		新建关联
	4-24	定	1+1/2砖填充墙 轻混凝土		4809.07	686.45	0.14274	4809.07	686.45	0	0		

图 20-10　新建关联

② 选择新增项或删除项与此项进行关联。

③ 在上方功能区点击"查看关联"，即可查看所有进行关联的清单和子目，如图 20-11 所示。

	编码	类别	名称	送审		审定			工程量差	增减金额	增减说明	清单关联
				综合单价	综合合价	工程量	综合单价	综合合价				
B1	⊟ A.4		砌筑工程		26364.23			25677.39		-686.84		
改 1	⊟ 01040100…	项	填充墙	340.78	25677.77	53.39	480.94	25677.39	-21.96	-0.38	[调量,调价]	关联1
	4-24	定	1+1/2砖填充墙 轻混凝土	4809.07	25677.36	5.33936	4809.07	25677.36	0	0		
删 2	⊟ 01040100…	项	填充墙	480.04	686.46	0			-1.43	-686.46	[减项]	关联1 ▼
删	4-24	定	1+1/2砖填充墙 轻混凝土	4809.07	686.45	0	4809.07	0	-0.14	-686.45	[减项]	

查看关联　　　　　　　　　? ✕

关联	送审						审定					
	编码	名称	单位	数量	综合单价	综合合价	编码	名称	单位	数量	综合单价	综合合价
关联1	01040100 8001	填充墙	m3	75.35	340.78	25677.77	01040100 8001	填充墙	m3	53.39	480.94	25677.39
	01040100 8002	填充墙	m3	1.43	480.04	686.46						

图 20-11　查看关联窗口

④ 在报表中可直接查看关联后的清单和子目。

（5）数据转换

在实际工作中经常发生咨询方或地产方在审核送审方报上来的数据时，发现送审方漏报或错报，或者报上来的数据较高，想直接修改送审数据为与审定一致。或者审核完一项后，发现不合适，送审方的数据更合理，需要重新审核或者逐条手动输入和送审一样的数据，这时就可以利用"数据转换"功能，避免逐条手动修改的麻烦。

在功能区中，点击"数据转换"功能，选择"送审→审定"或"审定→送审"，如图 20-12 所示。

执行"送审→审定"操作，原有审定数据被替换，变为与送审数据相同（审增项不可执行此操作）。执行"审定→送审"，操作，原有送审数据被替换，变为与审定数据相同。

图 20-12　"数据转换"功能

① 这里以"审定→送审"为例，点击"审定→送审"，在弹出的数据转换窗口中，勾选需要进行数据转换的清单项，如图 20-13 所示。除"分部分项"外，"措施项目"也可以执行数据转换操作。点击"确定"后，会进行完成提示，如图 20-14 所示。

② 点击"确定"，清单项或子目项完成数据转换，送审与审定的数据变为一致。红色显示会消失。

（6）审核依据

不论在预算审核还是结算审核，有时都需要导入审核依据，建设项目在进行结算过程中，合同外部分在上报时甲方会要求施工方提供相应依据文件，以确定签证及设计变更的真实性。因此需要对预算审核或结算审核进行依据的关联及查看。

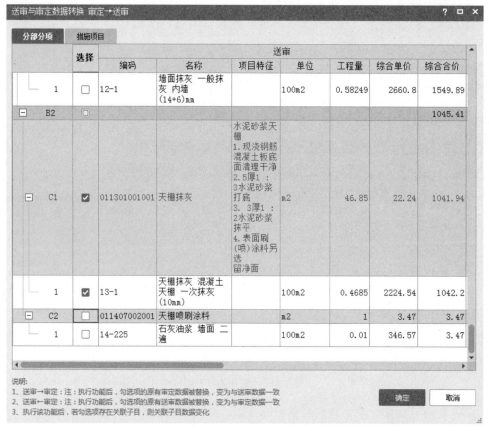

图 20-13　勾选转换清单项目

图 20-14　送审审定数据转换成功提示

① 在需要添加依据的项目行，找到"依据"列，唤醒"审核依据"功能。

② 功能区中选中要导入依据的清单行，点击"导入依据"功能，在弹出的窗口中找到需要导入的文件，点击打开，在"依据"列对应清单行中会显示出文件名称。这里与结算计价导入依据时操作类似，区别在于导入的依据内容的不同，在此不再进行详细叙述。

③ 选中对应清单行，点击"导入依据"的下拉框，此时"查看依据"和"删除依据"亮显启动，点击"查看依据"，或者点击"依据"列中的文件名称，直接会显示出文件内容。选择对应清单行，点击"删除依据"，"依据"列的文件即被删除。

（7）一键审取费

增值税发布初期，很多人对增值税的税率不熟悉，在审核过程中需要翻阅资料确定送审费率和计算基数是否正确，"一键审取费"功能可以自动将送审费率与标准模板进行对比，不同之处会用不同颜色标记出来。

① 在预算审核的"分部分项""措施项目""费用汇总"界面都有"一键审取费"功能按钮。这里以"分部分项"界面为例说明。

② 在弹出的"一键审取费"窗口中找出标记为红色的数据，支持修改。修改后点击"确定"主界面将刷新，如图 20-15 所示。

③ 同样在"措施项目"界面和"费用汇总"界面也有标准模板对比。

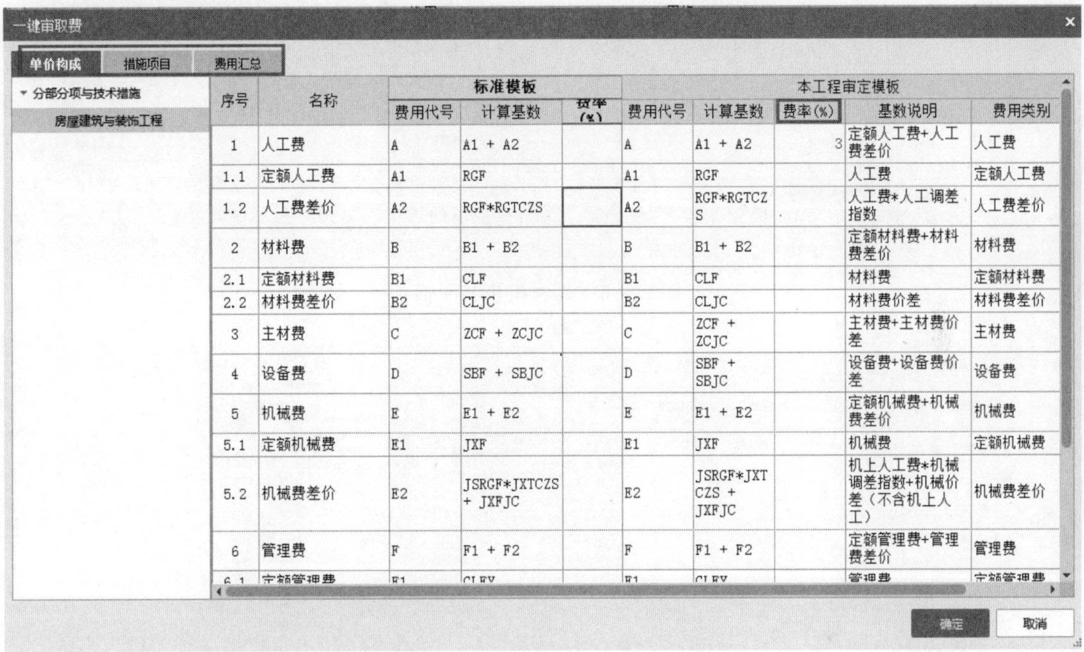

序号	名称	标准模板			本工程审定模板				
		费用代号	计算基数	费率(%)	费用代号	计算基数	费率(%)	基数说明	费用类别
1	人工费	A	A1 + A2		A	A1 + A2	3	定额人工费+人工费差价	人工费
1.1	定额人工费	A1	RGF		A1	RGF		人工费	定额人工费
1.2	人工费差价	A2	RGF*RGTCZS		A2	RGF*RGTCZS		人工费*人工调差指数	人工费差价
2	材料费	B	B1 + B2		B	B1 + B2		定额材料费+材料费差价	材料费
2.1	定额材料费	B1	CLF		B1	CLF		材料费	定额材料费
2.2	材料费差价	B2	CLJC		B2	CLJC		材料费价差	材料费差价
3	主材费	C	ZCF + ZCJC		C	ZCF + ZCJC		主材费+主材费差	主材费
4	设备费	D	SBF + SBJC		D	SBF + SBJC		设备费+设备费价差	设备费
5	机械费	E	E1 + E2		E	E1 + E2		定额机械费+机械费差价	机械费
5.1	定额机械费	E1	JXF		E1	JXF		机械费	定额机械费
5.2	机械费差价	E2	JSRGF*JXTCZS + JXFJC		E2	JSRGF*JXTCZS + JXFJC		机上人工费*机械调差指数+机械价差(不含机上人工)	机械费差价
6	管理费	F	F1 + F2		F	F1 + F2		定额管理费+管理费差价	管理费
6.1	定额管理费	F1	CLFX		F1	CLFX		管理费	定额管理费

确定　取消

图 20-15　分部分项"一键审取费"

20.3　预算审核措施项目

"措施项目"的界面其实与"分部分项"的界面类似，支持增删改颜色标识，同样可以看到增减额的变化以及增减原因，单价措施也能查看详细对比，具体操作参考"分部分项"，在这里不再讲解。

20.4　预算审核人材机、取费

通过对"分部分项"与"措施项目"的审核后，接下来进行"人材机汇总"界面人材机、取费的审核。"人材机汇总"界面同样有增删改标识，另包括"增减单价""增减金额""增减说明"，如图 20-16 所示。

20.5　预算审核费用汇总

审核结束后，可以清晰地看到送审值和审定值之间的差额。可以在"费用汇总"界面直接查看"增减金额"。双方核对或者上级复核时要快速关注审定与送审不一致的地方、变化情况和变化原因，根据界面的增删改内容，选定某条子目，可以查看其详细对比，如图 20-17 所示。

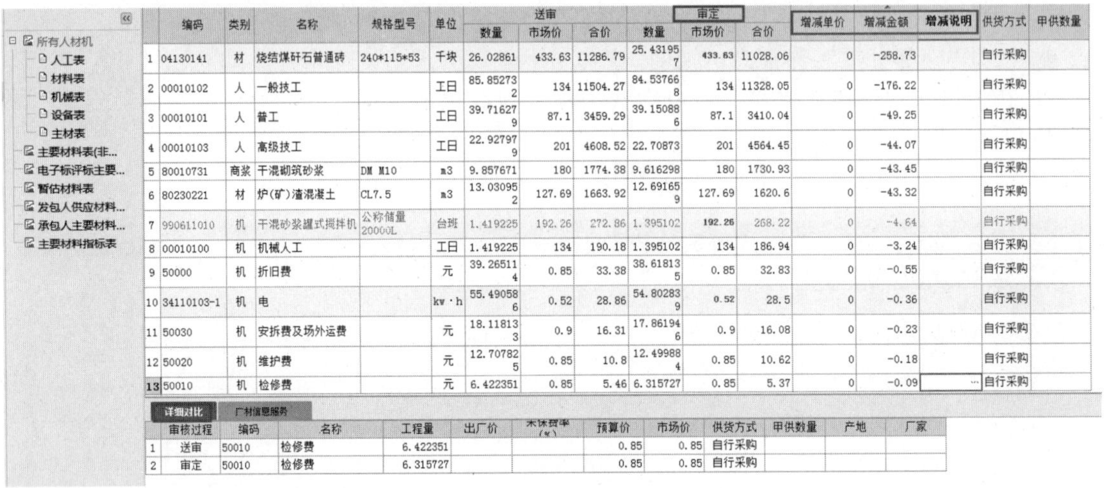
所有人材机
人工表
材料表
机械表
设备表
主材表
主要材料表(非...
电子标评标主要...
暂估材料表
发包人供应材料...
承包人主要材料...
主要材料指标表
详细对比
广材信息服务

	编码	类别	名称	规格型号	单位	送审 数量	送审 市场价	送审 合价	审定 数量	审定 市场价	审定 合价	增减单价	增减金额	增减说明	供货方式	甲供数量
1	04130141	材	烧结煤矸石普通砖	240*115*53	千块	26.02861	433.63	11286.79	25.431957	433.63	11028.06	0	-258.73		自行采购	
2	00010102	人	一般技工		工日	85.852732	134	11504.27	84.537668	134	11328.05	0	-176.22		自行采购	
3	00010101	人	普工		工日	39.716279	87.1	3459.29	39.150886	87.1	3410.04	0	-49.25		自行采购	
4	00010103	人	高级技工		工日	22.927979	201	4608.52	22.70873	201	4564.45	0	-44.07		自行采购	
5	80010731	商浆	干混砌筑砂浆	DM M10	m3	9.857671	180	1774.38	9.616298	180	1730.93	0	-43.45		自行采购	
6	80230221	材	炉(矿)渣混凝土	CL7.5	m3	13.030952	127.69	1663.92	12.691659	127.69	1620.6	0	-43.32		自行采购	
7	990611010	机	干混砂浆罐式搅拌机	公称储量20000L	台班	1.419225	192.26	272.86	1.395102	192.26	268.22	0	-4.64		自行采购	
8	00010100	机	机械人工		工日	1.419225	134	190.18	1.395102	134	186.94	0	-3.24		自行采购	
9	50000	机	折旧费		元	39.265114	0.85	33.38	38.618135	0.85	32.83	0	-0.55		自行采购	
10	34110103-1	机	电		kw·h	55.490586	0.52	28.86	54.802839	0.52	28.5	0	-0.36		自行采购	
11	50030	机	安拆费及场外运费		元	18.118133	0.9	16.31	17.861946	0.9	16.08	0	-0.23		自行采购	
12	50020	机	维护费		元	12.707825	0.85	10.8	12.499884	0.85	10.62	0	-0.18		自行采购	
13	50010	机	检修费		元	6.422351	0.85	5.46	6.315727	0.85	5.37	0	-0.09		自行采购	

	审核过程	编码	名称	工程量	出厂价	采保费率(%)	预算价	市场价	供货方式	甲供数量	产地	厂家
1	送审	50010	检修费	6.422351			0.85	0.85	自行采购			
2	审定	50010	检修费	6.315727			0.85	0.85	自行采购			

图 20-16　人材机审核界面

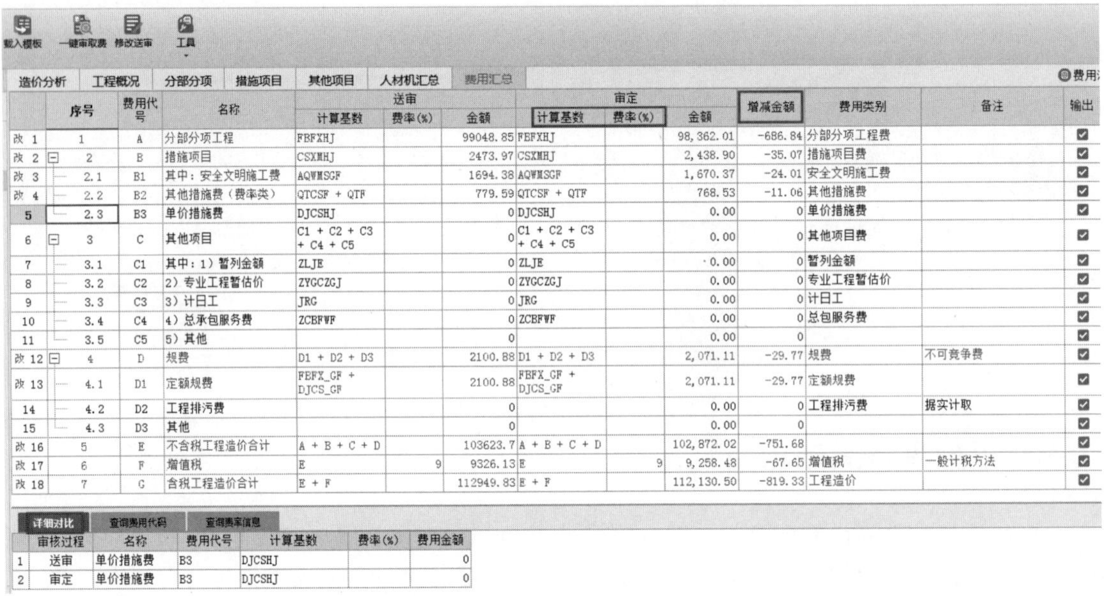
载入模板
一键审取费
修改送审
工具
造价分析
工程概况
分部分项
措施项目
其他项目
人材机汇总
费用汇总
详细对比
查询费用代码
查询费率信息

	序号	费用代号	名称	送审 计算基数	送审 费率(%)	送审 金额	审定 计算基数	审定 费率(%)	审定 金额	增减金额	费用类别	备注	输出
改 1	1	A	分部分项工程	FBFXHJ		99048.85	FBFXHJ		98,362.01	-686.84	分部分项工程费		☑
改 2	2	B	措施项目	CSXMHJ		2473.97	CSXMHJ		2,438.90	-35.07	措施项目费		☑
改 3	2.1	B1	其中：安全文明施工费	AQWMSGF		1694.38	AQWMSGF		1,670.37	-24.01	安全文明施工费		☑
改 4	2.2	B2	其他措施费（费率类）	QTCSF + QTF		779.59	QTCSF + QTF		768.53	-11.06	其他措施费		☑
5	2.3	B3	单价措施费	DJCSHJ		0	DJCSHJ		0.00	0	单价措施费		☑
6	3	C	其他项目	C1 + C2 + C3 + C4 + C5		0	C1 + C2 + C3 + C4 + C5		0.00	0	其他项目费		☑
7	3.1	C1	其中：1）暂列金额	ZLJE		0	ZLJE		0.00	0	暂列金额		☑
8	3.2	C2	2）专业工程暂估价	ZYGCZGJ		0	ZYGCZGJ		0.00	0	专业工程暂估价		☑
9	3.3	C3	3）计日工	JRG		0	JRG		0.00	0	计日工		☑
10	3.4	C4	4）总承包服务费	ZCBFWF		0	ZCBFWF		0.00	0	总包服务费		☑
11	3.5	C5	5）其他			0			0.00	0			☑
改 12	4	D	规费	D1 + D2 + D3		2100.88	D1 + D2 + D3		2,071.11	-29.77	规费	不可竞争费	☑
改 13	4.1	D1	定额规费	FBFX_GF + DJCS_GF		2100.88	FBFX_GF + DJCS_GF		2,071.11	-29.77	定额规费		☑
14	4.2	D2	工程排污费			0			0.00	0	工程排污费	据实计取	☑
15	4.3	D3	其他			0			0.00	0			☑
改 16	5	E	不含税工程造价合计	A + B + C + D		103623.7	A + B + C + D		102,872.02	-751.68			☑
改 17	6	F	增值税	E	9	9326.13	E	9	9,258.48	-67.65	增值税	一般计税方法	☑
改 18	7	G	含税工程造价合计	E + F		112949.83	E + F		112,130.50	-819.33	工程造价		☑

	审核过程	名称	费用代号	计算基数	费率(%)	费用金额
1	送审	单价措施费	B3	DJCSHJ		0
2	审定	单价措施费	B3	DJCSHJ		0

图 20-17　费用汇总审核界面

分析与报告

20.6　预算审核分析与报告

扫码观看视频

审核结束后，不论是向上级汇报还是作为审核结果反馈给送审方，都需要针对分析结果出一份审核报告。

在界面上方，找到一级导航，选择“分析与报告”，如图 20-18 所示，切换到“分析与报告”界面，软件会自动生成一份审核报告。

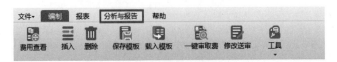

文件
编制
报表
分析与报告
帮助
费用查看
插入
删除
保存模板
载入模板
一键审取费
修改送审
工具

图 20-18　分析与报告

（1）编辑信息

审核报告中项目名称、建设单位、施工单位、设计单位等基本信息是必不可少的，这些都可在预览状态下自动生成。

① 将编辑栏下的项目信息中的项目名称、建设单位、施工单位、设计单位、监理单位等在审核报告中涉及的基本信息填写好，如图 20-19 所示。

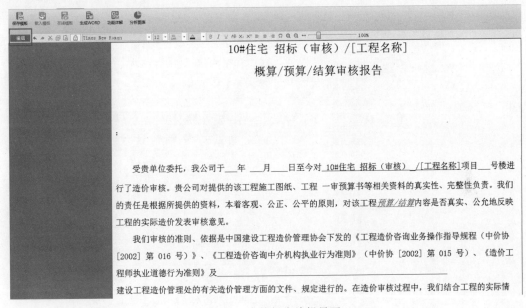

图 20-19　审核报告编辑界面

② 切换到审核报告界面，点击"预览"，可查看到基本信息已自动按照之前在项目信息中的填写生成了。

（2）审核数据

"审核数据"功能可对增减数据进行智能分析，形成分析表格，并且能够导出到 Excel 表格，详细看到每项增减的具体数据，以便进行分析与总结。

① 点击"审核数据"，软件会自动生成审核数据，涵盖项目信息和费用信息，如图 20-20 所示。

② 切换到"增减分析数据"窗口，在增减数据分析表格中按照工程量、单价、错套、增加等项给出了各项数据增减，如图 20-21 所示。无论是"审核数据"窗口，还是"增减分析数据"窗口，右键点击任何一个表格，都能显示"导出到 Excel"。

（3）保存模板与载入模板

审核结束后，需要给甲乙双方出一份审核结果的报告。报告的模板可以存至公共空间并与企业内部人员共享，同时也可以载入 Word 模板。云空间共享需要在线登录才能操作。

① 在界面上部功能栏点击"保存模板"，在弹出的窗口直接点击"确定"或者选择保存路径，如图 20-22 所示。

② 通常是以 Word 形式编辑分析报告，那么载入时也可以用 Word 的形式进行载入报告模板。点击"载入模板"，在弹出的窗口中，选择需要载入的模板，点击"确定"完成模板载入，如图 20-23 所示。与之相似的"在线模板"需要在线登录才能启动使用，在这里就不再讲解。

图 20-20 "审核数据"界面

图 20-21 增减分析数据窗口

（4）分析图表

在审核结果中增减项非常多，想要在审核结果中分析增减比例非常麻烦，审核方为上级或者对送审方反馈审核结果时，希望能够以更直观、更准确、更专业的方式呈现结果，这时可以采用"分析图表"功能，方法如下。

① 在界面上侧功能区，点击"分析图表"，能看到软件给出两种图表形式：饼形图表和柱形图表，如图 20-24 所示。

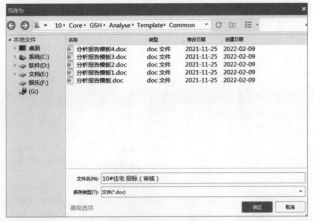

图 20-22　保存模板

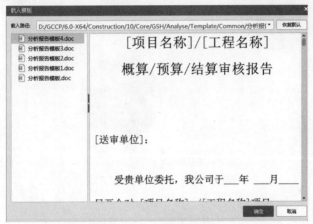

图 20-23　"载入模板"窗口

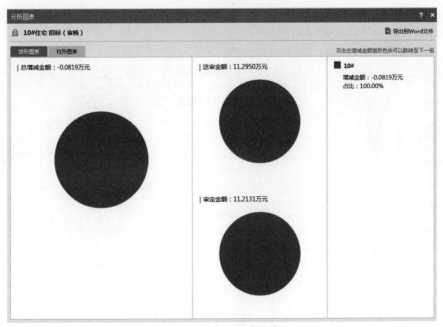

图 20-24　"分析图表"窗口

②"饼形图表"中，软件分别提供了项目总增减金额、送审金额以及审定金额的分析，双击总增减金额的饼状图，可查看由项目到单位工程增减金额较大的前十项清单，并可查看增减金额及所占比例。利用"返回上一级"与双击总增减金额不同色块的方式可在不同级别中任意切换，如图 20-25 所示。

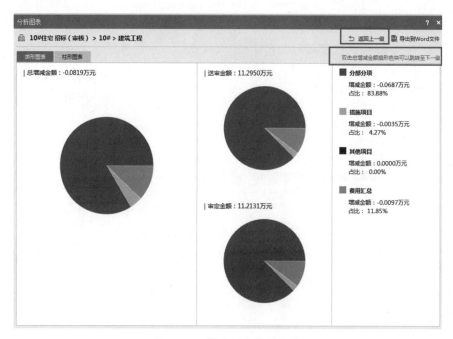

图 20-25　饼形图表数据查看

③ 在"柱形图表"中的数据信息与"饼形图表"类似，双击也能跳转下一级，点击"返回上一级"可返回上一级，如图 20-26 所示。

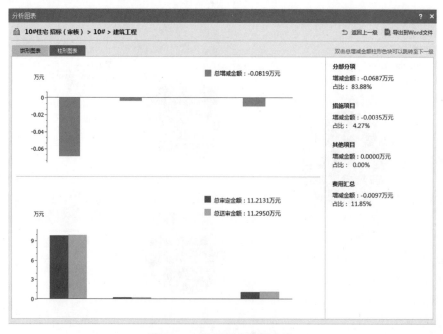

图 20-26　柱形图表数据查看

④ 查看完图表的审核结果后，可通过"导出到 Word 文件"功能进行存档打印。在"分析图表"窗口中点击"导出到 Word 文件"，如图 20-27 所示，根据实际要求进行勾选操作，最后进行导出。

（5）审定转预算

审核结束后，部分项目需要留存审定预算文件或将预算文件发给送审方，这时可以在一级导航里点击"文件"角标，选择"审定转预算文件"，如图 20-28 所示。转预算后，审核中审删的清单或子目不保留。

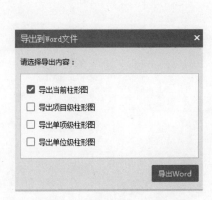

图 20-27　导出到 Word 文件

图 20-28　"审定转预算文件"选项

20.7　结算审核

在前几节详细讲解了"预算审核"，接下来讲解审核的另一种类型"结算审核"。主要讲解结算审核项目的新建、界面对比以及功能点，相似的功能不再详细叙述。界面的不同点还表现在"详细对比""措施项目"。

（1）新建结算审核项目

① 在"新建结算"界面，在送审文件一行点击"浏览"，上传结算文件，系统自动识别审核方式为"结算审核"，如图 20-29 所示。或者直接打开结算文件，点击"文件"角标，选择"转为审核"，如图 20-30 所示。

② 点击"立即新建"，进入结算审核界面。

（2）界面对比

在对送审工程进行结算审核时，用户常希望修改送审数据同时了解审核结果与送审工程的量和价的差距，更希望同时能看到与合同之间的对比。云计价平台提供了合同、送审、审定三方数据的对比，并可自动计算工程量差、量差比例，进行量差超约定幅度预警。

① 在"审定"项"工程量"列修改工程量，进行增删改显示查看，在这里需要提示一下，如果在结算中采用的是"按进度分期量累加计算"计算方式，则工程量需要在下方"分期工程量明细"中修改，如图 20-31 所示。

② 根据实际情况，进行审定结算工程量修改，如图 20-32 所示。

③ 进行修改之后，将看到增删改操作对应的颜色的显示以及"量差比例""工程量差""增减金额""增减说明"数据的变化，如图 20-33 所示。

建筑工程 BIM 造价实操从入门到精通（软件版）

图 20-29 新建结算审核

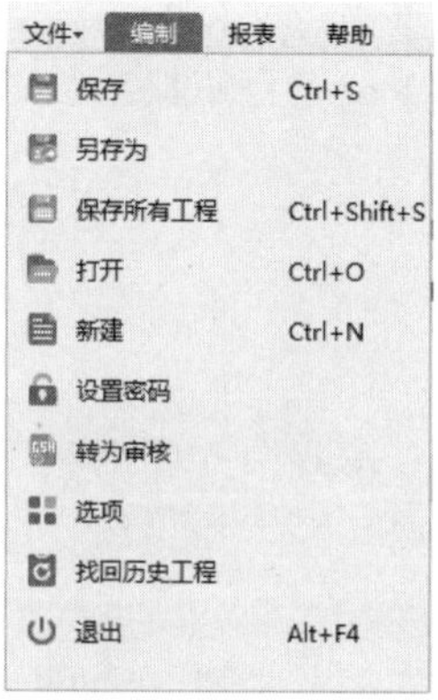

图 20-30 结算文件转审核文件

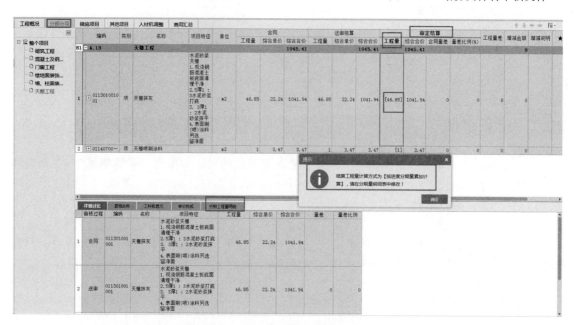

图 20-31 结算工程量计算方式提示

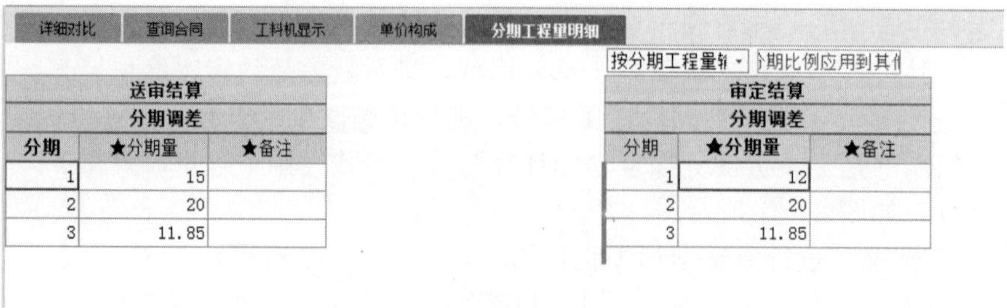

| 送审结算 | | | | 审定结算 | | |
| 分期调差 | | | | 分期调差 | | |
分期	★分期量	★备注		分期	★分期量	★备注
1	15			1	12	
2	20			2	20	
3	11.85			3	11.85	

按分期工程量转 ▼ 期比例应用到其他

图 20-32 修改审定结算工程量

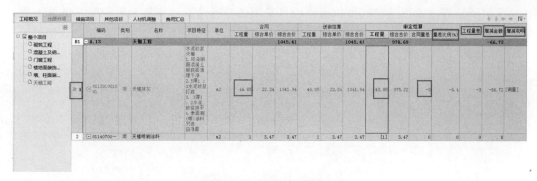

图 20-33　增删改内容变化

（3）详细对比

结算审核中"详细对比"界面也增加了合同、送审、审定三方的对比，同时送审结算的量差、量差比例一目了然，如图 20-34 所示。

审核过程		编码	名称	项目特征	工程量	综合单价	综合合价	量差	量差比例
1	合同	011301001001	天棚抹灰	水泥砂浆天棚 1.现浇钢筋混凝土板底面清理干净 2.5厚1：3水泥砂浆打底 3. 3厚1：2水泥砂浆抹平 4.表面刷(喷)涂料另选留净面	46.85	22.24	1041.94		
2	送审	011301001001	天棚抹灰	水泥砂浆天棚 1.现浇钢筋混凝土板底面清理干净 2.5厚1：3水泥砂浆打底 3. 3厚1：2水泥砂浆抹平 4.表面刷(喷)涂料另选留净面	46.85	22.24	1041.94	0	0
3	审定	011301001001	天棚抹灰	水泥砂浆天棚 1.现浇钢筋混凝土板底面清理干净 2.5厚1：3水泥砂浆打底 3. 3厚1：2水泥砂浆抹平 4.表面刷(喷)涂料另选留净面	43.85	22.24	975.22	-3	-6.4

图 20-34　结算审核"详细对比"界面

（4）措施项目

在"措施项目"界面，想要对它的结算方式整体进行调整，可以利用上侧功能区的"结算方式"功能按钮；想要单独进行调整时，需要在工作界面"结算方式"列，通过点击角标直接修改，如图 20-35 所示。

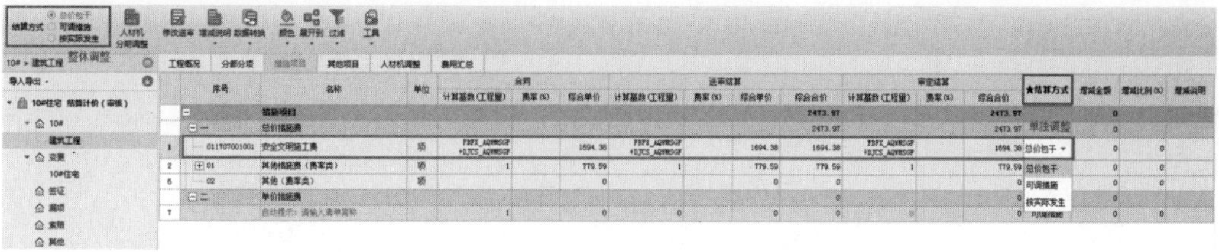

图 20-35　措施项目结算方式调整

总价包干结算方式不可以调整，措施项目费用按合同结算。如果是可调措施结算方式，可以调整措施费用，即可以修改审定计算基数和费率。在可调措施结算方式下，能看到"增减金额""增减比例""增减说明"的变化，如图 20-36 所示。

	序号	名称	单位	合同			送审结算			审定结算			★结算方式	增减金额	增减比例(%)	增减说明
				计算基数(工程量)	费率(%)	综合单价	计算基数(工程量)	费率(%)	综合单价	综合合价	计算基数(工程量)	费率(%)	综合合价				
		措施项目								2473.97			1167.39		-1306.58		
	-	总价措施费								2473.97			1167.39		-1306.58		
改1		011707001001	安全文明施工费	项	FBFX_AQWMSGF +DJCS_AQWMSGF		1694.38	FBFX_AQWMSGF +DJCS_AQWMSGF		1694.38	1694.38	FBFX_AQWMSGF +DJCS_AQWMSGF		387.0	可调措施	-1306.58	-77.11	[调基数]
2		+ 01	其他措施费(费率类)	项		1	779.59		1	779.59	779.59		1	779.59	可调措施	0	0	
6		02	其他(费率类)	项			0			0	0			0	可调措施	0	0	
	二	单价措施费							0	0			0		0		
7			自动提示：请输入清单简称		1		0	0		0	0			0	可调措施	0	0	

图 20-36　措施项目"增删改"

（5）分期调差

与预算审核相比，结算审核中措施项目中可以进行"人材机调整分期"，"人材机调整分期"功能在前面详细讲解过，不再进行叙述。

参考文献

[1] 中华人民共和国住房和城乡建设部. 房屋建筑制图统一标准: GB/T 50001—2017[S]. 北京: 中国建筑工业出版社, 2017.

[2] 中华人民共和国住房和城乡建设部. 建设工程工程量清单计价规范: GB 50500—2013[S]. 北京: 中国计划出版社, 2013.

[3] 赵海成, 蒋少艳, 陈涌. 建筑工程 BIM 造价应用[M]. 北京: 北京理工大学出版社, 2020.

[4] 黄昌见, 卢春燕, 杨雅丽. 建筑工程计量与计价实训教程[M]. 天津: 天津大学出版社, 2012.

[5] 朱溢镕, 兰丽, 邹雪梅. 建筑工程 BIM 造价应用[M]. 北京: 化学工业出版社, 2020.

[6] 肖子龙, 梁瑶, 魏文彪. 工程造价实训速成攻略[M]. 北京: 中国建筑工业出版社, 2019.

[7] 任波远, 赵真, 孙艳翠. 广联达 BIM 算量软件应用[M]. 北京: 机械工业出版社, 2019.

[8] 刘霞. 广联达 BIM 钢筋及土建软件应用教程[M]. 北京: 机械工业出版社, 2020.

[9] 任波远. 广联达 BIM 土建钢筋算量软件及计价教程二合一[M]. 北京: 机械工业出版社, 2021.

[10] 饶婕. 建筑工程造价软件应用教程: 广联达篇[M]. 2 版. 武汉: 武汉理工大学出版社, 2021.

[11] 毛银德, 李成金, 时常青. 广联达算量计价软件实用操作指南[M]. 北京: 中国建材工业出版社, 2021.

[12] 赵迪. 广联达造价软件应用技术[M]. 西安: 西安交通大学出版社, 2016.

[13] 袁帅. 广联达 BIM 建筑工程算量软件应用教程[M]. 北京: 机械工业出版社, 2017.

[14] 艾思平, 杨夏红, 樊宗义. 广联达 BIM 实训教程[M]. 北京: 中国水利水电出版社, 2017.

[15] 张晓敏, 李社生. 建筑工程造价软件应用: 广联达系列软件[M]. 北京: 中国建筑工业出版社, 2013.

[16] 王艳玉, 王全杰, 周岩枫. 建筑工程计量与计价实训教程[M]. 重庆: 重庆大学出版社, 2014.